图深度学习

从理论到实践

包勇军　朱小坤　颜伟鹏　姚普◎主编
张新静　陈晓宇　杜华　李杰　刘健　韩小涛　胡俊琪　张维◎副主编

清華大学出版社
北京

内 容 简 介

图神经网络是人工智能的一个热点方向。从图的视角解读大数据，可以灵活建模复杂的信息交互关系，吸引大量学者的关注，并在多个工业领域得到广泛应用。本书由浅入深，全面介绍图神经网络的基础知识、典型模型方法和应用实践。本书不仅包括一般的深度学习基础和图基础知识，还涵盖了图表示学习、图卷积、图注意力、图序列等典型图网络模型，以京东自研的 Galileo 平台为代表的图学习框架，以及图神经网络在电商推荐和流量风控方面的两个典型工业应用。

本书适合对数据挖掘、机器学习方向以及图建模交叉方向感兴趣的高年级本科生和研究生作为教材使用，也适合互联网电商、金融风控、社交网络分析、药物研发等企业的从业者参考学习。

图书在版编目(CIP)数据

图深度学习从理论到实践/包勇军等主编. —北京：清华大学出版社，2022. 5
ISBN 978-7-302-60488-4

Ⅰ. ①图… Ⅱ. ①包… Ⅲ. ①机器学习－研究 Ⅳ. ①TP181

中国版本图书馆 CIP 数据核字(2022)第 054286 号

责任编辑：袁金敏
封面设计：杨玉兰
责任校对：李建庄
责任印制：刘海龙

出版发行：清华大学出版社
网　　址：http://www.tup.com.cn，http://www.wqbook.com
地　　址：北京清华大学学研大厦 A 座　　**邮　　编**：100084
社 总 机：010-83470000　　**邮　　购**：010-62786544
投稿与读者服务：010-62776969，c-service@tup.tsinghua.edu.cn
质量反馈：010-62772015，zhiliang@tup.tsinghua.edu.cn
课件下载：http://www.tup.com.cn，010-83470236
印 装 者：北京博海升彩色印刷有限公司
经　　销：全国新华书店
开　　本：185mm×260mm　　**印　　张**：9.75　　**字　　数**：237 千字
版　　次：2022 年 5 月第 1 版　　**印　　次**：2022 年 5 月第1 次印刷
印　　数：1～3000
定　　价：89.00 元

产品编号：091652-01

前　言

随着互联网技术的高速发展，信息的数据量暴增，人工智能技术不断深入社会的方方面面。图神经网络可以灵活高效地建模大数据中的复杂交互关系，可针对图数据进行高效挖掘，因此成了人工智能领域最重要的分支之一。在学术界，图神经网络也引起了学者的广泛关注，在计算机视觉、文本处理，以及数据挖掘等多个顶级会议期刊上，图深度学习的相关探究工作有了明显增长。现实世界的许多问题都可以用图结构数据刻画，因而图神经网络的工业应用场景也非常丰富，如电商广告推荐、金融风控、社交短视频、自然语言处理、药物研发等。京东自研的图计算平台(Galileo)将图神经网络技术落实到具体业务，团队也积累了对图深度学习的浅显认知与实践经验。以此为契机，期望通过本书，能将我们在相关领域的实践经验分享给大家。

本书共分10章。第1、2章主要介绍深度学习的基础和图数据的特点，帮助初学者理解图神经网络是深度学习在图结构数据上的重要研究方向。由浅入深，首先以经典的多层感知机为基准，介绍深度学习的基础，然后介绍图数据的特点，以及图神经网络的发展简史和应用场景，帮助未接触深度学习和图数据的读者入门。第3～7章主要介绍图深度学习研究和实践中涌现出的一些典型算法。介绍图表示学习，即如何将图数据进行向量化建模，是图数据建模的基石；还介绍图卷积神经网络，讲述谱域神经网络和空域神经网络。然后介绍较为热门的图注意力网络和序列图神经网络；考虑到经典图神经网络算法，在实际工业级网络中并不能工作得很好，存在过平滑、计算复杂度高、扩展性较差，以及难以适用于异质图等问题，对图卷积神经网络扩展模型进行介绍。第8～10章介绍图神经网络的实战，先从工程角度出发，介绍业界在图模型通用性、计算平台构建上的贡献，并详细介绍京东的Galileo图神经框架；然后从真实业务场景出发，介绍图神经网络在推荐系统和以流量风控为代表的京东互联网业务中的实战场景，帮助读者理解图神经网络解决实际问题的过程。

本书由京东数据智能部图计算团队成员姚普、陈晓宇、刘健、胡俊琪、张维编写。在写作过程中得到京东零售数据算法通道委员会颜伟鹏、包勇军、朱小坤等领导的指导和支持，书中的大量插图得到赵森的大力支持，算法的代码实现得到杜华的全力支持。本书初稿完成后，赵夕炜、杨庆广、刘雅、刘玉家、郭锦荣、白涛、王三鹏、纪厚业等分别审阅全部或部分章节。诚挚感谢为本书写作和出版付出努力的每一位同事。

由于作者水平有限，书中难免会出现一些错误或者不当的地方，欢迎各位专家和读者批评指正。书中算法实现可从 https://github.com/JDGalileo/galileo、https://gitee.com/jd-platform-opensource/galileo 网址下载。如果您有更多的宝贵意见，也欢迎发送邮件至 yaoweipu@126.com，期待得到您的真挚反馈。

作　者

2022年3月

目　录

第 1 章 深度学习基础

本章介绍深度学习相关的基础理论知识。首先介绍深度学习与人工智能的相关概念，然后从感知机等初等神经网络结构出发，阐述深度学习模型的前向传播和反向传播计算理论。同时系统性地介绍常见的前馈神经网络和卷积神经网络，以及深度学习实践中模型常用的调优方法，包括多种权重学习的最优化算法和模型过拟合的调整方法。

1.1 深度学习与人工智能

深度学习(Deep Learning,DL)作为人工智能的一个重要子分支，说到深度学习，不得不提人工智能(Artificial Intelligence,AI)和与之密切相关的机器学习(Machine Learning,ML)。刚接触人工智能、机器学习和深度学习的读者可能比较容易混淆三者之间的关系，它们之间的相互包含关系如图 1-1 所示。机器学习是一种实现人工智能的方法，深度学习是一种实现机器学习的技术。下面简要介绍相关概念。

人工智能是在 1956 年由约翰·麦卡锡提出的概念，研究用于模拟、延伸和扩展人类智能的科学技术，属于现代计算机科学的一个重要分支。人工智能试图让计算机拥有人类的智慧，即具备理解语言、学习、记忆、推理、决策等诸多能力。人工智能延伸出了很多子领域，包括机器人、语音识别、图像识别、自然语言处理和专家系统等。机器学习是实现人工智能的重要技术，采用算法解析观测到的大量数据，从中学习出更具一般性的规律，然后对真实世界中的事件作出预测。典型的机器学习算法包括决策树、随机森林、逻辑回归、支持向量机、朴素贝叶斯等。机器学习领域有一个经典共识，即数据和特征决定了机器学习性能的上限，而模型和算法只是不断朝着这个上限逼近。而在模型和算法设计过程中，传统机器学习需要投入大量的人力在特征工程上，而理想的状态是让机器帮助我们自动找出应该使用的特征空间，无须人参与。为此，人们希望设计的机器学习算法能够自动学习特征和任务之间的关联，还能从简单特征中提取复杂特征，深度学习就是满足这个特点的机器学习算法。深度学习的概念源于人工神经网络的研究，主要通过组合和抽取低层特征，形成更加抽象的高层表示属性类别或特征，以发现数据的分布特征表示。

图 1-1 人工智能、机器学习、深度学习的包含关系

1.2 感知机与神经网络

1.2.1 单层感知机

神经网络的概念源于生命科学中的神经系统。在生命科学中，神经元是动物脑神经系统中最基本的单元，数百亿的神经元相互连接，组成复杂的神经系统，用来完成学习、认知和体内对生理功能活动的调节。如图 1-2 所示，神经细胞按照功能大致可分为树突、细胞体和轴突。按照对逻辑电路的理解，每个神经细胞可被视为一个只有兴奋或者抑制两种状态的器件，当某个神经元从其他神经细胞接收到的信号强度超过某个阈值时，细胞体就会兴奋，产生电脉冲并传递到其他神经元。

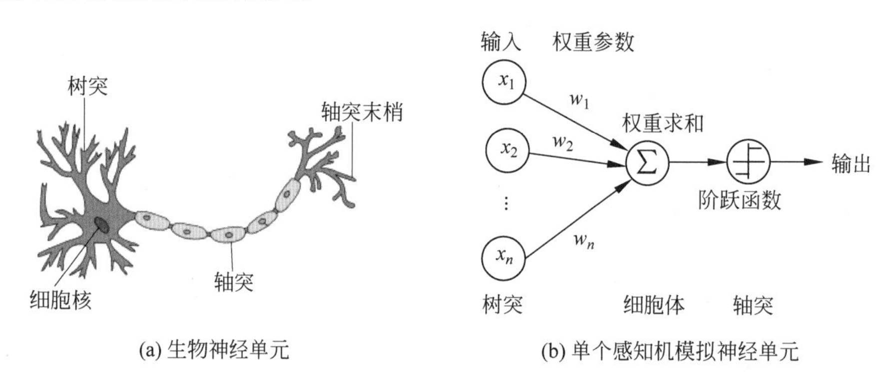

图 1-2 生物神经单元与感知机

受生物神经细胞的启发，计算机科学家提出感知机(Perceptron)来模拟动物神经细胞，对人工神经网络的发展具有里程碑式的意义。感知机可以认为是一种人工神经元，其本质是一种线性模型，它接收多个信号输入，产生一个信号输出，如图 1-2(b)所示。其数学含义可以表达为

$$y=\begin{cases}0, & f\left(\sum_{i=1}^{n} w_i x_i + b\right) < 0 \\ 1, & f\left(\sum_{i=1}^{n} w_i x_i + b\right) \geqslant 0\end{cases} \tag{1.1}$$

其中，b 是实数，称为偏置，包含神经细胞信息的阈值，$\sum_{i=1}^{n} w_i x_i + b$ 可以视为各个树突传入信息的求和。$f(x)$为阶跃函数，满足

$$f(x)=\begin{cases}0, & x<0 \\ 1, & x \geqslant 0\end{cases} \tag{1.2}$$

其函数图像如图 1-3 所示。

感知机输出两个数值结果，因此可以用于解决一些二分类问题。对于输入信息 x_1，x_2，…，x_n，处理方式为

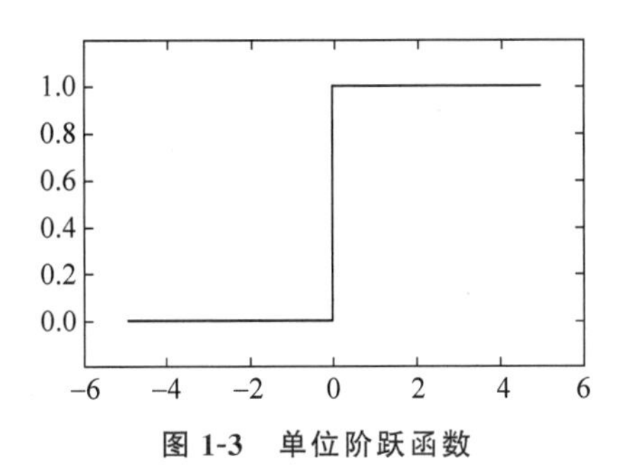

图 1-3 单位阶跃函数

$$y=\sum_{i=1}^{n} w_i x_i + b \tag{1.3}$$

在几何数学中，式(1.3)可以认为是一个超平面方程。因此，感知机可以认为是采用一个超平面将 n 维空间中的数据切分为两部分。当然，现实中大部分的数据并不能够恰好被一个超平面分割。如果一个数据集的正负样本能够被一个超平面区分开，那么称这个数据集是线性可分的。总而言之，感知机已经可以用于解决部分线性问题，但是其结构相对简单，存在不能处理线性不可分问题的缺陷。

1.2.2 多层感知机

为了进一步挖掘感知机的能力，20 世纪 80 年代，多层感知机(Multilayer Perception, MLP)被提了出来。多层感知机是单个感知机的推广，用来克服感知机不能对线性不可分数据进行识别的弱点。多层感知机在单层感知机的基础上引入了一到多个隐藏层，基本结构由三层组成。第一层为输入层(Input Layer)，第二层为隐藏层(Hidden Layer)，第三层为输出层(Output Layer)，如图 1-4 所示。

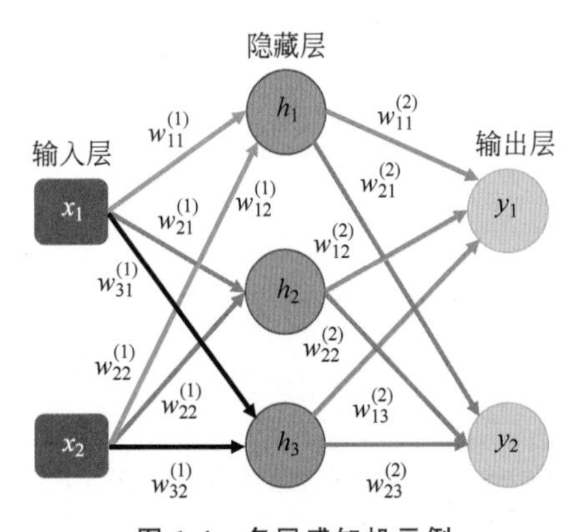

图 1-4 多层感知机示例

多层感知机相比单个感知机，除层数多之外，还增加了激活函数(Activation Function)。类似于图 1-3 中的阶跃函数的作用，神经元节点对上层输入权重求和之后，经历一个函数变换后作为最终输出，这个变换称为激活函数。阶跃函数就是一种激活函数，除此之外，神经网络中常见的激活函数还有 Sigmoid 和线性整流(Rectified Linear Unit, ReLU)函数，如图 1-5 所示。下面分别介绍。

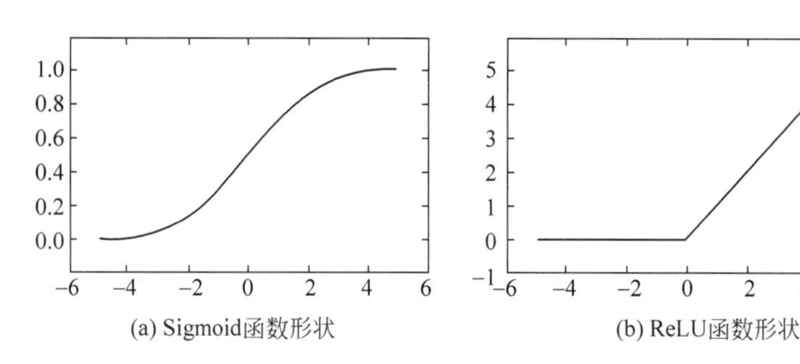

(a) Sigmoid函数形状　　(b) ReLU函数形状

图 1-5　激活函数

Sigmoid 函数的表达式为

$$\sigma(x)=\frac{1}{1+\mathrm{e}^{-x}} \tag{1.4}$$

Sigmoid 函数的输出值映射在(0,1)之间,单调连续,可求导数,如图 1-5(a)所示。但是包含指数计算和除法计算,导致计算复杂度高,同时求导后容易产生梯度趋近于 0 的问题,不利于神经网络的训练。

ReLU 函数可以有效解决梯度消失问题,其函数形式为

$$\mathrm{ReLU}(x)=\max(0,x) \tag{1.5}$$

如图 1-5(b)所示,当输入为正时,输出为正,当输入为负时,输出为 0。

对于激活函数,需要注意的一点是,若每个神经元的激活函数都是线性函数,那么任意层数多层感知机都可被简化成一个等价的单层感知器。下面做简单证明,假设线性激活函数为 $f_1(x)=k_1x+c_1$, $f_2(x)=k_2x+c_2$,那么隐藏层为

$$\begin{bmatrix} h_1 \\ h_2 \\ h_3 \end{bmatrix} = f_1\left(\begin{bmatrix} w_{11}^{(1)} & w_{12}^{(1)} \\ w_{21}^{(1)} & w_{22}^{(1)} \\ w_{31}^{(1)} & w_{32}^{(1)} \end{bmatrix}\begin{bmatrix} x_1 \\ x_2 \end{bmatrix} + \begin{bmatrix} b_1^{(1)} \\ b_2^{(1)} \\ b_3^{(1)} \end{bmatrix}\right) \tag{1.6}$$

输出层为

$$\begin{bmatrix} y_1 \\ y_2 \end{bmatrix} = f_2\left(\begin{bmatrix} w_{11}^{(1)} & w_{12}^{(1)} \\ w_{21}^{(1)} & w_{22}^{(1)} \\ w_{31}^{(1)} & w_{32}^{(1)} \end{bmatrix}\begin{bmatrix} h_1 \\ h_2 \\ h_3 \end{bmatrix} + \begin{bmatrix} b_1^{(2)} \\ b_2^{(2)} \end{bmatrix}\right) \tag{1.7}$$

下面用矩阵形式简化表达,令

$$\boldsymbol{X}=\begin{bmatrix} x_1 \\ x_2 \end{bmatrix},\quad \boldsymbol{h}=\begin{bmatrix} h_1 \\ h_2 \\ h_3 \end{bmatrix},\quad \boldsymbol{W}^{(1)}=\begin{bmatrix} w_{11}^{(1)} & w_{12}^{(1)} \\ w_{21}^{(1)} & w_{22}^{(1)} \\ w_{31}^{(1)} & w_{32}^{(1)} \end{bmatrix},\quad \boldsymbol{b}^{(1)}=\begin{bmatrix} b_1^{(1)} \\ b_2^{(1)} \\ b_3^{(1)} \end{bmatrix}$$

$$\boldsymbol{W}^{(2)}=\begin{bmatrix} w_{11}^{(2)} & w_{12}^{(2)} & w_{13}^{(2)} \\ w_{21}^{(2)} & w_{22}^{(2)} & w_{23}^{(2)} \end{bmatrix},\quad \boldsymbol{b}^{(2)}=\begin{bmatrix} b_1^{(2)} \\ b_2^{(2)} \end{bmatrix},\quad \boldsymbol{y}=\begin{bmatrix} y_1 \\ y_2 \end{bmatrix}$$

则式(1.6)、式(1.7)可以简化为

$$\boldsymbol{h}=f_1\left(\boldsymbol{W}^{(1)}\begin{bmatrix} x_1 \\ x_2 \end{bmatrix}+\boldsymbol{b}^{(1)}\right) \tag{1.8}$$

$$\boldsymbol{y}=f_2(\boldsymbol{W}^{(2)}\boldsymbol{h}+\boldsymbol{b}^{(2)})=f_2(\boldsymbol{W}^{(2)}f_1(\boldsymbol{W}^{(1)}\boldsymbol{X}+\boldsymbol{b}^{(1)})+\boldsymbol{b}^{(2)})=k_2k_1\boldsymbol{W}^{(2)}\boldsymbol{W}^{(1)}X+\boldsymbol{C} \tag{1.9}$$

其中，$\boldsymbol{C}$ 为偏置参数矩阵。由于 $k_2k_1\boldsymbol{W}^{(2)}\boldsymbol{W}^{(1)}\in\mathbb{R}^{2\times 2}$，则图 1-4 中的三层结构可以压缩为两层感知机，采用数学归纳法，可以证明对每个神经元的激活函数都是线性函数的多层神经网络，故压缩为单层感知机。

1.3 前馈神经网络

前馈神经网络(Feedforward Neural Network，FNN)通常由一个输入层、多个隐藏层和一个输出层构成，典型结构如图 1-6 所示。每层的神经元可以接收前一层神经元的信号，并产生输出到下一层，信号从输入层向输出层单向传播。其中隐藏层可代替人工特征工程进行自动特征提取，其数量以及每层的神经元个数可根据具体任务设定。前馈神经网络结构简单，能够以任意精度逼近任何连续函数，应用广泛。

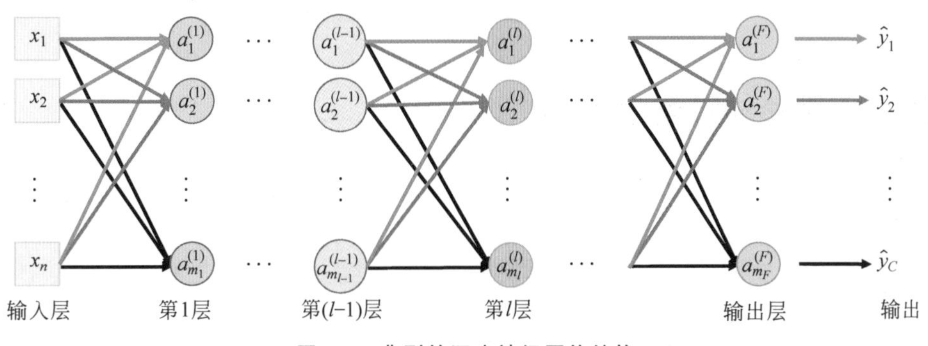

图 1-6　典型的深度神经网络结构

1.3.1 前馈神经网络的模型

如图 1-6 所示，若第$(l-1)$层神经元为 $a^{(l-1)}\in\mathbb{R}^{m_{l-1}}$，$l$ 层神经元为 $a^{(l)}\in\mathbb{R}^{m_l}$，其层间权重参数矩阵为 $\boldsymbol{W}^{(l)}\in\mathbb{R}^{m_l\times m_{l-1}}$，偏置向量为 $\boldsymbol{b}^{(l)}\in\mathbb{R}^{m_l}$，激活函数为 $\sigma^{(l)}(\cdot)$，则两层之间的传递计算关系为

$$a^{(l)}=\sigma^{(l)}(\boldsymbol{W}^{(l)}a^{(l-1)}) \tag{1.10}$$

以此迭代关系，可完成隐藏层前向计算。

输出层的激活函数往往需要与具体的任务相结合，深度学习中常见的任务有回归(Regression)任务和分类(Classification)任务。如果函数的输出是一个标量(即一个单独的数)，我们定义其为回归任务；如果函数的输出为有限的几种可能(例如图片分类)，我们定义其为分类任务；回归任务的激活函数为恒等函数，即直接输出输入信号线性变换后的值。分类任务的激活函数常常采用 Softmax 函数来实现多分类。

Softmax 分类模型会有多个输出，且输出个数与类别个数相等，Softmax 函数定义如下：

$$\hat{y}_k = \frac{\exp(a_k^{(F)})}{\sum_i^C \exp(a_i^{(F)})} \tag{1.11}$$

其中，$\hat{y}_k$ 为样本属于第 k 类的概率，$a_k^{(F)}$ 表示最后的隐藏层神经元值。Softmax 函数计算示意图如图 1-7 所示。

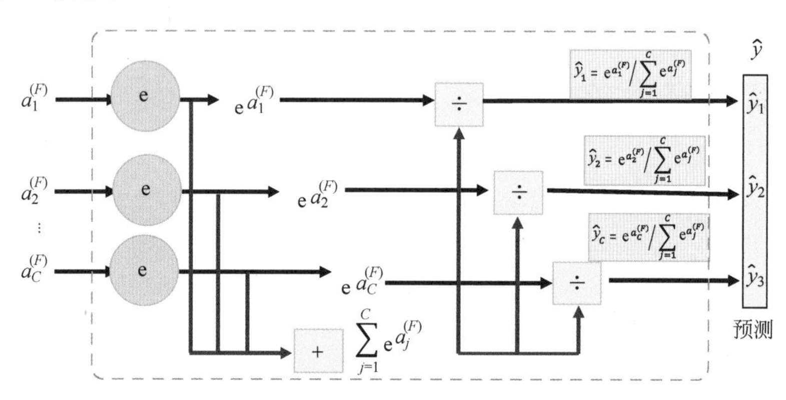

图 1-7 Softmax 激活函数计算示意图

1.3.2 前馈神经网络的学习

一般而言，对于已经搭建好的多层神经网络，输入的信息依次通过所有神经网络层，最终得到输出结果的过程称为前向传播(Forward Propagation)。因为神经网络的权重参数往往是随机初始化的，导致预测得到的结果与真实结果会存在误差。现在我们希望根据误差来调节权重参数和偏置，使得预测值更加接近真实值，这种采用"误差反向传播算法"的方法简称反向传播(Back Propagation，BP)。反向传播是深度神经网络中更新权重参数最常用的方式。反向传播是利用预测值与真实值的误差来反向逐层计算权重梯度并进行权重参数的迭代，最终达到收敛。

1. 前向传播

一个完整的神经网络包括前向传播过程和后向传播过程，如图 1-8 所示。其中 $a_i^{(l)}$ 表示第 l 层的第 i 的神经元的输出值。$\boldsymbol{W}^{(l)}$ 表示参与计算的第 l 层神经元的参数，$w_{ij}^{(l)}$ 对应第 l 层的第 i 个元素与上一层的第 j 个元素的权重系数。例如，第一层隐藏层的计算公式为

$$\begin{bmatrix} a_1^{(1)} \\ a_2^{(1)} \end{bmatrix} = \sigma\left(\begin{bmatrix} w_{11}^{(1)} & w_{12}^{(1)} \\ w_{21}^{(1)} & w_{22}^{(1)} \end{bmatrix} \begin{bmatrix} x_1 \\ x_2 \end{bmatrix} + \begin{bmatrix} b_1^{(1)} \\ b_2^{(1)} \end{bmatrix}\right) \tag{1.12}$$

第二层隐藏层的计算公式为

$$\begin{bmatrix} a_1^{(2)} \\ a_2^{(2)} \end{bmatrix} = \sigma\left(\begin{bmatrix} w_{11}^{(2)} & w_{12}^{(2)} \\ w_{21}^{(2)} & w_{22}^{(2)} \end{bmatrix} \begin{bmatrix} a_1^{(1)} \\ a_2^{(1)} \end{bmatrix} + \begin{bmatrix} b_1^{(2)} \\ b_2^{(2)} \end{bmatrix}\right) \tag{1.13}$$

第三层隐藏层的计算公式为

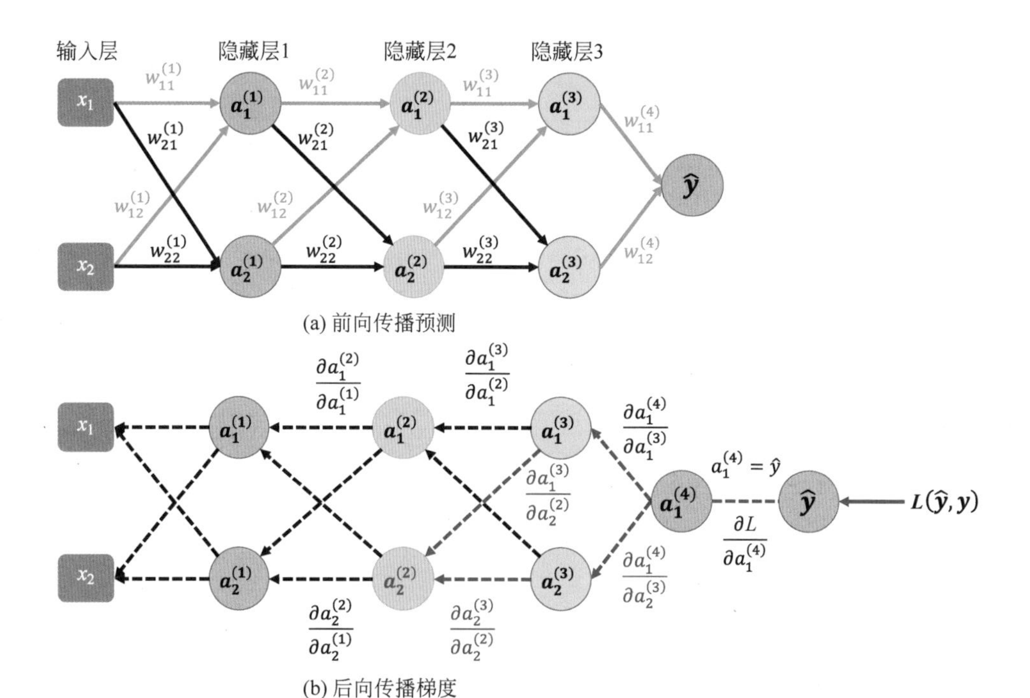

图 1-8 前向、后向传播过程

$$\begin{bmatrix} a_1^{(3)} \\ a_2^{(3)} \end{bmatrix} = \sigma\left(\begin{bmatrix} w_{11}^{(3)} & w_{12}^{(3)} \\ w_{21}^{(3)} & w_{22}^{(3)} \end{bmatrix}\begin{bmatrix} a_1^{(2)} \\ a_2^{(2)} \end{bmatrix} + \begin{bmatrix} b_1^{(3)} \\ b_2^{(3)} \end{bmatrix}\right) \tag{1.14}$$

输出层公式为

$$\hat{y} = a_1^{(4)} = \sigma\left(\begin{bmatrix} w_{11}^{(4)} & w_{12}^{(4)} \end{bmatrix}\begin{bmatrix} a_1^{(3)} \\ a_2^{(3)} \end{bmatrix} + b_1^{(4)}\right) \tag{1.15}$$

其中，$\sigma(\cdot)$表示 Sigmoid 激活函数，$a_i^{(l)}$ 指经过激活函数的神经元数值。用矩阵的形式可以表示为

$$\boldsymbol{A}^{(l)} = \sigma(\boldsymbol{W}^{(l)}\boldsymbol{A}^{(l-1)} + \boldsymbol{B}^{(l)}) \tag{1.16}$$

$$\hat{y} = \sigma(\boldsymbol{W}^{(4)}\boldsymbol{A}^{(3)} + \boldsymbol{B}^{(4)}) \tag{1.17}$$

其中，$l=1,2,3,4$ 表示网络层数，$\boldsymbol{A}^{(l)} = \begin{bmatrix} a_1^{(l)} \\ \vdots \end{bmatrix}$，$\boldsymbol{B}^{(l)} = \begin{bmatrix} b_1^{(l)} \\ \vdots \end{bmatrix}$，$\boldsymbol{A}^{(0)} = \boldsymbol{X} = \begin{bmatrix} x_1 \\ x_2 \end{bmatrix}$。

2. 损失函数

通过前向过程进行结果预测得到 $\hat{y}$，损失函数(Loss Function)用来估量模型的输出 $\hat{y}$ 与真实值 y 之间的差距。损失函数越好，通常模型的预测效果越好，深度学习过程就是对损失函数求最小化的过程。所谓真实值，通常指经过人工处理标注数据的值(Labeled Data)，往往对应为监督学习(Supervised Learning)的任务。损失函数的确定也需要依据具体问题而定，例如，回归问题一般采用欧氏距离(Euclidean Distance)，如平方损失(Mean Squared Loss)函数，分类问题常用的损失函数如交叉熵损失(Cross Entropy Loss)函数。

平方损失函数采用均方差(Mean Squared Error,MSE)来衡量预测值与真实值的误差，其基本形式如下：

$$L(y,\hat{y})=\frac{1}{n}\sum_{i=1}^{n}(y_i-\hat{y}_i)^2 \tag{1.18}$$

平方损失函数的导数连续,计算简单。假设模型预测与真实值之间的误差服从标准高斯分布$(y-\hat{y})\sim\frac{1}{\sqrt{2\pi\sigma^2}}\exp\left(-\frac{1}{2\sigma^2}(y-\hat{y})^2\right)$,其中$\sigma^2$为方差。但是平方损失函数容易受异常点的影响,异常值往往带来极大的平方误差,不利于参数的更新。对于分类问题,均方差分布难以满足高斯分布,因此一般不使用平方损失函数。

交叉熵是信息论中的一个重要概念,主要用于度量两个概率分布间的差异性,往往用于分类问题。对于二分类问题,损失函数

$$L(y,\hat{y})=-(y\ln\hat{y}+(1-y)\ln(1-\hat{y})) \tag{1.19}$$

对于多分类问题的损失函数,则可以定义为

$$L(y,\hat{y})=-\sum_{c}^{C}y_c\ln\hat{y}_c \tag{1.20}$$

其中,C为类别的数量,y_c等于0或者1,如果预测出的类别和样本标记相同则为1,否则为0,y_c为样本属于类别c的概率。

在实际深度学习训练任务中,并不一定能保证所有训练样本都是标注好的,若训练样本只有部分数据被标注,这种训练任务一般称为半监督学习任务(Semi-Supervised Learning),半监督学习只对有标注的训练样本求损失函数;若训练样本都没有标注,这种训练任务称为无监督学习(Unsupervised Learning),用于学习样本数据的统计规律或样本数据的内在结构。

3. 反向传播

损失函数给出了预测值与真实值之间的差异,为模型的优化指引方向,即需要调整模型参数$W^{(l)}$和$b^{(l)}$。著名数学家高斯提出的最小二乘法(Least Squares Method)是一个经典的方法,然而对于待定系数太多的问题,最小二乘法需要面对大型矩阵求逆计算量较大的问题,为此前人提出了基于迭代算法的优化方法。具体而言,为了弥合预测值与真实值y的差异,将误差进行后向传播,并使用梯度下降算法进行模型参数的调整,即采用反向传播算法,调整权重参数的优化算法可采用随机梯度下降(Stochastic Gradient Descent,SGD)算法。

随机梯度下降算法更新权重参数的具体形式如下

$$\boldsymbol{W}^{(l)}\leftarrow\boldsymbol{W}^{(l)}-\eta\frac{\partial L}{\partial\boldsymbol{W}^{(l)}} \tag{1.21}$$

$$\boldsymbol{b}^{(l)}\leftarrow\boldsymbol{b}^{(l)}-\eta\frac{\partial L}{\partial\boldsymbol{b}^{(l)}} \tag{1.22}$$

其中,权重矩阵的偏导$\frac{\partial L}{\partial\boldsymbol{W}^{(l)}}$和偏置导数$\frac{\partial L}{\partial\boldsymbol{b}^{(l)}}$是计算的核心,$\eta$是学习率(Learning Rate),表示梯度更新步伐的大小。由于神经网络是逐层搭建的,$\frac{\partial L}{\partial\boldsymbol{W}^{(l)}}$和$\frac{\partial L}{\partial\boldsymbol{b}^{(l)}}$一般需要反向逐层

计算得到。下面举一个简单例子来说明多元复合函数求导法则(又称为多元函数的链式法则)。假设可微函数 $z=f(u,v)$,且 $u=h(s,t)$,$v=g(s,t)$,则 z 是 s、t 的复合函数。

$$\frac{\partial z}{\partial s}=\frac{\partial z}{\partial u}\frac{\partial u}{\partial s}+\frac{\partial z}{\partial v}\frac{\partial v}{\partial s} \tag{1.23}$$

$$\frac{\partial z}{\partial t}=\frac{\partial z}{\partial u}\frac{\partial u}{\partial t}+\frac{\partial z}{\partial v}\frac{\partial v}{\partial t} \tag{1.24}$$

依照链式法则可计算各参数梯度,如表 1-1 所示。

表 1-1　反向传播计算权重和偏置

层数	权重和偏置导数		
第四层	$\frac{\partial L}{\partial w_{11}^{(4)}}=\frac{\partial L}{\partial a_1^{(4)}}\frac{\partial a_1^{(4)}}{\partial w_{11}^{(4)}}$	$\frac{\partial L}{\partial w_{12}^{(4)}}=\frac{\partial L}{\partial a_1^{(4)}}\frac{\partial a_1^{(4)}}{\partial w_{12}^{(4)}}$	$\frac{\partial L}{\partial b_1^{(4)}}=\frac{\partial L}{\partial a_1^{(4)}}\frac{\partial a_1^{(4)}}{\partial b_1^{(4)}}$
第三层	$\frac{\partial L}{\partial w_{11}^{(3)}}=\frac{\partial L}{\partial a_1^{(4)}}\frac{\partial a_1^{(4)}}{\partial a_1^{(3)}}\frac{\partial a_1^{(3)}}{\partial w_{11}^{(3)}}$	$\frac{\partial L}{\partial w_{12}^{(3)}}=\frac{\partial L}{\partial a_1^{(4)}}\frac{\partial a_1^{(4)}}{\partial a_1^{(3)}}\frac{\partial a_1^{(3)}}{\partial w_{12}^{(3)}}$	$\frac{\partial L}{\partial b_1^{(3)}}=\frac{\partial L}{\partial a_1^{(4)}}\frac{\partial a_1^{(4)}}{\partial a_1^{(3)}}\frac{\partial a_1^{(3)}}{\partial b_1^{(3)}}$
	$\frac{\partial L}{\partial w_{21}^{(3)}}=\frac{\partial L}{\partial a_1^{(4)}}\frac{\partial a_1^{(4)}}{\partial a_2^{(3)}}\frac{\partial a_2^{(3)}}{\partial w_{21}^{(3)}}$	$\frac{\partial L}{\partial w_{22}^{(3)}}=\frac{\partial L}{\partial a_1^{(4)}}\frac{\partial a_1^{(4)}}{\partial a_2^{(3)}}\frac{\partial a_2^{(3)}}{\partial w_{22}^{(3)}}$	$\frac{\partial L}{\partial b_2^{(3)}}=\frac{\partial L}{\partial a_1^{(4)}}\frac{\partial a_1^{(4)}}{\partial a_2^{(3)}}\frac{\partial a_2^{(3)}}{\partial b_2^{(3)}}$
第二层	$\frac{\partial L}{\partial w_{11}^{(2)}}=\frac{\partial L}{\partial a_1^{(4)}}\frac{\partial a_1^{(4)}}{\partial a_1^{(3)}}\frac{\partial a_1^{(3)}}{\partial a_1^{(2)}}\frac{\partial a_1^{(2)}}{\partial w_{11}^{(2)}}+\frac{\partial L}{\partial a_1^{(4)}}\frac{\partial a_1^{(4)}}{\partial a_2^{(3)}}\frac{\partial a_2^{(3)}}{\partial a_1^{(2)}}\frac{\partial a_1^{(2)}}{\partial w_{11}^{(2)}}$	$\frac{\partial L}{\partial w_{12}^{(2)}}=\frac{\partial L}{\partial a_1^{(4)}}\frac{\partial a_1^{(4)}}{\partial a_1^{(3)}}\frac{\partial a_1^{(3)}}{\partial a_1^{(2)}}\frac{\partial a_1^{(2)}}{\partial w_{12}^{(2)}}+\frac{\partial L}{\partial a_1^{(4)}}\frac{\partial a_1^{(4)}}{\partial a_2^{(3)}}\frac{\partial a_2^{(3)}}{\partial a_1^{(2)}}\frac{\partial a_1^{(2)}}{\partial w_{12}^{(2)}}$	$\frac{\partial L}{\partial b_1^{(2)}}=\frac{\partial L}{\partial a_1^{(4)}}\frac{\partial a_1^{(4)}}{\partial a_1^{(3)}}\frac{\partial a_1^{(3)}}{\partial a_1^{(2)}}\frac{\partial a_1^{(2)}}{\partial b_1^{(2)}}+\frac{\partial L}{\partial a_1^{(4)}}\frac{\partial a_1^{(4)}}{\partial a_2^{(3)}}\frac{\partial a_2^{(3)}}{\partial a_1^{(2)}}\frac{\partial a_1^{(2)}}{\partial b_1^{(2)}}$
	$\frac{\partial L}{\partial w_{21}^{(2)}}=\frac{\partial L}{\partial a_1^{(4)}}\frac{\partial a_1^{(4)}}{\partial a_1^{(3)}}\frac{\partial a_1^{(3)}}{\partial a_2^{(2)}}\frac{\partial a_1^{(2)}}{\partial w_{21}^{(2)}}+\frac{\partial L}{\partial a_1^{(4)}}\frac{\partial a_1^{(4)}}{\partial a_2^{(3)}}\frac{\partial a_2^{(3)}}{\partial a_1^{(2)}}\frac{\partial a_1^{(2)}}{\partial w_{21}^{(2)}}$	$\frac{\partial L}{\partial w_{22}^{(2)}}=\frac{\partial L}{\partial a_1^{(4)}}\frac{\partial a_1^{(4)}}{\partial a_2^{(3)}}\frac{\partial a_2^{(3)}}{\partial a_2^{(2)}}\frac{\partial a_1^{(2)}}{\partial w_{22}^{(2)}}+\frac{\partial L}{\partial a_1^{(4)}}\frac{\partial a_1^{(4)}}{\partial a_2^{(3)}}\frac{\partial a_2^{(3)}}{\partial a_2^{(2)}}\frac{\partial a_2^{(2)}}{\partial w_{22}^{(2)}}$	$\frac{\partial L}{\partial b_2^{(2)}}=\frac{\partial L}{\partial a_1^{(4)}}\frac{\partial a_1^{(4)}}{\partial a_2^{(3)}}\frac{\partial a_2^{(3)}}{\partial a_2^{(2)}}\frac{\partial a_2^{(2)}}{\partial b_2^{(2)}}+\frac{\partial L}{\partial a_1^{(4)}}\frac{\partial a_1^{(4)}}{\partial a_2^{(3)}}\frac{\partial a_2^{(3)}}{\partial a_2^{(2)}}\frac{\partial a_2^{(2)}}{\partial b_2^{(2)}}$

对深度神经网络的计算方式,能够总结出什么规律呢?若以图的角度来审视权重参数的传递路径,可能会更直观。以图 1-8 中神经节点 $a_2^{(1)}$ 相应的权重参数为例,如果将图视为一个有向图,从损失函数 L 出发,有 $L\to a_1^{(4)}\to a_1^{(3)}\to a_1^{(2)}\to a_2^{(1)}$、$L\to a_1^{(4)}\to a_1^{(3)}\to a_2^{(2)}\to a_2^{(1)}$、$L\to a_1^{(4)}\to a_2^{(3)}\to a_1^{(2)}\to a_2^{(1)}$ 和 $L\to a_1^{(4)}\to a_2^{(3)}\to a_2^{(2)}\to a_2^{(1)}$ 等四条路径。那么对 $a_2^{(1)}$ 产生贡献的 $w_{21}^{(1)}$、$w_{22}^{(1)}$ 和 $b_2^{(1)}$ 可以计算为

$$\begin{aligned}\frac{\partial L}{\partial w_{21}^{(1)}}=&\frac{\partial L}{\partial a_1^{(4)}}\frac{\partial a_1^{(4)}}{\partial a_1^{(3)}}\left(\frac{\partial a_1^{(3)}}{\partial a_1^{(2)}}\frac{\partial a_1^{(2)}}{\partial a_2^{(1)}}\frac{\partial a_2^{(1)}}{\partial w_{21}^{(1)}}+\frac{\partial a_1^{(3)}}{\partial a_2^{(2)}}\frac{\partial a_2^{(2)}}{\partial a_2^{(1)}}\frac{\partial a_2^{(1)}}{\partial w_{21}^{(1)}}\right)+\\&\frac{\partial L}{\partial a_1^{(4)}}\frac{\partial a_1^{(4)}}{\partial a_2^{(3)}}\left(\frac{\partial a_2^{(3)}}{\partial a_1^{(2)}}\frac{\partial a_1^{(2)}}{\partial a_2^{(1)}}\frac{\partial a_2^{(1)}}{\partial w_{21}^{(1)}}+\frac{\partial a_2^{(3)}}{\partial a_2^{(2)}}\frac{\partial a_2^{(2)}}{\partial a_2^{(1)}}\frac{\partial a_2^{(1)}}{\partial w_{21}^{(1)}}\right)\end{aligned} \tag{1.25}$$

$$\begin{aligned}\frac{\partial L}{\partial w_{22}^{(1)}}=&\frac{\partial L}{\partial a_1^{(4)}}\frac{\partial a_1^{(4)}}{\partial a_1^{(3)}}\left(\frac{\partial a_1^{(3)}}{\partial a_1^{(2)}}\frac{\partial a_1^{(2)}}{\partial a_2^{(1)}}\frac{\partial a_2^{(1)}}{\partial w_{22}^{(1)}}+\frac{\partial a_1^{(3)}}{\partial a_2^{(2)}}\frac{\partial a_2^{(2)}}{\partial a_2^{(1)}}\frac{\partial a_2^{(1)}}{\partial w_{22}^{(1)}}\right)+\\&\frac{\partial L}{\partial a_1^{(4)}}\frac{\partial a_1^{(4)}}{\partial a_2^{(3)}}\left(\frac{\partial a_2^{(3)}}{\partial a_1^{(2)}}\frac{\partial a_1^{(2)}}{\partial a_2^{(1)}}\frac{\partial a_2^{(1)}}{\partial w_{22}^{(1)}}+\frac{\partial a_2^{(3)}}{\partial a_2^{(2)}}\frac{\partial a_2^{(2)}}{\partial a_2^{(1)}}\frac{\partial a_2^{(1)}}{\partial w_{22}^{(1)}}\right)\end{aligned} \tag{1.26}$$

$$\frac{\partial L}{\partial b_2^{(1)}}=\frac{\partial L}{\partial a_1^{(4)}}\frac{\partial a_1^{(4)}}{\partial a_1^{(3)}}\left(\frac{\partial a_1^{(3)}}{\partial a_1^{(2)}}\frac{\partial a_1^{(2)}}{\partial a_2^{(1)}}\frac{\partial a_2^{(1)}}{\partial b_2^{(1)}}+\frac{\partial a_1^{(3)}}{\partial a_2^{(2)}}\frac{\partial a_2^{(2)}}{\partial a_2^{(1)}}\frac{\partial a_2^{(1)}}{\partial b_2^{(1)}}\right)+$$
$$\frac{\partial L}{\partial a_1^{(4)}}\frac{\partial a_1^{(4)}}{\partial a_2^{(3)}}\left(\frac{\partial a_2^{(3)}}{\partial a_1^{(2)}}\frac{\partial a_1^{(2)}}{\partial a_2^{(1)}}\frac{\partial a_2^{(1)}}{\partial b_2^{(1)}}+\frac{\partial a_2^{(3)}}{\partial a_2^{(2)}}\frac{\partial a_2^{(2)}}{\partial a_2^{(1)}}\frac{\partial a_2^{(1)}}{\partial b_2^{(1)}}\right) \tag{1.27}$$

在训练神经网络时，正向传播和后向传播相互依赖。一方面，在正向传播期间认为$W^{(l)}$和$b^{(l)}$是已知模型参数，用来逐层计算，得出神经元$a^{(l)}$和预测结果$\hat{y}$。另一方面，反向传播期间模型参数的偏导数$\frac{\partial L}{\partial W^{(l)}}$、$\frac{\partial L}{\partial b^{(l)}}$的计算取决于由正向传播给出的隐藏变量$a^{(l)}$的当前值。更新的模型参数则是由优化算法根据最近迭代的反向传播给出的。总的来说，在初始化模型参数后，交替使用正向传播和反向传播，利用反向传播给出的梯度更新模型参数，直到模型参数收敛。

1.4 卷积神经网络

传统方法中，读取图像的像素矩阵后，根据具体任务的需要设计相应的滤波器(Filter)。常用的滤波器是由具有专业背景的人设计出来的。同样是边缘检测的任务，由于滤波器的不同，其结果也具有显著差异。现实生活中，图像或者视频应用的场景各种各样，为每一种场景设计相应的滤波器成本较高。如何根据任务来自适应求解相应的过滤器，显得十分必要。深度学习的设计理念是从大数据中学习，得到过滤器参数，以解决人工依赖问题。

1.4.1 图像数据的存储

当给出一幅图像时，首先需要思考图像是如何被计算机存储和理解的。图像由像素构成，每一像素由颜色构成。在计算机中，生成电子图像的最小单元为像素，整个图像是由规则排列的像素点阵构成。在如图1-9所示的彩色图像中，每一个像素点由RGB颜色空间表示。换句话说，每一像素通过三个颜色通道表示：红色、绿色和蓝色。在一个8位图像中，每个颜色通道能取到的颜色值为$2^8=256$种，即0～255。越亮的区域，像素值越高，对应着较高的强度。相反，较暗的区域像素值较低，对应较低的强度。

图1-9 彩色图像示意图

目前智能手机拍摄的照片大都是1000×1000像素以上的彩色照片，按照像素给出的数据规模可以达到1000×1000×3=3 000 000的量级。如果直接采用深度神经网络处理图像信息，会存在以下问题：①在全连接神经网络中，第一个隐藏层会接收百万级的输入参数，导致参数规模非常巨大，神经网络训练效果非常差，且容易产生过拟合现象。②直接使用深度神经网络，难以保证图像的局部不变性，即缩放、平移、旋转不变性。因此，设计适合图像数据的神经网络是十分必要的。

1.4.2 传统图像处理算子

对于图像信息的处理，人们首先想到的是借鉴动物大脑处理视觉信息的方法。Hubel 和 Wiesel 等在 20 世纪 50 年代研究猫与猴子的视觉大脑皮层时，发现一些神经元能分别对某一小块视觉区域进行回应。受生物意义上的图像识别的启发，人们在设计计算机识别图像的算法上，采用先通过“感受野”识别局部信息，然后合并成整个视觉图像的策略。为了模拟视神经细胞对图像的感知，图感知算法通常会采用某个算子 f 对图像进行处理。对于区块信息的处理，假设算子 f 一次性处理的区块面积为 3×3 的像素区域，计算模式如图 1-10 所示。

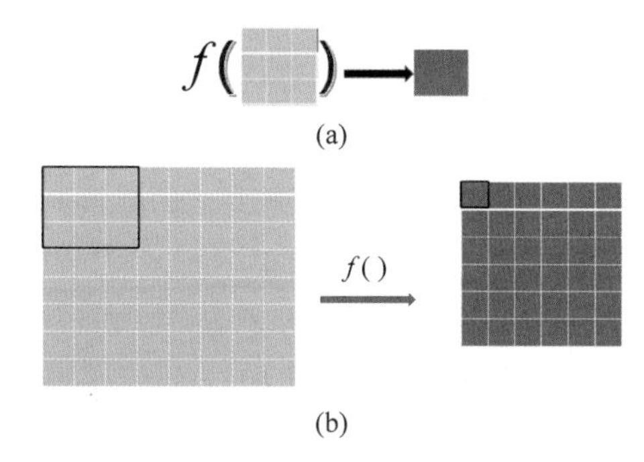

图 1-10　按“感受野”分片处理图像数据

边缘检测（Edge Detection）是图像处理和计算机视觉的基本问题，其目的是标识数字图像中亮度变化明显的点，图像属性中的显著变化通常反映了属性的重要事件和变化。简单来说，边缘检测就是寻找边缘，即区域或对象之间的边界，也即像素变化最快的位置。在实际的边缘检测中，往往只用到一阶和二阶差分。二阶导数还可以说明灰度突变的类型。在某些情况下，如灰度变化均匀的图像，只利用一阶导数可能找不到边界，此时二阶导数就能提供很有用的信息。二阶导数对噪声比较敏感，解决的方法是先对图像进行平滑滤波，消除部分噪声，再进行边缘检测。利用二阶导数信息的算法是基于过零检测的，因此得到的边缘点数比较少，有利于后续的处理和识别工作。拉普拉斯边缘检测算子是典型的二阶边缘检测算子，该算子采用二阶导数的差分格式。下面讲解一下该式的推导过程。

$$
\begin{aligned}
\Delta u(x,y) &= \frac{\partial^2 u(x,y)}{\partial x^2} + \frac{\partial^2 u(x,y)}{\partial y^2} \\
&\approx \frac{u(x-h,y)-2u(x,y)+u(x+h,y)}{h^2} + \frac{u(x,y-h)-2u(x,y)+u(x,y+h)}{h^2} \\
&= \frac{u(x-h,y)+u(x+h,y)-4u(x,y)+u(x,y-h)+u(x,y+h)}{h^2} \\
&=: \Delta_h u(x,y)
\end{aligned}
$$

$$
\Delta_h = \frac{1}{h^2}\begin{pmatrix} 0 & 1 & 0 \\ 1 & -4 & 1 \\ 0 & 1 & 0 \end{pmatrix}
$$

图 1-11 为拉普拉斯边缘检测算子的实际效果图。

图 1-11 拉普拉斯边缘检测算子过滤效果图

1.4.3 卷积

在传统方法中,我们所提到的处理边缘的 Sobel 滤波器和拉普拉斯滤波器均为一种卷积核。通过卷积运算提取图上的特征,如图像像素变化的梯度特征等。同时,一般将卷积运算前后的图数据统称为特征映射(Feature Map),输入图数据称作输入特征图(Input Feature Map),输出图数据称作输出特征图(Output Feature Map)。

图像中的卷积运算又是如何定义的呢?如图 1-12 所示为以 3×3 的两个矩阵计算的形式展示卷积的计算过程。

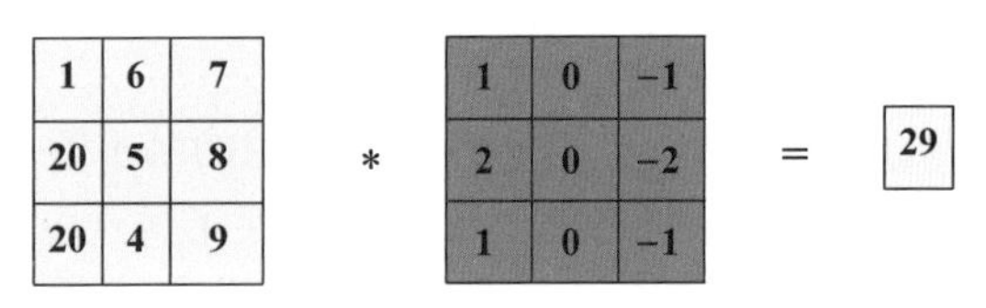

图 1-12 卷积运算示意图

原始图片与特定的神经元做卷积运算,两个 3×3 的矩阵相乘后再相加,以图 1-12 为例,有 $1\times1+6\times0+7\times(-1)+20\times2+5\times0+8\times(-2)+20\times1+4\times0+9\times(-1)=29$。值得注意的是,卷积运算不一定能得到正数,在后续特征图像生成时,会取绝对值或者采用激活函数(如 ReLU)处理负值。图 1-13 更加形象化地展示了传统的图像处理中 Sobel 算子和拉普拉斯算子等进行卷积计算后的特点。经过 G_x 运算后,可以观察到在水平方向上有像素梯度的位置会很亮。同样地,经过 G_y 运算后,可以观察到在垂直方向上有像素梯度的位置会很亮。拉普拉斯算子没有具体的分量算子,是在矩阵上做二阶导数来提取轮廓。从数学运算上看,卷积作为一种运算方式,用数学语言可以归纳为

$$\begin{bmatrix} x_{11} & x_{12} & \cdots & x_{1n} \\ x_{21} & x_{22} & \cdots & x_{2n} \\ \vdots & \vdots & \ddots & \vdots \\ x_{m1} & x_{m2} & \cdots & x_{mn} \end{bmatrix} * \begin{bmatrix} y_{11} & y_{12} & \cdots & y_{1n} \\ y_{21} & y_{22} & \cdots & y_{2n} \\ \vdots & \vdots & \ddots & \vdots \\ y_{m1} & y_{m2} & \cdots & y_{mn} \end{bmatrix} = \sum_{i=0}^{m-1}\sum_{j=0}^{n-1} x_{(m-i)(n-j)}\, y_{(1+i)(1+j)}$$

从计算效果上看,经过上述几种卷积运算后,可以得到不同的处理结果,实现不同的功能。卷积参数深刻影响着卷积结果,将传统图像处理中的卷积核泛化为一般形式,即卷积核为待定系数,通过深度学习的方式来最终确定。

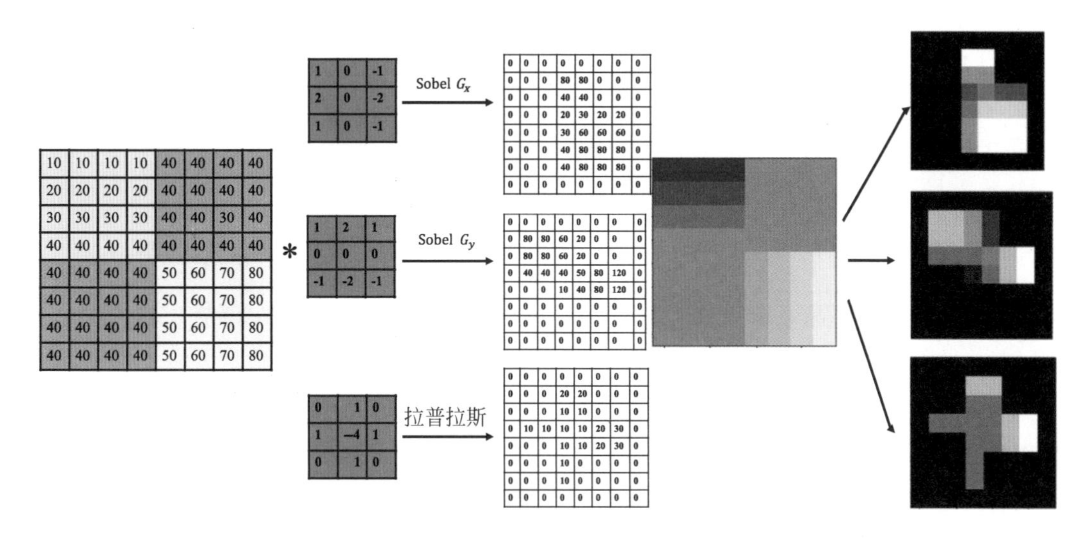

图 1-13 二维 Sobel 卷积核与拉普拉斯卷积核运算和可视化

1.4.4 池化

对于分类任务而言,即使物体局部比较模糊,依然能够对图片进行分类,而这种局部模糊化的处理可以用于压缩数据和参数的量。保留主要的特征同时减少参数(或者说降维,效果类似于主成分分析)和计算量。经过局部模糊化后的图片仍然具有平移不变性和特征不变性。平移不变性指经过平移、旋转、缩放后,卷积仍能检测到图片的特征。特征不变性,也就是我们在图像处理中经常提到的特征的尺度不变性,例如,一只猫的图片被缩小了数倍,我们还能认出这是一张猫的图片,说明这张图片中仍保留着猫最重要的特征,图像压缩时去掉的信息不会影响整图判断,留下的信息具有尺度不变性的特征,可以表达图像的特征。同时,压缩过的图片像素矩阵大大减小,可以提高运算速度。那么如何进行这种局部模糊化处理呢?我们采用一种称为池化的算法。池化函数在计算某一位置的输出时,会计算该位置相邻区域的输出的某种总体统计特征,作为该位置的输出。池化算子又分为最大池化(Max Pooling)和平均池化(Average Pooling),计算过程如图 1-14 所示。

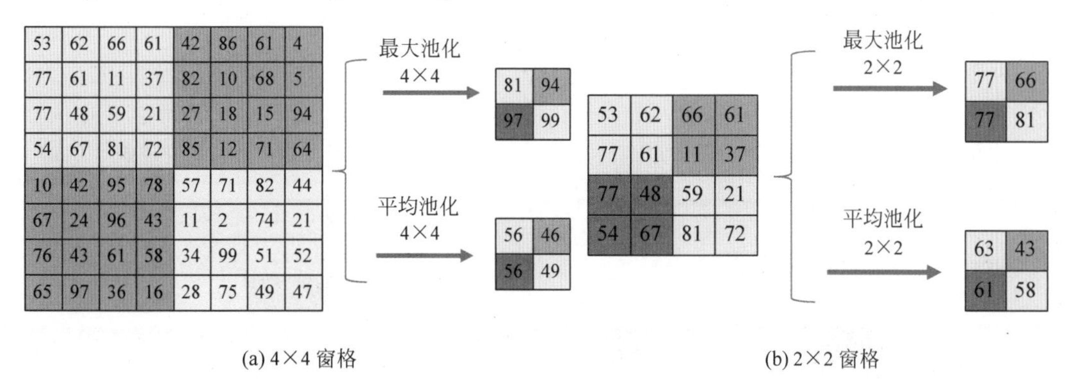

(a) 4×4 窗格　　(b) 2×2 窗格

图 1-14 二维平均池化与最大池化

平均池化的输出为区域内像素的平均值,而最大池化的输出为区域内像素的最大值。在图像处理中,一般采用最大池化算子。池化算子与卷积算子存在几点差异:①移动方式有所差异,池化算子每次移动的步幅与其本身窗格大小一致;②池化过程没有需要学习的参数;③不改变通道数(高维池化过程)。

一般来说,池化算子包括以下几方面的作用:①逐渐降低数据体的空间尺寸;②减少网络中参数的数量;③减少耗费的计算资源;④有效控制过拟合。

1.4.5 填充

填充(Padding)是指在输入高和宽的两侧填充元素。图 1-15 中,在原输入高和宽的两侧分别添加了值为 0 的元素,将输入高和宽从 4 调整为 5,使得输出的高与宽由 2 调整为 4。当没有填充时,原来 4×4 的矩阵经过卷积后,变为 2×2 的矩阵,卷积运算对输入矩阵周边的运算次数少于中间的元素,调整后可使周边元素的计算与中间元素的计算次数相当,因此填充可以起到调节输出图像特征大小和输入图像边缘像素计算次数的作用。

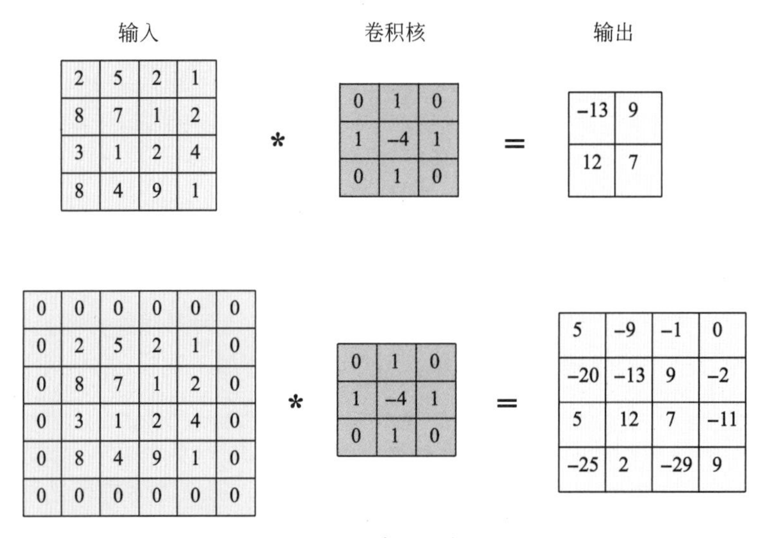

图 1-15 填充示意图

1.4.6 步幅

从计算过程上看,从左边的输入数据到右侧的输出数据,是通过以卷积核窗口大小为滑动间隔计算完成的。需要注意的是,更为泛化的卷积运算过程,滑动间隔也是可以变化的,我们将每次滑动的行数和列数定义为步幅(Stride),图 1-16 是步幅为 1 和 2 的卷积计算。

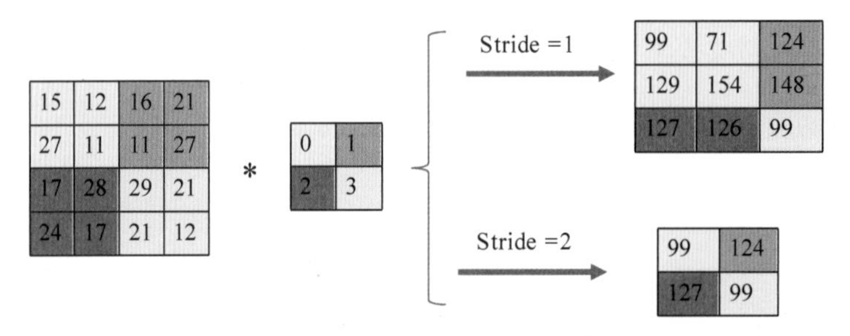

图 1-16 步幅为 1 和 2 的卷积计算实例

填充和步幅都能改变输出特征图的大小,那么具体如何计算二者对于输出图的影响呢?具体而言,填充可以调大输出特征图的尺寸,而增大步幅则会减小输出图的尺寸。假设输入特征图矩阵的尺寸为(H_{in},W_{in}),卷积核大小为(FW,FH),步幅为S,则计算输出的特征图尺寸(H_{out},W_{out})为

$$H_{out}=\left\lceil\frac{H_{in}+2P-FH}{S}\right\rceil+1$$

$$W_{out}=\left\lceil\frac{W_{in}+2P-FW}{S}\right\rceil+1$$

1.4.7 典型的卷积神经网络结构

卷积神经网络(Convolutional Neural Network,CNN)的网络结构经过长期发展,目前包含多种网络结构。卷积神经网络主要由三种模块构成:卷积层、采样层和全连接层。这里介绍图神经网络的先驱工作 LeNet-5,1988 年由 Yann LeCun 提出,其中 5 表示五层结构的意思,用于实现手写字识别功能,其网络结构如图 1-17 所示,其符号说明如表 1-2 所示。

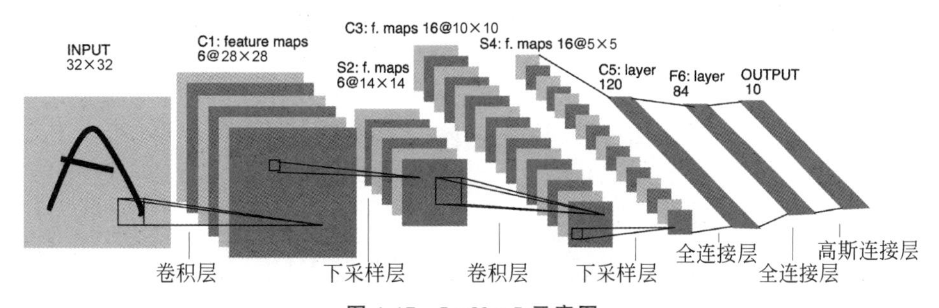

图 1-17 LetNet-5 示意图

表 1-2 LetNet-5 符号说明

符 号	英 文	中 文
Ci	Convolution Layer	卷积层
Si	Subsampling Layer	下采样层
Fi	Fully-connected Layer	全连接层
i	Index of the Layer	层下标

LeNet5 是早期非常经典的卷积神经网络,也是网络成功商业化的代表,但它的输入图像太小,加上数据不足,在早期并没有在除手写数字识别之外的其他计算机视觉任务上取得大的突破。

1.4.8 卷积神经网络与多层感知机的差别

多层感知机(MLP)其实是多个全连接层叠加组合而成的神经网络模型。与多层感知机相比,卷积神经网络把全连接层改成了卷积层和池化,也就是把传统的由一个个多层感知机组成的网络层变成由卷积和池化组成的神经网络层,如图 1-18 所示。

对比一下多层感知机的层和由卷积与池化层组合成的卷积神经网络层:假设存在一个

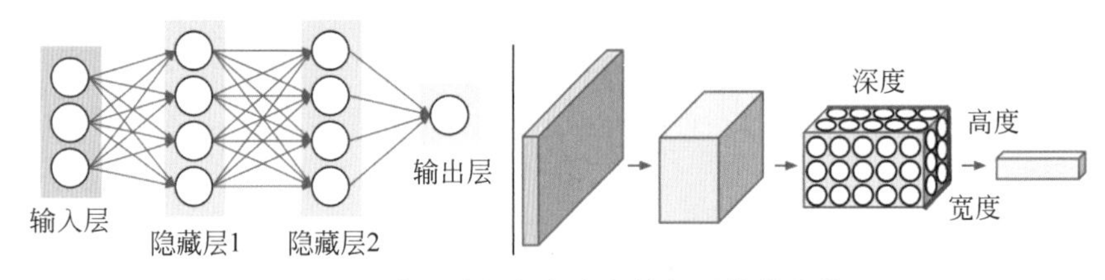

图 1-18　多层感知机与卷积神经网络的比较

8×8 像素的图像，也就是 64 像素，同时假设有一个 9 个单元的全连接层，如图 1-19 所示。

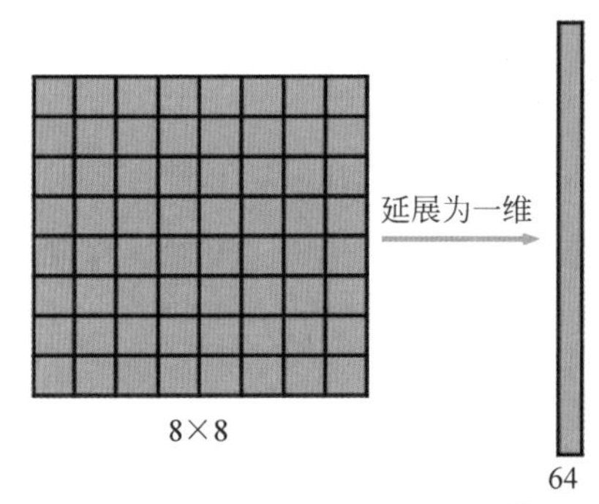

(a) 卷积神经网络的数据处理模式

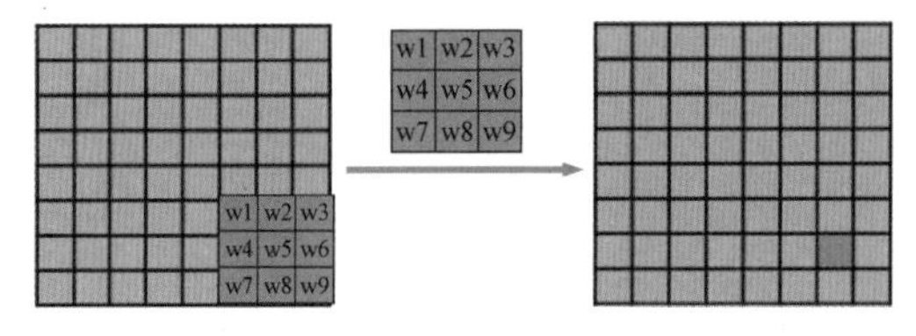

(b) 多层感知机的数据处理模式

图 1-19　卷积神经网络与多层感知机的数据处理模式对比

对于多层感知机模型，这一层总共需要 64×9×2=1152 个学习参数。因为每一个连接都对应一个权重 W 和一个偏置 b。对于同样有 9 个单元的卷积核则是有几个单元就有几个参数，即共有 9 个学习参数。因为对于不同的区域，共享同一个卷积核，因此就共用同一组参数。由于卷积核的参数共享，即使图片进行了一定的平移操作，图片的特征同样可以被识别出来，确保图片信息的“平移不变性”。

卷积神经网络相对于多层感知机具有以下三个特点。

(1) 局部连接。卷积计算过程中，卷积核心只与特征图矩阵中卷积核心大小的矩阵块进行计算，分片处理，让每个神经元只与输入数据的一个局部区域连接，该连接的空间大小叫作神经元的感受野，会大大减少网络的参数。而一般的深度神经网络，在处理图像这样的高维输入时，让每个神经元都与前一层中的所有神经元进行全连接，这对于像素较多的图是不现实的。

(2) 权值共享。在卷积计算中使用相同的卷积核，用来实现共享参数。每个卷积核与上一层局部连接，同时每个卷积核的所有局部连接都使用同样的参数，这样会大大减少网络的参数，且各个小区块做卷积运算时，并无相互依赖，故可以并行计算。

(3) 池化。它的作用是逐渐降低数据的空间尺寸，这样就能减少网络中参数的数量，使计算资源耗费变少，也能有效控制过拟合。

1.5 深度学习训练的最优化算法

深度学习模型训练的目的是寻找模型参数来最小化损失函数，属于典型的最优化问题（Optimization Problem，OP）。优化算法的选择是深度学习的重要环节，即使在相同模型结构和数据集中，不同的优化算法也可能导致不同的训练效果。

当神经网络模型结构较为简单且参数较少时，尚能采用最小二乘法求得参数。然而，模型参数维度往往较高，无法直接给出数学上的解析解。最小二乘法需要计算逆矩阵，但其逆矩阵不存在，则无法直接用最小二乘法。梯度下降为代表的迭代法则不受矩阵可逆的约束，仍然可以使用，因此在神经网络中通常采用这类算法。

假设损失函数 $L(\boldsymbol{W})$ 与权重参数 $\boldsymbol{W}$ 的关系可用图 1-20 所示的函数关系描述。下面我们利用梯度下降法来寻找使损失函数最小的参数 $\boldsymbol{W}$。随机选取一个初始点 $\boldsymbol{W}^0$ 和学习率 η 来训练模型。计算损失函数 $L(\boldsymbol{W})$ 在 $\boldsymbol{W}^0$ 点的微分 $\left.\frac{\partial L}{\partial \boldsymbol{W}}\right|_{\boldsymbol{W}=\boldsymbol{W}^0}$，如果得到的微分值为负，则增加 $\boldsymbol{W}$ 的值（向右移动），如果得到的微分值为正，则减小 $\boldsymbol{W}$ 的值（向左移动）。移动的步长（即学习率）用 η 表示，第一步训练结束后，参数更新为 $\boldsymbol{W}^1=\boldsymbol{W}^0-\eta\left.\frac{\partial L}{\partial \boldsymbol{W}}\right|_{\boldsymbol{W}=\boldsymbol{W}^0}$，接着进一步计算损失函数 $L(\boldsymbol{W})$ 在 $\boldsymbol{W}^1$ 点的微分 $\left.\frac{\partial L}{\partial \boldsymbol{W}}\right|_{\boldsymbol{W}=\boldsymbol{W}^1}$，参数更新为 $\boldsymbol{W}^2=\boldsymbol{W}^1-\eta\left.\frac{\partial L}{\partial \boldsymbol{W}}\right|_{\boldsymbol{W}=\boldsymbol{W}^1}$，如此不断循环，每次参数的更新都向使损失函数更小的方向移动，经过多轮迭代后，$\boldsymbol{W}$ 落在一个局部最小点 $\boldsymbol{W}^{\mathrm{T}}$ 处，损失函数在此处保持稳定不变（微分为 0），$\boldsymbol{W}^{\mathrm{T}}$ 便是通过梯度下降法求得的相对最优解，如图 1-20 所示。

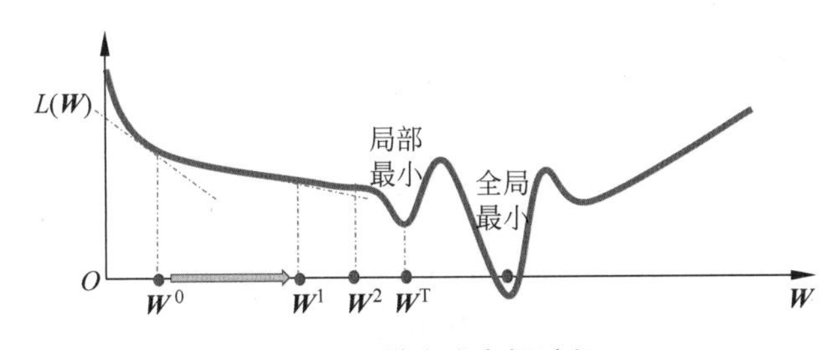

图 1-20 梯度降求解过程

高维函数的损失函数在某点的梯度，梯度下降过程类似于在等高线地图上从某一点沿着等高线法线的方向不断移动，直至找到最低点，如图 1-21 所示。

梯度下降算法自身也存在一些问题，如学习速率 η 的选择，鞍点（Saddle Point）问题以及局域最优化的问题。学习速率设置得太小，收敛速度会非常慢，训练时间过长，学习率设置得过大，则会越过最低点，无法达到最低点。若以一阶导数是否为零来作为判定最小值的标准，则会出现鞍点和局域最小值的问题。在深度学习中，一般假设损失函数为凸函数，而实际中的数据难以保证预测函数满足凸函数条件。而在多元连续函数中，导数为零的点只能称为驻点，是极值点的必要不充分条件，需要结合黑塞矩阵（Hessian Matrix）做进一步判

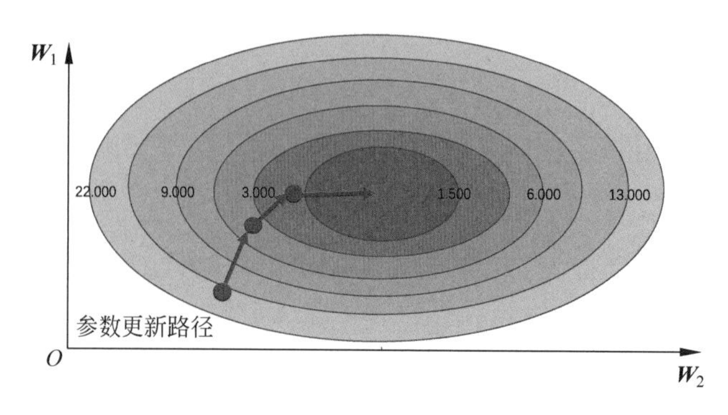

图 1-21 梯度曲面

断。鞍点则是在该点导数为零的点，而在该点的函数值在一个方向是函数的极大值点，在另一个方向是函数的极小值点。梯度下降法会沿着梯度下降的方向搜寻极小值，沿着梯度上升的方向搜寻极大值。若损失函数为非凸，则梯度下降找到的不一定是全局最优解，可能只是局部最优解，需要改变不同初始值来改变优化过程中的搜索路径，以求得最优解。对于鞍点问题，如果模型曲线是凹凸不平的，从不同的初始点出发，可能会落至不同的局部最小点，导致模型性能不一致，更糟糕的情况是模型最终不是陷入某个局部最优点，而是来回振荡或者停留在鞍点。如图 1-22 所示，鞍点处的梯度同样为 0，但很明显这个位置并不是最优解，此外，鞍点通常被相同误差值的平面所包围，在高维的情形下，这个鞍点附近的平坦区域范围可能非常大，使得梯度下降法很难脱离区域，可能会长时间滞留在该点附近。

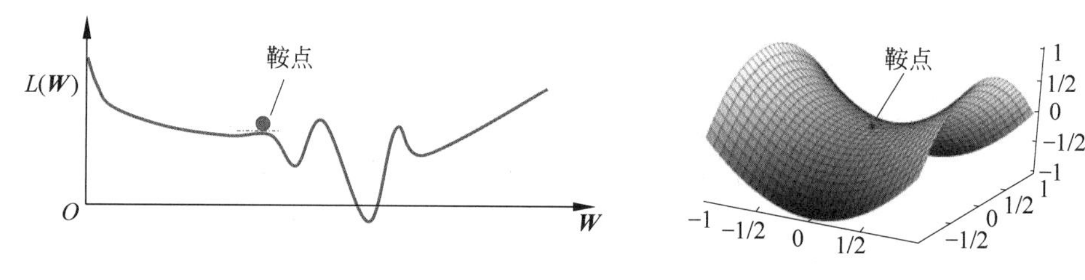

图 1-22 鞍点示意图

梯度下降法有三种常见的变体：批量梯度下降法(Batch Gradient Descent，BGD)、随机梯度下降法(Stochastic Gradient Descent，SGD)和小批量梯度下降法(Mini-Batch Gradient Descent，MBGD)。这三种变体的区别体现在计算梯度所用的数据量大小上，目的是在参数更新准确率和训练时间之间实现平衡。批量梯度下降法每次迭代都使用整个训练集的数据来计算损失函数对参数的梯度，能准确反应模型的移动方向，其缺点是使用全量数据会导致训练速度慢；随机梯度下降法每次迭代只使用一个训练样本，可大大加快训练速度，其缺点是单个样本求得的梯度携带大量噪声，每次迭代并不是都朝着整体最优的方向移动，所以随机梯度下降法虽然训练速度快，但模型准确率会降低；小批量梯度下降法是对随机梯度下降法的一种优化，每次迭代使用一小批样本，这样可以降低随机梯度的方差，使模型收敛更稳定。

为了抑制随机梯度下降法的振荡，若在梯度下降过程加入惯性，也就是在随机梯度下降法的基础上引入一阶动量，则可以在一定程度上抑制随机梯度下降法的振荡，此改进方法称为动量随机梯度下降法(SGD with Momentum，SGD-M)。基于一阶动量的梯度下降法，其参数的更新不仅依赖于当前梯度,还依赖于历史梯度。可以理解为小球从山上滚下来时,不会在鞍点停留,而是由于惯性继续向前冲过鞍点,甚至有可能冲出局部最小点继续前进的过程。基于动量的梯度下降法的迭代更新规则可表示为

$$\boldsymbol{v}^{(t)}=\gamma\boldsymbol{v}^{(t-1)}+\eta\frac{\partial L}{\partial\boldsymbol{W}^{(t-1)}}\tag{1.28}$$

$$\boldsymbol{W}^{(t)}=\boldsymbol{W}^{(t-1)}-\boldsymbol{v}^{(t)}=\boldsymbol{W}^{(t-1)}-\left(\eta\frac{\partial L}{\partial\boldsymbol{W}^{(t-1)}}+\gamma\boldsymbol{v}^{(t-1)}\right)\tag{1.29}$$

其中,$\frac{\partial L}{\partial\boldsymbol{W}^{(t-1)}}$是 $t-1$ 轮迭代的梯度,$\boldsymbol{v}^{(t)}$ 表示动量的累加,且初始值 $\boldsymbol{v}^{(0)}=0$,γ 为阻尼系数,η 为学习速率,$\boldsymbol{W}^{(t)}$ 为权重矩阵历经第 t 轮迭代后的值。从式(1.28)、式(1.29)可以看出,动量随机梯度下降法中存在两个额超参数:γ(阻尼系数)和 η(学习速率)。特别地,若 $\gamma=0$,则动量随机梯度下降法退化为随机梯度下降法,若 $\gamma=1$,则 $\boldsymbol{v}^{(t)}$ 可直观地表达为 $\eta\frac{\partial L}{\partial\boldsymbol{W}^{(t-1)}}$的累计。如图 1-23 所示,迭代之初,$\frac{\partial L}{\partial\boldsymbol{W}^{(t-1)}}$符号未变,故 $\boldsymbol{v}^{(t)}$ 的符号与$\frac{\partial L}{\partial\boldsymbol{W}^{(t-1)}}$一致,$\left(\eta\frac{\partial L}{\partial\boldsymbol{W}^{(t-1)}}+\gamma\boldsymbol{v}^{(t-1)}\right)$能促进权重系数的学习;随着迭代的进行,$\frac{\partial L}{\partial\boldsymbol{W}^{(t-1)}}$跨过 0 变换符号后,$\gamma\boldsymbol{v}^{(t-1)}$ 尚未来得及变换符号,$\left(\eta\frac{\partial L}{\partial\boldsymbol{W}^{(t-1)}}+\gamma\boldsymbol{v}^{(t-1)}\right)$又能避免 $\boldsymbol{W}^{(t)}$ 偏离极值太远;综合来看,动量随机梯度下降法相较于随机梯度下降法更能加速学习效率。

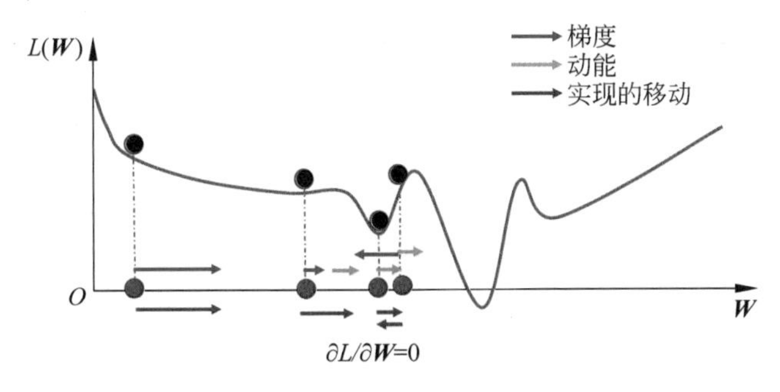

图 1-23　考虑动量的梯度更新过程

梯度自适应优化算法(Adaptive Gradient Algorithm,AdaGrad)独立地适应所有模型参数的学习率,对于每一维的参数空间,采用的学习速率不同,其梯度更新方程如下:

$$\boldsymbol{g}^{(t)}=\frac{\partial L}{\partial\boldsymbol{W}^{(t-1)}}\tag{1.30}$$

$$\boldsymbol{s}^{(t)}=\boldsymbol{s}^{(t-1)}+\boldsymbol{g}^{(t)}\odot\boldsymbol{g}^{(t)}\tag{1.31}$$

$$\boldsymbol{W}^{(t)}=\boldsymbol{W}^{(t-1)}-\frac{\eta}{\sqrt{\boldsymbol{s}^{(t)}}+\varepsilon}\odot\boldsymbol{g}^{(t)}\tag{1.32}$$

其中,$\odot$表示向量的元素积,$\boldsymbol{s}^{(t)}$ 为梯度累积变量,初始化为 0,η 是全局学习速率,ε 是防止除零操作设定的正常实数值,一般取 10^{-6}。梯度自适应优化算法会记录过去所有梯度的平方和,因此,随着迭代次数的增加,更新量会趋近于 0,直至完全不更新。即初始阶段激励收敛,后期则逐渐惩罚收敛。

梯度自适应优化算法的学习率不断衰退，会使得很多任务尚未达到最优解，其学习率已经过量减小。为了改善这个问题，有人提出了 RMSProp 算法。RMSProp 算法将这些梯度按元素平方做指数加权移动平均，其他部分则与梯度自适应优化算法保持一致，其梯度更新规则为

$$\boldsymbol{g}^{(t)}=\frac{\partial L}{\partial \boldsymbol{W}^{(t-1)}} \tag{1.33}$$

$$\boldsymbol{s}^{(t)}=\gamma \boldsymbol{s}^{(t-1)}+(1-\gamma)\boldsymbol{g}^{(t)}\odot\boldsymbol{g}^{(t)} \tag{1.34}$$

$$\boldsymbol{W}^{(t)}=\boldsymbol{W}^{(t-1)}-\frac{\eta}{\sqrt{\boldsymbol{s}^{(t)}+\varepsilon}}\odot\boldsymbol{g}^{(t)} \tag{1.35}$$

其中，$0\leqslant\gamma<1$ 为超参数，自变量每个元素的学习速率在迭代过程中不再一直降低，改善了 AdaGrad 算法。

在实战中，更常被使用的是自适应动量随机优化算法(Adaptive Moment Estimation, Adam)。自适应动量随机优化算法可以理解为加了动量的 RMSProp 算法，同时使用动量和自适应学习率来加快模型收敛的速度。除了像 RMSProp 一样存储了过去梯度的平方 $\boldsymbol{v}^t$ 的指数衰减平均值，也像动量一样保持了过去梯度 $\boldsymbol{m}^t$ 的指数衰减平均值。对于动量的累计采用指数移动平均，具体如下：

$$\boldsymbol{g}^{(t)}=\frac{\partial L}{\partial W^{(t-1)}} \tag{1.36}$$

$$\boldsymbol{v}^{(t)}=\beta\boldsymbol{v}^{(t-1)}+(1-\beta)\boldsymbol{g}^{(t)} \tag{1.37}$$

其中，$\boldsymbol{v}^{(0)}=0,\beta\in[0,1)$为移动平均的超参。梯度按元素平方做指数加权移动平均：

$$\boldsymbol{s}^{(t)}=\gamma \boldsymbol{s}^{(t-1)}+(1-\gamma)\boldsymbol{g}^{(t)}\odot\boldsymbol{g}^{(t)} \tag{1.38}$$

其中，$\boldsymbol{s}^{(0)}=0,\gamma\in[0,1)$为移动平均的超参。因为$\boldsymbol{v}^{(t)}$和$\boldsymbol{s}^{(t)}$被初始化为 **0** 向量，这样的结果会向 **0** 偏置，做了偏差校正，通过计算偏差校正后的$\boldsymbol{v}^{(t)}$和$\boldsymbol{s}^{(t)}$来抵消这些偏差。

$$\hat{\boldsymbol{v}}^{(t)}=\frac{\boldsymbol{v}^{(t)}}{1-\beta^t} \tag{1.39}$$

$$\hat{\boldsymbol{s}}^{(t)}=\frac{\boldsymbol{s}^{(t)}}{1-\gamma^t} \tag{1.40}$$

其梯度更新规则为

$$\boldsymbol{W}^{(t)}=\boldsymbol{W}^{(t-1)}-\frac{\eta}{\sqrt{\hat{\boldsymbol{s}}^{(t)}+\varepsilon}}\hat{\boldsymbol{v}}^{(t)} \tag{1.41}$$

1.6 深度学习中的过拟合和欠拟合

前面介绍了深度学习的计算步骤，训练完成后，通常需要对生成的神经网络模型进行效果评估。训练完的神经网络往往存在过拟合(Overfitting)或欠拟合(Underfitting)。

在训练神经网络模型前，通常会对样本集进行切分，分为训练集、测试集和验证集。深度学习的最终目标是使神经网络模型在训练数据集上学到的模型参数能很好地适用于“新样本”，也就是做预测。这种适用于新样本的能力，称为泛化能力。泛化能力强的模型可以

在新样本上表现出与训练样本一致的性能，而泛化能力差的模型通常会表现为两种情况：欠拟合和过拟合。如果一个模型在训练数据上表现非常好，但是在新数据集上却并不能取得一致的性能，称为过拟合。反之，如果在训练数据集和新数据集上表现都很差，就是欠拟合。

若发生欠拟合则需要进一步调整模型，例如，通过增加模型深度来增强模型的表现能力，或者通过增加训练次数。发生过拟合的原因与样本数据和神经网络的结构有关。对于数据集，存在一个假设就是训练集上的分布和真实数据集的分布是相同分布的。但是训练集只是真实数据集的一小部分，二者的样本分布可能有偏差。因为训练集可能包含较多噪声，若存在一些较强的噪声，那么模型很容易将它学习为一个强特征，造成过拟合。在数据集上，可以增大训练集，让训练集和预测数据集的分布尽量接近。对于模型，当神经网络模型参数空间较大时，模型有较强的学习能力，能把包括噪声数据在内的每个数据拟合进来，导致模型过拟合。为了让模型抑制过拟合，典型的方法有早停法(Early Stopping)和正则化(Regularization)方法。早停法是通过将原始训练数据集划分成训练集和验证集，在训练过程中以某一间隔来不断评估模型在验证集上的表现，当模型在验证集上的表现开始下降时，立即停止训练，这样就能避免继续训练导致的过拟合问题。正则化方法的本质是在损失函数中引入一个正则项，以加大对权重参数的惩罚，抑制过拟合。

正则化方法中常用的正则项为L1和L2正则，即在原来的损失函数上增加权重矩阵的L1范数和L2范数作为惩罚项，对权重系数进行约束。L1正则化对应的修正损失函数$J(W,b)$为

$$J(W,b)=L(y,\hat{y})+\lambda\|W\| \tag{1.42}$$

其中，$\lambda\|W\|$为正则约束项，λ是一个超参数，用来控制惩罚项的相对贡献，$\|W\|$是权重矩阵元的L1范数求和，也就是权值向量$\boldsymbol{W}$中各元素的绝对值之和。每一层的权重矩阵$\boldsymbol{W}^{(l)}$的平方和，假设第l层的权重矩阵维度$\boldsymbol{W}^{(l)}\in\mathbb{R}^{d_l\times d_{l-1}}$，计算形式为

$$\|W\|=\sum_l\|\boldsymbol{W}^{(l)}\|=\sum_l\sum_i^{d_l}\sum_j^{d_{l-1}}\|W_{ij}\| \tag{1.43}$$

L2正则损失部分则采用权重矩阵的L2范数，计算形式为

$$J(W,b)=L(y,\hat{y})+\lambda\sum_l\sum_i^{d_l}\sum_j^{d_{l-1}}\|W_{ij}\|^2 \tag{1.44}$$

正则化模型相对于不加正则项的模型，在每一步更新模型参数优化损失函数时，使权重更靠近0。L1正则化采用绝对值形式的惩罚项，绝对值函数不完全可微，输出权重具有稀疏性，即产生一个稀疏模型，可以用于特征选择。L2范数采用二次函数，是完全可微的，能使权重平滑。

1.7　本章小结

深度学习是人工智能领域内最活跃的一个分支，是构建在深度神经网络上的一种模型。本章首先介绍了深度学习与人工智能的相关概念，然后从感知机等简单的神经网络结构出

发，扩展出多种激活函数，以及包含多个隐藏层的深度神经网络，进一步介绍了深度学习模型的前向传播和反向传播计算理论。前馈神经网络与卷积神经网络是深度学习中的两个基础而重要的模型。前馈神经网络并未对数据的形式有太多的要求，而卷积神经网络则是针对图像数据而设定的，卷积神经网络有权重共享、分片连接和池化等重要特征。实践中，往往不是很容易得到模型的最优解，因此本章也介绍了包括多种权重学习的最优化算法，如随机梯度下降、基于动量的随机梯度下降算法、自适应动量随机优化算法、梯度自适应优化算法等，最后介绍了深度学习在实践中常遇到的过拟合和欠拟合问题。

第 2 章 图基础

近年来，由于图结构的强大表现力及可解释性，用深度学习方法进行图分析已成为人工智能领域的焦点分支。图是关联关系数据的强大数学抽象，可以描述从生物学、高能物理学到社会科学、经济学等领域的复杂关系和相互作用系统，这些图数据中隐含了大量可挖掘的信息。深度学习强大的表征能力在很多应用领域取得了突破性的进展。然而，大部分传统深度学习模型是针对欧氏数据设计的，因而无法直接应用到图数据上。如何采用图神经网络来挖掘图中所包含的信息，将是本书要重点讲解的内容。本章首先简单介绍一些图神经网络基础知识，然后对图神经网络的发展历程做一个简要回顾，最后对图神经网络的应用场景做简单介绍。

2.1 图的结构

图(Graph)是关联数据的高度抽象，可用来表示多实体之间的二元相互关系。在现实世界中，很多场景都可以用图来表达，例如，人与人之间的社交关系，生态环境中不同物种之间的捕食关系，有机大分子内成键关系，地铁或者高铁站点与站点的关系，等等。下面以生物分子为例来感受图的魅力。葡萄糖的化学分子式为 $C_6H_{12}O_6$，其结构由德国化学家费歇尔测定，并为此获得了 1902 年的诺贝尔化学奖，葡萄糖分子结构如图 2-1 所示。

当然，生物大分子大多有立体结构，图在直观上可以表述分子内成键关系，同时图的顶点可以具体存储顶点上的原子或者官能团，例如，顶点上可能是碳原子(C)、氧原子(O)、羟基(-OH)，边则可能需要包含键长、键能等，边和顶点之间则需要包含键角，以重现其空间立体构造。

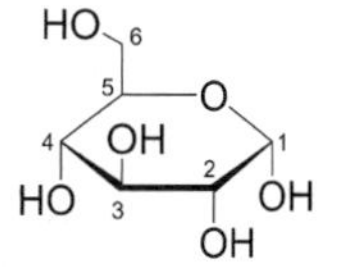

图 2-1　葡萄糖分子结构示意图

图由所有顶点集合 V 和所有连接顶点之间的边集合 E 组成，因此图可以抽象为顶点集合 V 和边集合 E 的函数 $G=(V,E)$。进一步以一个朋友关系图进行说明，如图 2-2 所示，顶点集合为 $V=\{$张三，李四，王五，赵六，老刘，小马$\}$，边集合为 $E=\{$(张三，李四)，(张三，小马)，(李四，小马)，(李四，老刘)，(李四，王五)，(王五，老刘)，(王五，赵六)，(赵六，老刘)，(老刘，小马)$\}$。

图 2-2 中，每个顶点代表一个人，人与人之间互相建立朋友关系确定一条边。因为认识是相互的，因此并不做方向上的区分，即边 (u,v) 和边 (v,u) 不做区分，只需要记录一个就行

了，这种图称为无向图(Undirected Graph)，即图中的边不作方向区分。例如，如果张三认识李四，那么李四也就认识张三。

有向图(Directed Graph)的边意味着这种关系是单方面的。边(u,v)表示一条从顶点u到顶点v的边，与边(v,u)表示不同的边，甚至(v,u)可以不存在，仅存在单向的边。例如，微博上的关注关系很可能是单方面的，粉丝关注大V，而大V未必会关注粉丝。图2-3是飞机航线图，以各个城市为顶点，通航的路线为边。从南京到九江的有向边意味着从南京到九江有航班，但是从九江到南京没有航班。

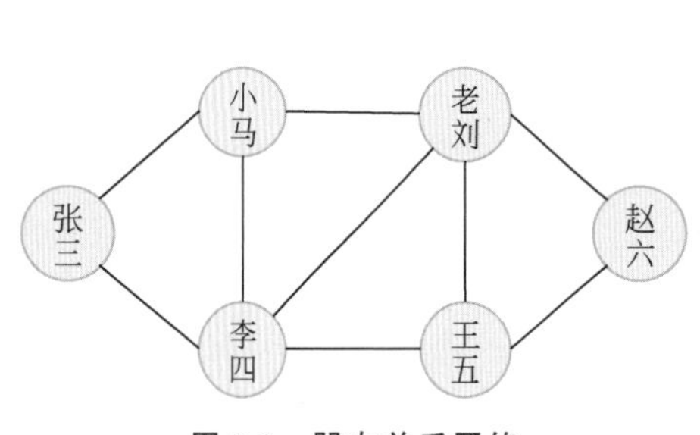

图 2-2　朋友关系网络

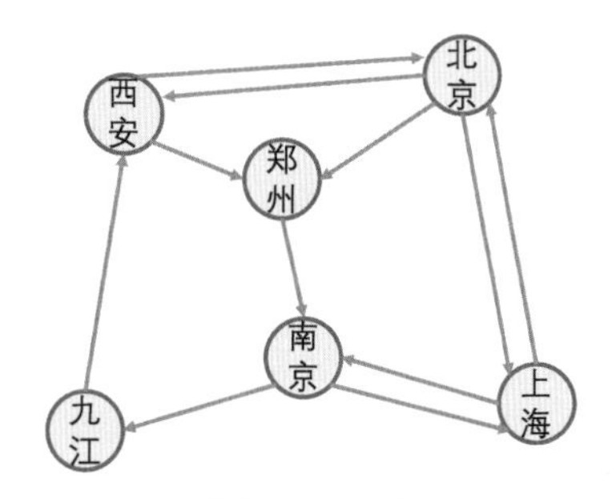

图 2-3　城市之间的航线示意图

边可以有权重，即每一条边会被分配一个数值的权重信息。如果一张图不含权重信息，就认为边与边之间没有差别。边包含权重信息的图称为权重图(Weight Graph)。具体建模时，很多情况需要利用权重来进一步度量关系的性质。例如小区之间的道路网络，一般是需要包含路径的长度作为权重信息，这对导航是具有实际意义的。

2.2　图的性质

1. 顶点的度

在图论中，连接顶点的边的数量称为该顶点的度(Degree)。顶点的度在有向图和无向图中具有不同的含义。对于无向图，一个顶点v的度是连接该顶点的边的数量，记为$D(v)$。例如，在如图2-2所示的无向图中，顶点张三的度为2，而李四的度为4。对于有向图，需要根据连接顶点v的边的方向来定，一个顶点的度分为入度(In-Degree，ID)和出度(Out-Degree，OD)。入度是以该顶点为端点的入边数量，记为$\mathrm{ID}(v)$。出度是以该顶点为端点的出边数量，记为$\mathrm{OD}(v)$。在有向图中，一个顶点v的总度是入度和出度之和，即$D(v)=\mathrm{ID}(v)+\mathrm{OD}(v)$。例如，在如图2-3所示的有向图中，顶点郑州的入度为2，出度为1，因此，顶点郑州的总度为3。

2. 完全图

如果在一个无向图中，任意两个顶点之间都存在一条边，那么这种图结构称为无向完全图，对于一个包含m个顶点的无向完全图，其总边数为$m(m-1)/2$，图2-4是顶点数为5的无向完全图。如果在一个有向图中，每两个顶点之间都存在方向相反的两条边，则称为有向完全图。对于一个包含 m 个顶点的有向完全图,其总的边数为 $m(m-1)$。

3. 路径与简单路径

依次有序遍历顶点序列形成的轨迹称为路径。没有重复顶点的路径称为简单路径,即一次遍历中没有出现绕了一圈又回到同一点的情况。路径中包含相同的顶点两次或者两次以上称为环,没有环的图称为无环图。

4. 图的连通性

无向图中若每一对不同的顶点之间都存在路径,则称该无向图是连通的。若这个条件在有向图里也成立,那么就是强连通的。图 2-5 不是连通的,可以看到赵六和司马之间没有通路。不连通的图由两个及以上的连通分支组成,这些不相交的连通子图称为图的连通分支。图 2-5 可以分为两个连通分支。将有向图的方向忽略后,任意两个顶点之间总是存在路径,则称该有向图是弱连通的。

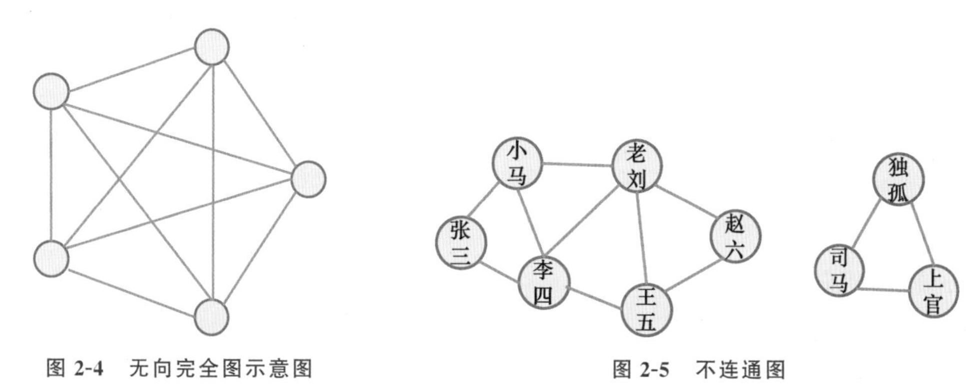

图 2-4　无向完全图示意图　　图 2-5　不连通图

5. 动态图

动态图中的节点或者边都是随着时间变化的,可能增加或减少,一般动态图是按照时间片构成的,每一个时间片用一个图表示,例如 t_1 时刻的图是初始图,t_2 时刻的图就是节点或边变化后的图,一直到 t_n 时刻的图。

6. 属性图

属性图(Attributed Graph)比异质图更复杂,属性图的节点上存在着属性(Attribute),用来表示节点的特征,例如,用户节点可以拥有性别、年龄等属性。边也可以拥有属性,用来表示边的特征。例如,在用户商品图中,边可以拥有点击时间戳、购买时间戳等属性。

7. 同质图与异质图

图中节点的类型和边的类型只有一种的图称为同质图(Homogeneous Graph)。例如,若在一个简单社交网络中,只存在唯一一种节点类型的用户节点和唯一一种边的类型,即用户到用户的表示是否相识的边,则这种社交网络为一个同质图。图中节点的类型或者边的类型超过两种的图称为异质图(Heterogeneous Graph),如图 2-6 所示的网络中,存在着用户节点和新闻节点，边的关系有用户到新闻的阅读关系的连边，新闻到话题的归属关系，这就是一个典型的异质图。

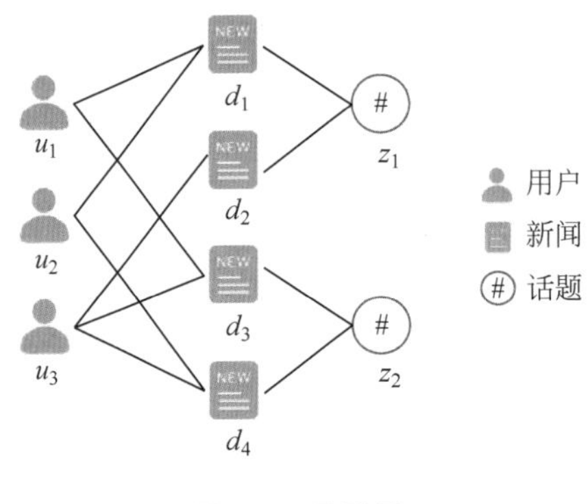

图 2-6 异质图

2.3 图数据的存储

图是一种比较复杂的数据结构，为适应图数据的增加、删除、修改、查找，采用的存储结构有邻接矩阵、邻接表、十字链表、邻接多重表、边集数组等。

1. 邻接矩阵

用两个数组来表示图，其中一个一维数组存储顶点信息，另一个二维数组存储边信息，即一个顶点数组和一个边数组，这个二维的边数组存储的就是邻接矩阵。无向图的邻接矩阵是一个对称矩阵，其主对角线全为 0，行或列的和即为顶点的度。设图 $G=(V,E)$有 n 个顶点，其边的集合 E，则邻接矩阵是一个$\mathbb{R}^{n\times n}$ 的方阵，定义为

$$\mathbf{A}[i][j]=\begin{cases}1, & (v_i,v_j)\in E\\ 0, & \text{其他}\end{cases}\tag{2.1}$$

图 2-7 是一个 4 节点的无向图及其邻接矩阵，求点 v_i 的邻接点可以通过遍历第 i 行或者第 j 列，所有 $\mathbf{A}[i][j]$中为 1 的 v_j 就是其所有邻接点，顶点的个数则是该顶点的度。可以观察到，矩阵 $\mathbf{A}$ 是关于对角线的对称矩阵，满足 $\mathbf{A}=\mathbf{A}^{\mathrm{T}}$。

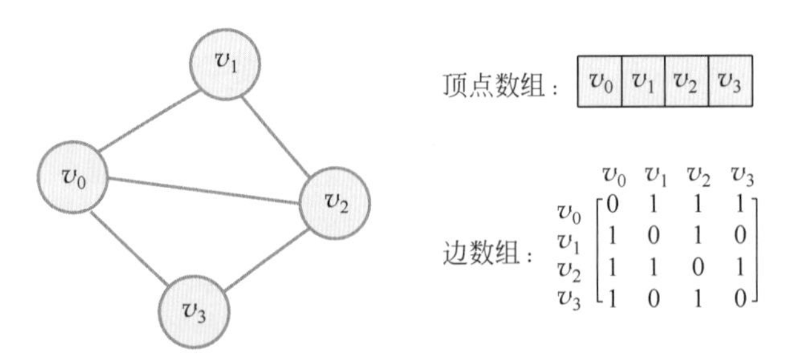

图 2-7 四个顶点的无向图与其邻接矩阵

有向图的邻接矩阵是非对称的，也是一个$\mathbb{R}^{n\times n}$的方阵，定义如下：

$$\mathbf{A}[i][j]=\begin{cases}1, & v_i \text{ 存在指向 } v_j \text{ 的边}\\ 0, & \text{其他}\end{cases} \tag{2.2}$$

图 2-8 是一个有向图及其邻接矩阵，顶点 v_i 的邻接点可以遍历第 i 行，所有 $\mathbf{A}[i][j]$中为 1 的矩阵元，即为节点 v_i 指向 v_j。行的和是其出度，列的和为其入度。图 2-8 中，观察第一行，为 1 的元素则表示 v_0 指向 v_1、v_2、v_3。

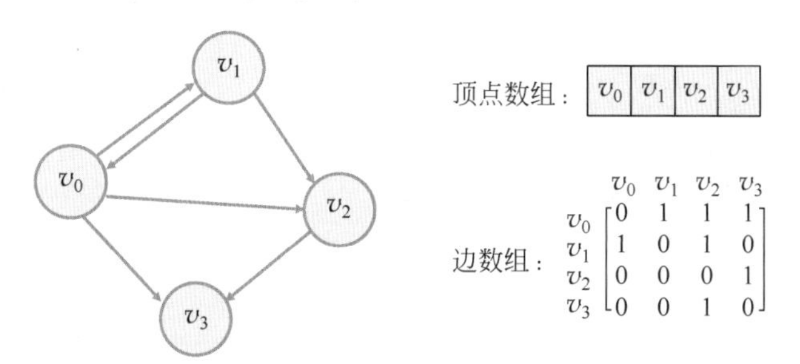

图 2-8　四个顶点有向图与其邻接矩阵

对于权重图，我们对连接的边赋予一定的权值，使用一个无穷大的值表示不存在的边，加权图的邻接矩阵可以定义为

$$\mathbf{A}[i][j]=\begin{cases}w_{ij}, & (v_i,v_j)\in E\\ 0, & i=j\\ \infty, & \text{其他}\end{cases} \tag{2.3}$$

其中，w_{ij} 表示边(v_i,v_j)上的权值，使用∞表示不存在该条边。图 2-9 是一个有向权重图的示例。

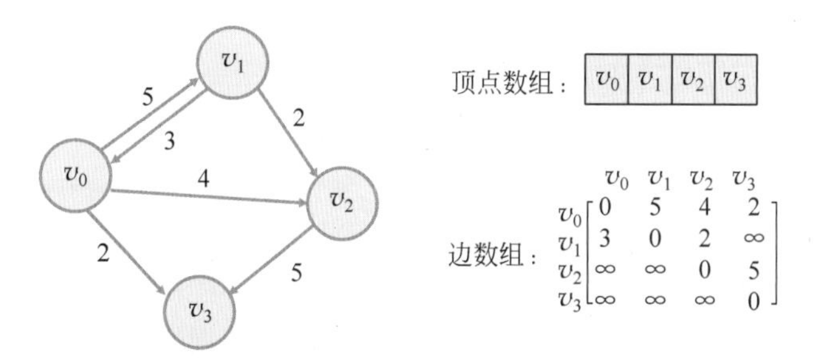

图 2-9　加权图的邻接矩阵

邻接矩阵中添加顶点时必须重新按照新的行或列创建，然后将已有的数据复制到新的矩阵中。对于稀疏图（边数相对于顶点数少），需要存储大量不存在的边对应的矩阵元，会有很大的内存浪费。因此，直接采用邻接矩阵对图进行存储在增减时和存储上是不合适的。

2. 邻接链表

为了方便邻接点个数的增减，采用链表存储更为方便。在邻接链表中，图中的所有顶点采用一个专门的数组存储，每个顶点的邻边采用链表存储，链表的起始地址信息也会存储顶点数组中，图 2-7 对应的无向图的邻接表结构如图 2-10 所示。v_2 的邻接顶点集合为$\{v_0$，

$v_1, v_3\}$，存储在链表中。使用邻接表计算无向图中顶点的度时，只需从数组中找到该顶点，然后统计顶点对应链表中节点的数量。而有向图的邻接表中的单链表只存储了出度顶点，或者说出边。为了方便寻找入边，使用逆邻接表给每一个顶点建立一个单链表，以专门存储入度顶点或者入度边，图 2-11 对应图 2-8 的有向图的逆邻接表结构。

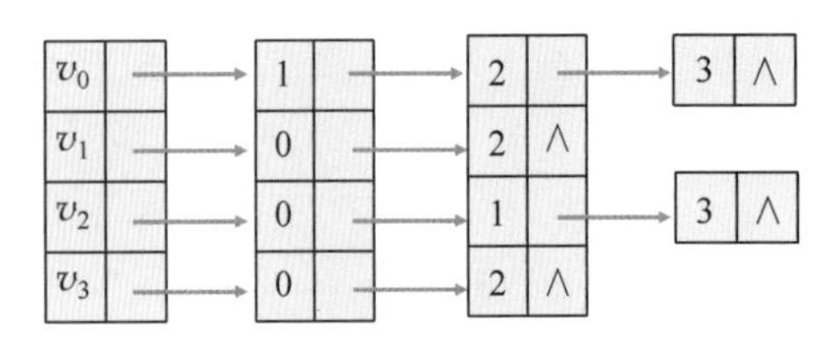

图 2-10　无向图的邻接表结构图

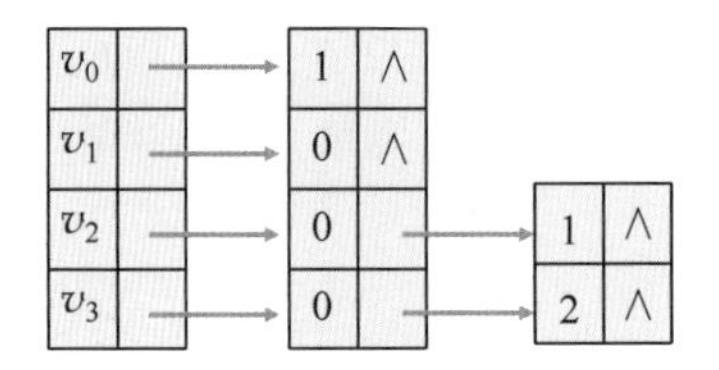

图 2-11　有向图的逆邻接表

邻接表中每个节点的单链表的长度就是该节点的出度，逆邻接表的每个节点的单链表的长度就是该节点的入度。带权邻接表只需给边节点增加一个存储权值的数据域即可。

3. 十字链表

对于无向图来说，邻接表是非常完美的数据结构，但是对有向图就不那么完美了。因为邻接表只为有向图建立了存储出度边的单链表，如果想要知道入度，就需要遍历整个邻接表。而逆邻接表又只存储了入度边，要知道出度也需要遍历整个链表。十字链表也叫正交链表（Orthogonal List），是为了存储有向图专门设计的一种存储结构，综合了邻接表和逆邻接表，多占用了一些空间，但是求顶点的入度和出度都非常方便。并且创建图的时间复杂度和邻接表相比并无增加，所以十字链表是有向图非常合适的存储结构。

十字链表如何整合邻接表和逆邻接表呢？是在每个顶点节点设置两个指针域，即顶点表数组的每一个顶点有一个指向入边表的指针和一个指向出边表的指针，其数据单元如下：

数据	入弧	出弧

其中，数据存储节点上需要存放的信息；入弧表示入边表头指针，指向该顶点的入边表中第一个节点；出弧表示出边表头指针，指向该顶点的出边表中第一个节点；边节点的结构比之前略微复杂一些，至少有两个数据域和两个指针域，其数据结构如下：

弧尾	弧头	同弧头	同弧尾

数据域弧尾表示一条边的起点，是顶点表数组中的下标；数据域弧头表示一条边的终点，是顶点表数组中的下标；也可以有其他数据域，例如有权图中边的权重；指针域同弧头表示入边表指针域，指向终点相同的下一条边；指针域同弧尾表示出边表指针域，指向起点相同的下一条边。

图 2-12 为一个十字链表的示例，在十字链表中，既容易找到以 v_i 为尾的弧，也容易找到以 v_i 为头的弧，因而容易求得顶点的出度和入度。其时间复杂度也和建立邻接表相同，所以十字链表是很有用的工具。

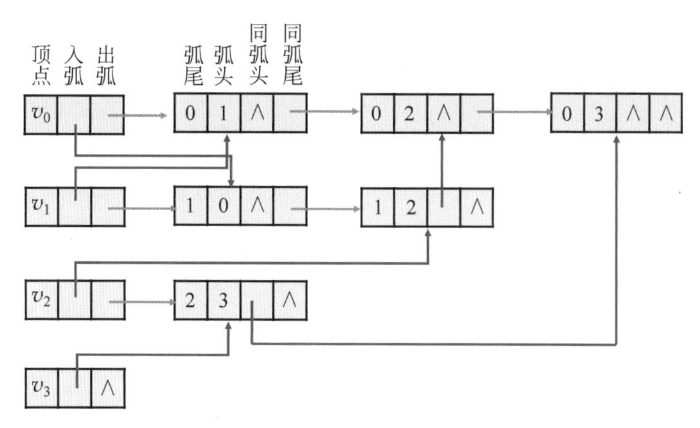

图 2-12　十字链表

4. 邻接多重表

十字链表是邻接表针对有向图的特殊需求进行优化得到的产物。邻接多重表则是邻接表针对无向图需求进一步优化的产物。邻接表对于那些关注顶点的操作很适合，例如，查看某顶点的出度，返回某顶点的出度边，改变顶点数据。但是对于边的操作很不方便，如删掉一条边，由于邻接表中每一条边都涉及两个顶点，所以删除一条边需要操作两个顶点。邻接多重表的设计使得每一条边也只用一个点表示。邻接多重表和十字链表略微有点相似，都是通过边节点结构中的指针域相互指向，使得边节点的数目可以等于边的数目，而不是边的数目的 2 倍。

5. 边集数组

对于一个有 n 个顶点、m 条边的图，邻接矩阵是用数组表示一个图，但是邻接矩阵的二维矩阵是$\mathbb{R}^{n\times n}$ 的方阵；而边集数组的二维矩阵是$\mathbb{R}^{m\times 2}$ 或者$\mathbb{R}^{m\times 3}$ 的矩阵。边集数组其实是邻接表的数组表示法，但是不能直接体现图的点之间、边之间、点和边之间的逻辑关系，边集数组往往只是图最初的模样，实际应用中使用不多。

2.4　图与拉普拉斯矩阵

图的拉普拉斯方阵起源于 1847 年的著名的矩阵树理论，其特征值和特征向量与图的结构有着密切的关系，是图代数的重点研究对象。图傅里叶变换是基于图的拉普拉斯矩阵，因此在图计算中总能直接或者间接看到拉普拉斯的身影。在 N 个顶点的图 $G=(V,E)$中，拉普拉斯定义为 $\boldsymbol{L}=\boldsymbol{D}-\boldsymbol{A}$。其中 $\boldsymbol{D}$ 为图 G 的度对角矩阵。

$$\boldsymbol{D}=\operatorname{diag}(d(v_1),d(v_2),\cdots,d(v_n)) \tag{2.4}$$

$\boldsymbol{A}(G)=(a_{ij})$是图 G 的邻接矩阵，连接矩阵的元素 a_{ij} 为

$$a_{ij}=\begin{cases}1, & v_i \text{ 与 } v_j \text{ 相邻}\\ 0, & \text{其他}\end{cases} \tag{2.5}$$

其中,$d(v_i)$是顶点 v_i 的度,即与 v_i 相关联的边数,有向图中的度是出度、入度之和,拉普拉斯矩阵 $\boldsymbol{L}(G)$的特性,笔者归纳了拉普拉斯矩阵的一般性质。

(1) $\boldsymbol{L}(G)$为对称的半正定方矩阵,其中至少一个特征值为0,特征值中0出现的次数就是图连通区域的个数。

(2) $\boldsymbol{L}(G)$的秩为 $N-K$,其中 K 为 G 中连通分支的数量。

(3) 对于任意向量 $\boldsymbol{X}$,有

$$\boldsymbol{X}^{\mathrm{T}}\boldsymbol{L}(G)\boldsymbol{X}=\sum_{(i,j)\in E}(x_i-x_j)^2 \tag{2.6}$$

(4) $\boldsymbol{L}(G)$每行元素和每列元素求和都为零,$\sum_i \boldsymbol{L}_{ij}(G)=0$,$\sum_j \boldsymbol{L}_{ij}(G)=0$。

(5) 正则归一化公式为

$$\boldsymbol{L}^{\mathrm{sym}}:=\boldsymbol{D}^{-\frac{1}{2}}\boldsymbol{L}\boldsymbol{D}^{-\frac{1}{2}}=\boldsymbol{I}-\boldsymbol{D}^{-\frac{1}{2}}\boldsymbol{A}\boldsymbol{D}^{-\frac{1}{2}} \tag{2.7}$$

$$\boldsymbol{L}_{ij}^{\mathrm{sym}}:=\begin{cases}1, & i=j \text{ 且 } \deg(v_i)\neq 0\\ -\dfrac{1}{\sqrt{\deg(v_i)\deg(v_j)}}, & i\neq j\\ 0, & \text{其他}\end{cases} \tag{2.8}$$

(6) 平均归一化公式为

$$\boldsymbol{L}^{rw}:=\boldsymbol{D}^{-1}\boldsymbol{L}=\boldsymbol{I}-\boldsymbol{D}^{-1}\boldsymbol{A} \tag{2.9}$$

$$\boldsymbol{L}_{i,j}^{\mathrm{sym}}:=\begin{cases}1, & i=j \text{ 且 } \deg(v_i)\neq 0\\ -\dfrac{1}{\deg(v_i)}, & i\neq j \text{ 且 } v_i \text{ 与 } v_j \text{ 相邻}\\ 0, & \text{其他}\end{cases} \tag{2.10}$$

2.5 图神经网络简史

随着以深度学习为基础的诸多应用逐渐发展成熟,如人脸识别已经被广泛应用,而图结构数据在现实世界中又是如此普遍,因此如何将深度学习的方法扩展到图结构数据上的研究得到了业界越来越多的关注,图神经网络(Graph Neural Networks,GNN)的研究也越来越深入。

2.5.1 挑战

图的数据结构较为复杂,对现有深度学习提出了挑战。从数据结构上看,图数据每个节点的邻居个数不固定,而非一个类似像素数据的规范网格,因此不能直接采用图像中的卷积神经网络。传统的序列神经网络模型一般适用于一维线性数据,因此序列模型难以直接在图数据上使用。从数据样本分布角度来看,当前深度学习算法的核心是假设样本满足独立同分分布。然而,图数据中的每个节点都与周围的其他节点相关,彼此耦合,难以确保数据是独立同分分布的。为了应对图数据的复杂性,深度学习中重要运算算子的泛化和定义在过去几年中得到了深入研究与迅速发展。

2.5.2 发展简史

采用前馈学习方法学习处理图数据时，按照节点的序号输入多层前馈网络，但是这种方法会使得图的结构信息损失。采用卷积神经网络处理图数据时，则难以直接采用卷积神经网络中的卷积、池化等概念。为了学习图的数据，尽可能保留图结构特性，人们对图数据上的深度学习做了不懈的探索。

2005 年，Gori 等人[①]提出了图神经网络的概念，更加关注图本身的拓扑结构。2009 年，Scarselli 等人[②]研究通过递归神经网络的设计思想来处理图信息在邻居之间的相互传播，以此来更新节点的信息状态，直到达到收敛状态，从而习得目标节点的低维向量表示。递归神经网络在图上的应用，已经成为图神经网络领域的一个重要的研究分支，在自然语言处理上有广泛的应用，本书第 6 章会具体讲述门控序列网络和长短期记忆神经网络在图数据上的应用。

学术研究和工业应用上，卷积神经网络在图像数据和视频数据中都取得了很大的成功。研究图数据的学者们将卷积神经网络中核心概念向图数据做了迁移，扩充了卷积的内涵。Bruna 等人[③]在 2013 年借用谱图论中的卷积概念，做了关于图卷积神经网络的第一项重要研究。该项工作在谱域上定义了卷积，提出了谱卷积神经网络，基于普适的傅里叶卷积定理给出了图信号的卷积计算，为图卷积谱方法奠定了理论基础。但是该计算方法没有体现出图结构的局域特性，且计算复杂度较高。后来又有诸多方法对此神经网络进行了改进，例如，采用切比雪夫多项式近似的切比雪夫图神经网络，以及采用小波近似的小波图神经网络。2016 年，Kipf 等人[④]将谱域的卷积概念扩展到空域，为空域的图神经网络打开了新的大门。图卷积神经网络的具体知识将在第 4 章讲述。

随着图大数据的发展，在数据侧也推动着图神经网络的发展。工业级别的大图不能被直接加载到内存中，学者们为图的批量采样设计了许多算法，例如，点采样的 GraphSAGE 算法，层采样的 FastGCN 算法等。现实中的图，如知识图谱等，它们的节点和边的内涵丰富，节点和边的种类并不单一，为了适应这种复杂场景，异质图神经网络被提出并快速发展。

2.6 图的任务与应用

2.6.1 图的任务

深度学习主要由几大经典模型统治，如 DNN、CNN 和 RNN 等，它们无论是在计算机视觉还是在自然语言处理领域都取得了较好的效果。图卷积神经网络是在怎样的条件下产

---

① Gori M, Monfardini G, Scarselli F. A new model for learning in graph domains[C]//Proceedings. 2005 IEEE international joint conference on neural networks. 2005, 2(2005): 729-734.

② Scarselli F, Gori M, Tsoi A C, et al. The graph neural network model[J]. IEEE transactions on neural networks, 2008, 20(1): 61-80.

③ Bruna J, Zaremba W, Szlam A, et al. Spectral networks and locally connected networks on graphs[C]//ICLR 2014

④ Kipf T N, Welling M. "Semi-Supervised Classification with Graph Convolutional Networks", ICLR 2017

生的呢？因为在实际的数据场景中，人们发现图数据并不能由DNN、CNN和RNN等深度神经网络处理，或者处理效果不好。因此，对图的深度学习需求变得越来越迫切，图深度学习的领域越来越广泛。基于图数据，至少包含三方面的应用。

（1）节点分类。预测给定节点的类型。例如，蚂蚁金服利用图神经网络模型进行“正常用户”和“骗保团伙”的账户识别。

（2）连接预测。预测两个节点之间是否有连边。例如，社交网络上是否互为朋友，在电商网络中，用户与商品之间是否有购买关系。

（3）图上的任务。例如，给定两个图，分析二者的相似性度，或者预测生物大分子的特性等。

2.6.2 图神经网络的应用

1. 电商推荐

在电商图推荐场景中，构图涉及的基本节点为商品和用户，边的关系则包含商品与商品、用户与用户、用户与商品之间的关系，以及用户行为构成的上下文。推荐系统的核心工作是评估某个商品对用户的重要性，来预计用户对该商品的购买可能性，可以将购买关系视作一个图上链路预测问题。

2. 风控预测

多个领域的风险控制，都能采用图神经网络进行建模。在金融领域中，比特币反洗钱和蚂蚁金服中的骗保账户识别等，都是采用图神经网络挖掘高危账户或者设备。在电商平台上，存在恶意点击或者刷单行为。由于作弊团伙的人力、设备等资源的有限性，会存在设备聚集和账户聚集行为，非常适合图建模。

3. 自然语言处理

历史对话和正式文档是日常生活中常见的语言数据，例如，互联网行业的在线客服对话、在线医疗行业的对话、医生开具的处方、中医典籍、法院判决书等。这些对话与文档，蕴含着大量可挖掘的知识，可用于自动化问答或自动文案生成。一般而言，语料需要先做句法分析与处理，往往一个实体可能存在多种关联关系，这种复杂实体之间的关系用图来建模再合适不过。同时，基于图神经网络的知识问答、文案生成的落地案例也不断出现。

4. 药物研发

面向药物研发的核心问题，例如，蛋白质结构解析，化合物分子活性预测，药物毒性预测。传统手段是量子物理和分子动力学计算等计算化学方法，要消耗大量的运算时间，才能预测得到分子不同尺度的性质。而通过图神经网络强大的表达能力来预测分子性质，则可以利用已存在药物知识图谱提升药物研发效率，降低药物研发成本。

2.7 本章小结

图作为多对多关系的表达形式,也属于一种基础的数据结构。本章首先介绍了图的结构以及无向图和有向图的相关概念;接着介绍图的相关性质和图的存储方式,来阐明图作为一种独立数据结构的特色,所有与图相关的工程都离不开图数据结构基础;最后介绍了图深度学习的发展简史以及图所能做的任务,介绍了深度学习在图结构数据上的发展和图神经网能处理的任务。

第3章

图表示学习

在本章中，将介绍图表示学习(Graph Representation Learning，GRL)的基本概念和相关算法。图表示学习是表示学习与图结构数据相结合产生的方法，其目的是将高维稀疏的图结构数据映射到低维稠密向量，同时来捕获网络拓扑结构及网络中节点的内在特征。现有的图表示学习方法按照图的学习技术可以大致分为三类：基于矩阵分解的图表示学习、基于随机游走的图表示学习和基于深度学习的图表示学习。按照研究图的类型可以分为同质图表示学习和异质图表示学习。本章将围绕这些图表示学习方法进行详细介绍。

3.1 图表示学习的意义

图是一种简单、易于理解的数据表现形式。一般而言，工业图中的节点数量巨大，而且边与边之间的连接并不稠密，如微博社交网络。在如此大而稀疏的图数据上，直接进行深度学习存在一定的局限性。图上的节点和边的关系，一般只能使用统计或者特定的子集进行表示，或者使用邻接矩阵表示。若直接在节点集合上做计算，或者直接采用维度较高的邻接矩阵来做计算都不太合适。例如，一个具有百万节点的图，其邻接矩阵的图占据的存储空间将至少达到数百吉比特。直接用邻接矩阵做计算将带来严重的内存消耗问题，同时也会影响计算效率。基于这些弊端，人们提出了图表示学习方法。如图3-1所示，图表示学习是一种将图数据(通常为高维稀疏的矩阵)映射为低维稠密向量的方法，同时通过图表示学习来捕获网络拓扑结构及图中节点的本质属性，用来加速图数据的计算效率，提高建模灵活性。图表示学习需要保持原有图的拓扑结构特征，例如，原图连接的节点，在嵌入向量空间中需

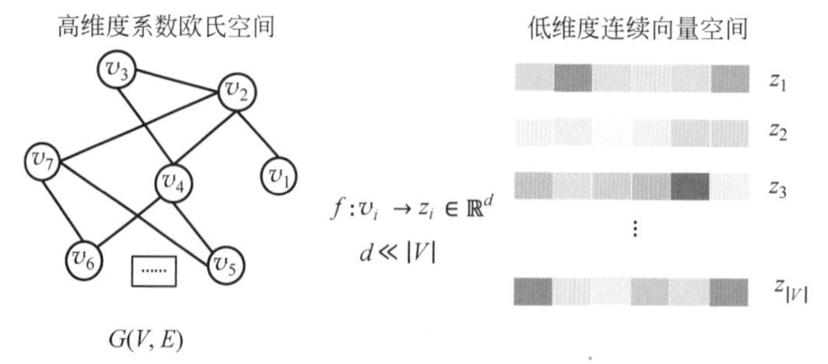

图3-1 顶点表示学习示意图

要保持彼此靠近。

根据嵌入粒度的程度，可以将图表示学习分为两类，即顶点嵌入和整图表示学习。顶点嵌入是针对每个节点生成一个低维度的向量表征。这种图表示学习方式粒度较细，一般用于在节点层面上进行预测，如节点分类。如图 3-1 所示，将 $G(V,E)$ 的稀疏的节点信息，映射到低维的向量空间中，这里 V 是顶点集合，E 为边集合，映射到 $|V|$ 个维度为 $\mathbb{R}^d$ 的向量空间中。整图表示学习则是针对全图生成一个向量，这种图表示学习方式粒度较粗，一般用于在整图层面上进行预测或比较的场景。

在过去的数十年里，学术界一直没有停止对图表示学习方法的研究。总结过去的研究成果，可以将图表示学习按方法分为三类，如图 3-2 所示，包括基于矩阵分解的图表示学习方法、基于随机游走的图表示学习方法和基于神经网络的图表示学习方法。在本章中，介绍各类方法的一些具体算法，帮助读者全面深入地了解图表示学习。

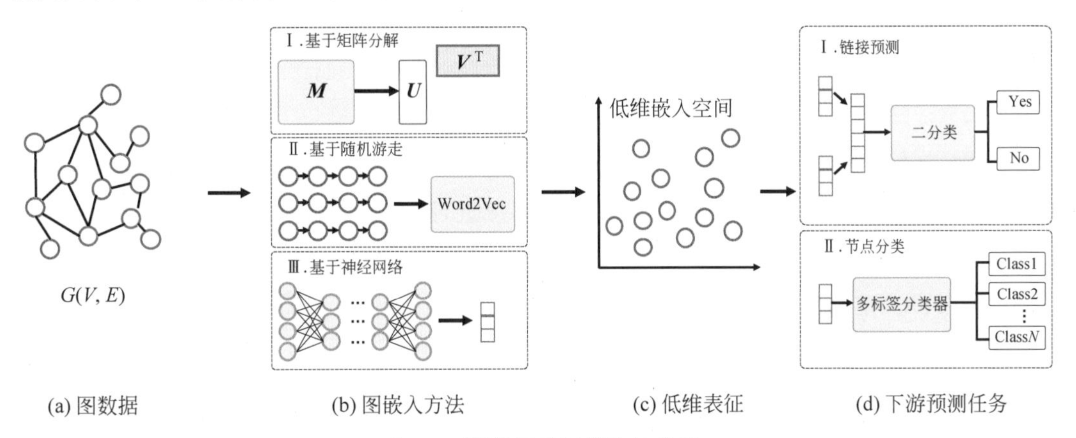

图 3-2　图表示学习算法的分类

3.2　基于矩阵分解的图表示学习方法

图结构的矩阵表示通常包括邻接矩阵（Adjacency Matrix）和拉普拉斯矩阵（Laplacian Matrix）。基于矩阵分解的图表示学习通过矩阵分解获取图中的节点向量表征。在本节中将详细介绍一个典型的基于分解的图表示学习：拉普拉斯映射（Laplacian Eigenmaps，LE）。

LE 算法是 Mikhail Belkin 和 Partha Niyogi 于 2002 年提出的基于图的降维方法，其核心思想是希望相互有连接的点在降维后的空间中能尽可能地被拉近，从而尽量维持降维之前的数据结构特征。如图 3-3 所示，假设在一个维度为 $\mathbb{R}^n$ 的流形空间中存在点集合 $X=\{x_1,x_2,\cdots,x_N\}$，其中 $x_i\in\mathbb{R}^n$，LE 算法的目标是将这些点映射到一个低维度空间 $\mathbb{R}^d$ 中 $(d\ll n)$，对应的映射坐标集合为 $Y=\{y_1,y_2,\cdots,y_N\}$，其中 $y_i\in\mathbb{R}^d$，且保证高维空间中离得很近的点投影到低维空间中的像也应该离得很近。LE 算法的主要目的是学习映射关系 $y=F(x)$。

给定的流形空间中的数据点集 $X=\{x_1,x_2,\cdots,x_N\}$ 属于散点集合，可以被视为图中顶点集合 V，然而边却不是预先给定的。那么如何构建点之间的边呢？这里介绍一种基于近

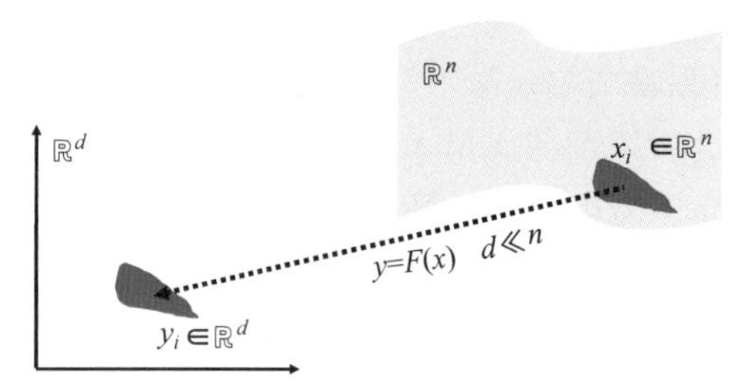

(a) 高维坐标系的点映射到低维坐标系

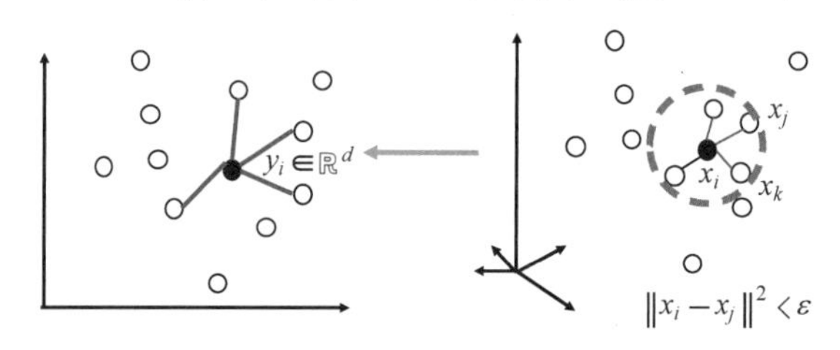

(b) 两个空间的点相对位置保持一致

图 3-3 LE 算法

邻距离的构建边的方法，即如果点 x_i 和 x_j 足够接近，则在这两点之间添加一条边来构建边集合 E。如图 3-3(b)所示，如果两个点落在以$\sqrt{\varepsilon}$为半径的球内则构建边，即 $\| x_i - x_j \|^2 < \varepsilon$ 作为判断条件决定是否在点 x_i 与点 x_j 之间构建边。当然也可以给边赋予一定的权重，一种方式是存在边则 $W_{ij}=1$，否则为 0，称为二元权重(Binary Weight)，另一种方式是给边赋予高斯权重 $W_{ij}=\mathrm{e}^{-\frac{\| x_i - x_j \|^2}{2\sigma^2}}$，$\sigma^2$ 为标准差。

上述过程已经可以构建起图 $G(V,E)$。接下来具体讲解 LE 算法利用图结构来实现降维的原理。按照 LE 算法的核心思想，降维的关键在于尽可能使原空间中相近的点在降维后的目标空间中也尽可能相近，可以将此问题转化为优化目标，公式如下：

$$\min_{y \in \mathbf{R}^d} \sum_i \sum_j W_{ij} \| y_i - y_j \|^2 \tag{3.1}$$

其中，$\| y_i - y_j \|^2$ 表示目标空间内两个数据点间的距离，W_{ij} 表示原空间内两个数据点间的边权重，这里采用高斯权重，即连续型变量 $W_{ij} \in (0,1]$。原空间中 x_i 与 x_j 越靠近，W_{ij} 越大，此时 y_i 和 y_j 也必须靠近；原空间中 x_i 与 x_j 越远，W_{ij} 越小，y_i 和 y_j 相对位置则比较灵活。

然而，式(3.1)并不能很好地约束 y，例如 $y_i = y_j = 0$。为了避免所有新坐标均为 0 或受缩放效应的影响，加一个约束 $\| y_i \|^2 = 1$。需要指出的是，式(3.1)可以做进一步转化。

$$\sum_i \sum_j W_{ij} \| y_i - y_j \|^2 = 2\boldsymbol{Y}^{\mathrm{T}} \boldsymbol{L} \boldsymbol{Y} \tag{3.2}$$

其中，$\boldsymbol{Y} = [y_1, y_2, \cdots, y_n] \in \mathbb{R}^{n \times d}$，$\boldsymbol{L}$ 为图 $G(V,E)$ 的拉普拉斯矩阵，可以改写为

$$\min_{\boldsymbol{Y}^{\mathrm{T}} \boldsymbol{D} \boldsymbol{Y} = 1} 2\boldsymbol{Y}^{\mathrm{T}} \boldsymbol{L} \boldsymbol{Y} \tag{3.3}$$

该问题便转化为一个广义特征值的问题，即求解如下特征方程：

$$\boldsymbol{L}_{rw} v_i = \lambda_i v_i \tag{3.4}$$

其中，$L_{rw}=D^{-1}L=D^{-1}(D-W)=I-D^{-1}W$。$D$ 为度矩阵。根据式(3.4)计算拉普拉斯矩阵的特征向量和特征值，并以此得出降维后的结果输出。$Y=[v_2,\cdots,v_{d+1}]\in\mathbb{R}^{n\times d}$。

LE算法可以将已有的特征高维变换获取简约特征。LE算法可用于高维的数据降维和可视化，例如降低维度为二维或者三维。然而，LE算法的复杂度为节点数量的平方，导致该算法不能适用于大规模图。

3.3 基于随机游走的图表示学习

本节重点讲解基于随机游走的图表示学习，随机游走学习节点相似度是基于领域节点相似的。随机游走的图表示学习借鉴了经典的词嵌入算法Word2Vec，通过随机游走等采样方法从图中采样若干条由节点序列，将其视为自然语言中的句子，然后使用Word2Vec模型训练得到节点的嵌入向量。首先介绍Word2Vec算法，然后介绍DeepWalk和Node2Vec两个典型的基于随机游走的模型，最后介绍随机游走算法的优化技术。

3.3.1 Word2Vec算法

Word2Vec算法在2013年由Google提出，该算法将语料中的词的高维度独热(One-Hot)表征形式，通过神经网络学习得到低维词向量。在自然语言模型中，单词是划分后的最细粒度，单词组成句子，句子再组成段落和文章。对于语料中的单词，一种最简单的词向量方式是独热表征，即采用一个很长的向量来表示一个词。独热向量的长度为词汇表的大小，词典中的位置表示为1，其他均为0。如图3-4所示。'我'表示为$[1,0,0,0,0]^T$，'在'表示为$[0,1,0,0,0]^T$。然而每一种语言都有成千上万个单词，如果想用独热的方式表示这些单词，就会导致每一个单词的维度非常大，造成维度灾难。同时词语之间的独热编码是正交的，无法计算词之间的相似性。为此就需要用词嵌入算法找到一个合适的映射函数，能使高维度的索引向量嵌入到一个相对低维的向量空间内。Word2Vec算法的最终目的是为了得到各个词的低维向量表达，解决独热编码的不足。Word2Vec学习到的词向量的意义更为清晰，相关联的词在词向量空间中是相互靠近的。在数学上，意义相关的词之间的距离比无关的词之间的距离小。如图3-5所示，意义相近的词"美丽"与"漂亮"之间的距离会比较靠近。Word2Vec包含连续词袋模型(Continuous Bag Of Words，CBOW)和跳字模型(Skip-Gram)两种算法。

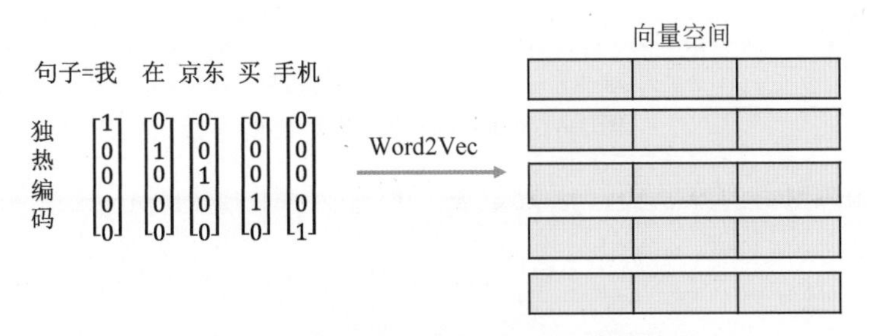

图3-4 独热词表达转化低维词向量示意图

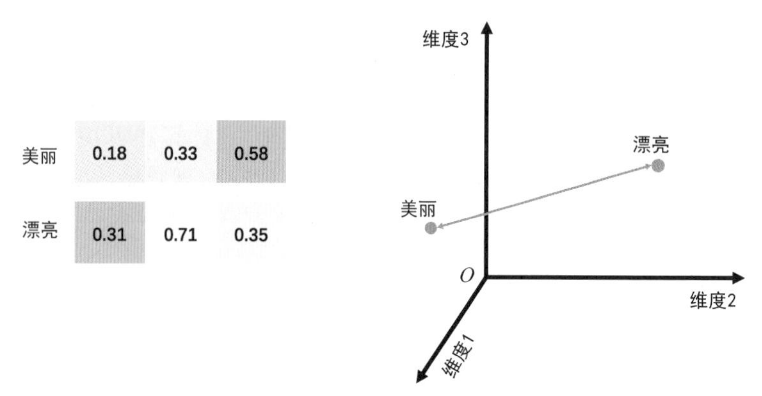

图 3-5 词向量空间中词的相对关系示意图

强调一下，Word2Vec 学习的目的是为了获得词在低维空间的向量表达，学习到的低维度的向量表达需要能描述词之间近似或者关联。因此，设计的模型要预测上下文，从而调整好模型参数，得到最终的词向量表达。

(1) 连续词袋模型。

CBOW 是一个用上下文单词预测当前词的模型，如图 3-6 所示。当前语料的词序列为 $w(1), w(2), \cdots, w(T)$，其中包含 $|V|$ 个相异的词，构成词表集合 $W=\{w_1, w_2, \cdots, w_{|V|}\}$。词 w_k 的独热表征为 $\boldsymbol{X}_k=[x_1, x_2, \cdots, x_{|V|}]$，向量 $\boldsymbol{X}_k$ 的分量中只有 $x_k=1$，其余均为 0。CBOW 算法的目的是根据背景词 $w(t-n), w(t-n+1), \cdots, w(t+n-1), w(t+n)$ 简写为 $w_B(t)$ 来预测中心词 $w(t)$ 的概率，即 $p(w(t)|w_B(t))$，n 表示背景窗口大小，即句子内中心词前后 n 个词作为背景。算法结构如图 3-6 所示，首先将 $2n$ 个背景词的独热表征形式 $\boldsymbol{X}_{b_1}, \boldsymbol{X}_{b_2}, \cdots, \boldsymbol{X}_{b_{2n}}$ 通过共享权重矩阵 $\boldsymbol{W} \in \mathbb{R}^{|V| \times d}$ 映射到维度为 $\mathbb{R}^d$ 的向量：

$$z_{b_k}=\boldsymbol{W}^{\mathrm{T}} X_{b_k}=\boldsymbol{W}_{(b_k,:)}^{\mathrm{T}} \tag{3.5}$$

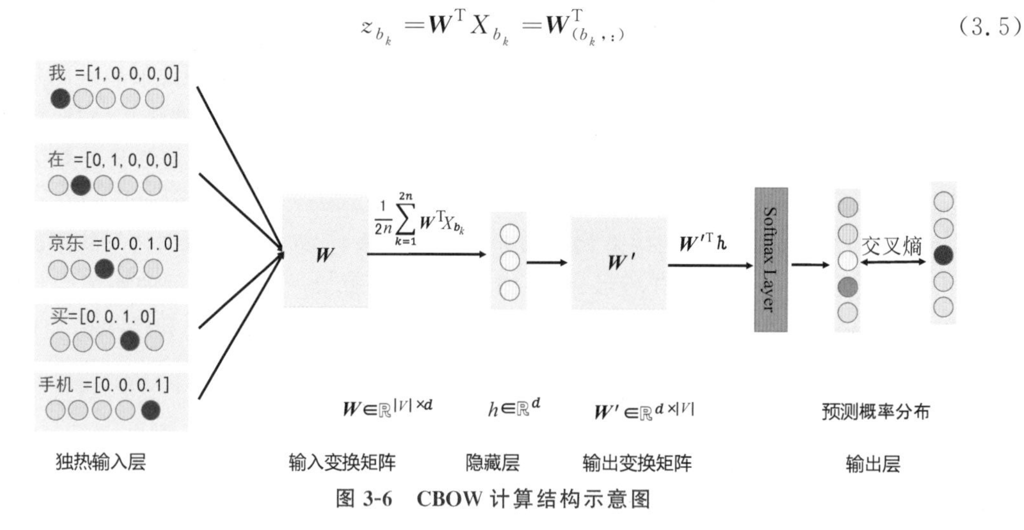

图 3-6 CBOW 计算结构示意图

$z_{b_k} \in \mathbb{R}^d$ 对应矩阵 $\boldsymbol{W}^{\mathrm{T}}$ 的第 b_k 行，称为词 w_{b_k} 的输入词向量(Input Embedding Vector)，得到 $\{z_{b_1}, z_{b_2}, \cdots, z_{b_{2n}}\}$。隐藏层 $h \in \mathbb{R}^d$，是直接对周围词向量的求和 $\left(h=\sum_{i=1}^{2n} z_{b_i}\right)$ 或者平均 $\left(h=\frac{1}{2n}\sum_{i=1}^{2n} z_{b_i}\right)$。从隐藏层到输出层的共享权重矩阵为 $\boldsymbol{W}' \in \mathbb{R}^{d \times |V|}$，设中心词 $w(t)$ 对

应词表中的第 j^* 个词，$w(t)$对应的词向量为 $\boldsymbol{W}'$的第 j^* 列 $\boldsymbol{z}'_{j^*}$，$\boldsymbol{z}'_{j^*}$ 称为词 $w(t)$的输出词向量(Output Embedding Vector)。将隐藏层 h 映射到维度$\mathbb{R}^{|V|}$的向量 $\boldsymbol{u}=\boldsymbol{W}'^{\mathrm{T}}h\in\mathbb{R}^{|V|}$，并通过一个 Softmax 层计算词表中的词为中心词的概率：

$$P(w(t)\mid w_B(t))=\frac{\exp(u_j)}{\sum_{i}^{|V|}\exp(u_i)}=\frac{\exp(\boldsymbol{z}'^{\mathrm{T}}_{j^*}\boldsymbol{h})}{\sum_{i}^{|V|}\exp(\boldsymbol{z}'^{\mathrm{T}}_{i}\boldsymbol{h})} \tag{3.6}$$

(2) 跳字模型。

跳字模型根据中心词 $w(t)$来预测背景词 $w_B(t)$的条件概率，用数学公式可以描述为 $P(w_B(t)|w(t))\in\mathbb{R}^1$。若假设中心词预测周围词的概率是相互独立的，则有

$$P(w_B(t)\mid w(t))=\prod_{-n\leqslant j\leqslant n,j\neq 0}P(w(t+j)\mid w(t)) \tag{3.7}$$

举个例子，在句子“我在京东买手机”中，我们根据“京东”来预测周围词的概率，则可以表述为：P(我，在，买，手机|京东)$=P$(我|京东)P(在|京东)P(买|京东)P(手机|京东)。

如图 3-7 所示，Skip-Gram 算法结构与 CBOW 模型类似，但是其输入为中心词 w_c，首先根据中心词的独热表征 $\boldsymbol{X}_c$ 映射得到隐藏层 $h\in\mathbb{R}^d$。

$$h=\boldsymbol{W}^{\mathrm{T}}\cdot\boldsymbol{X}_c \tag{3.8}$$

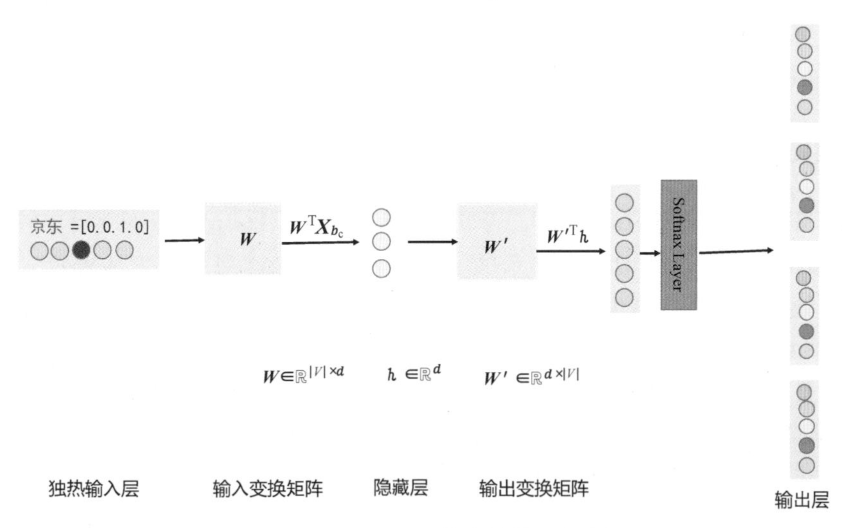

图 3-7　Skip-Gram 算法结构示意图

通过输出变换矩阵 $\boldsymbol{W}'\in\mathbb{R}^{d\times|V|}$，将隐藏层 h 映射到维度$\mathbb{R}^{|V|}$的向量 $\boldsymbol{u}=\boldsymbol{W}'^{\mathrm{T}}h$，并通过一个 Softmax 层计算词表中各词的概率：

$$\begin{bmatrix}P(w_1\mid w_c)\\P(w_2\mid w_c)\\P(w_3\mid w_c)\\\vdots\\P(w_{|V|}\mid w_c)\end{bmatrix}=\frac{\exp(\boldsymbol{W}'^{\mathrm{T}}\cdot h)}{\sum_{i=1}^{V}\exp(\boldsymbol{W}'^{\mathrm{T}}\cdot h)}=\frac{\exp(u)}{\sum_{i}^{|V|}\exp(u_i)} \tag{3.9}$$

设背景词 $w_B(t)$对应词表的序列为 $j_1^*,j_2^*,\cdots,j_{2n}^*$，对应 $\boldsymbol{W}'$的第 $j_1^*,j_2^*,\cdots,j_{2n}^*$ 列，可以

得到背景词的预测概率：

$$P(w_B(t) \mid w(t)) = \prod_{k=1}^{2n} \frac{\exp(u_{j_k^*})}{\sum_{i}^{|V|} \exp(u_i)} \tag{3.10}$$

（3）模型训练。

在深度学习中，一般方式是最小化损失函数，而不是最大化损失函数。为了与之对应，在式(3.6)与式(3.10)上加一个负号。同时，对 $P(w(t)|w_B(t))$和 $P(w_B(t)|w(t))$采用单调递增的自然对数是为了降低计算复杂度。在整个语料 $w(1), w(2), \cdots, w(T)$上计算平均损失函数，公式如下：

$$L_{\text{CBOW}}(\boldsymbol{W}, \boldsymbol{W}') = -\sum_{t=1}^{T} \ln(P(w(t) \mid w_B(t))) \tag{3.11}$$

$$L_{\text{SkipGram}}(\boldsymbol{W}, \boldsymbol{W}') = -\sum_{t=1}^{T} \ln(P(w_B(t) \mid w(t))) \tag{3.12}$$

为了得到权重参数 $\boldsymbol{W}$、$\boldsymbol{W}'$，只需要利用反向传播算法来训练这个神经网络即可，反向传播算法可参考第 1 章。由损失函数形式可知，CBOW 模型比 Skip 模型训练速度更快。一般而言，Skip-Gram 模型对词频较低的词优于 CBOW 模型。需要强调的是，Word2Vec 模型的最终目的是得到词表的向量化表达，即矩阵 $\boldsymbol{W}^{\mathrm{T}}$ 的列向量(输入词向量)或者 $\boldsymbol{W}'^{\mathrm{T}}$ 的行向量(输出词向量)。

3.3.2 DeepWalk

DeepWalk 由 Bryan Perozzi 等人①于 2014 年提出的。DeepWalk 借鉴了 Word2Vec 的思想，希望借助两个点之间的共现关系(Co-occurrences)来学习向量表征表示。Word2Vec 中所对应的数据输入格式是由一个个单词组成的句子，通过句子中单词的共现关系学习表征，但对于图数据结构，如何获取类似的数据呢？由于图是非线性的，所以需要一个策略将其转换为线性输入。DeepWalk 通过随机游走的方式提取顶点序列，根据顶点和顶点的共现关系，学习顶点的向量表示。DeepWalk 抽取顶点序列的方法是随机游走(Random Walk)，可以说随机游走是整个 DeepWalk 中最重要也是最具有开创性的一部分算法。

随机游走是一种可重复访问已访问节点的深度优先遍历算法。对于给定的一个图中的起始节点，随机游走算法会从其邻居节点中随机抽取一个节点作为下一个访问点，游走到下一个节点后重复上述过程，直到访问序列达到预设长度(需要注意的是，被访问的点不会被标记删除，也不会更新访问它的概率，因而随机游走可以重复访问已访问的节点)。

在图 $G(V,E)$，顶点 $v_i \in V$ 的邻居节点集合记作 $N(v_i)$，v_i 的度记为 $D(v_i)$。对于顶点 $v_i \in V$ 为随机游走起点，记作 $tr_{v_i}^{(0)}$，生成一个随机序列 $\mathrm{Tr} = tr_{v_i}^{(0)}, tr_{v_i}^{(1)}, \cdots, tr_{v_i}^{(T-1)}$，如图 3-8 所示，其中 T 是一个超参数，表示游走序列长度。这里按照对邻居节点等概率采样机序列

---

① Perozzi B, Al-Rfou R, Skiena S. Deepwalk: Online learning of social representations[C]//Proceedings of the 20th ACM SIGKDD international conference on knowledge discovery and data mining. 2014: 701-710.

$$P(tr_{v_i}^{(t+1)} \mid tr_{v_i}^{(t)}) = \begin{cases} \dfrac{1}{d(tr_{v_i}^{(t)})}, & tr_{v_i}^{(t+1)} \in N(tr_{v_i}^{(t)}) \\ 0, & 其他 \end{cases} \tag{3.13}$$

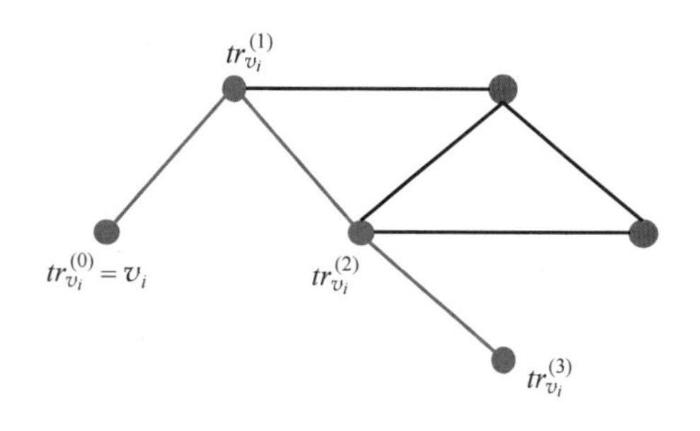

图 3-8　随机游走示意图

其中，$N(tr_{v_i}^{(t)})$表示节点 $tr_{v_i}^{(t)}$ 的邻居集合，$d(tr_{v_i}^{(t)})$表示节点 $tr_{v_i}^{(t)}$ 的度。依次从上一个访问顶点的邻居节点中均匀随机采样一个顶点作为序列的下一个点。经 T 步随机游走，为了充分挖掘节点 v_i 在全图中的上下文信息，DeepWalk 算法中，可以每个节点 $v_i \in V$ 为中心，生成 γ 个独立随机游走序列，记作 $\mathrm{Tr}_{v_i}^{(0)}, \mathrm{Tr}_{v_i}^{(1)}, \cdots, \mathrm{Tr}_{v_i}^{(\gamma-1)}$，总共会产生 $\gamma|V|$ 个随机游走序列，类似于 Word2Vec 语料中的 $\gamma|V|$ 个句子。

随机游走还有并行化和适应性两大优势。并行化体现在一个大的网络中可以同时开始多个从不同顶点开始的随机游走，这可以大大减少运行时间；适应性指的是由于随机游走具有局部性，使其能很好地适应网络的局部变化，网络在演变过程中通常只会有部分点和边产生变化，这些变化只会对一部分随即游走的路径产生影响，因此在网络变化后只需要重新采样这部分改变的点和边，不需要重新计算整图的随机游走。

如图 3-9 所示，与 Skip-Gram 算法相对应，在 DeepWalk 中，对于随机游走序列 $\mathrm{Tr} = tr_{v_i}^{(0)}, tr_{v_i}^{(1)}, \cdots, tr_{v_i}^{(T-1)}$，设观测窗口大小为 n，顶点 $tr_{v_i}^{(j)}$ 作为中心词其前后 n 个顶点 $tr_{v_i}^{(j-n)}, tr_{v_i}^{(j-n+1)}, \cdots, tr_{v_i}^{(j+1)}, \cdots, tr_{v_i}^{(j+n)}$ 是 $tr_{v_i}^{(j)}$ 的上下文。按照 Skip-Gram 算法，以 $tr_{v_i}^{(j)}$ 为输入，预测邻居节点 $tr_{v_i}^{(j+k)}$ 的条件概率，可写为 $P(tr_{v_i}^{(j+k)} | tr_{v_i}^{(j)})$。若节点 $tr_{v_i}^{(j)}$ 在顶点表中的序号为 s_j，类似于 Word2Vec 算法，需要将独热形式的节点表征 $X_{s_j} \in \mathbb{R}^{|V|}$ 通过共享权重矩阵 $\boldsymbol{W} \in \mathbb{R}^{|V| \times d}$ 映射为 $z_{s_j} = \boldsymbol{W}^{\mathrm{T}} X_{s_j} \in \mathbb{R}^d$ 的低维向量表征。$\boldsymbol{W}' \in \mathbb{R}^{d \times |V|}$ 为输出权重矩阵，设 $z_i' \in \mathbb{R}^d$ 为输出权重矩阵$\boldsymbol{W}'^{\mathrm{T}}$ 的第 i 行，则通过 Softmax 函数来计算概率：

$$P(tr_{v_i}^{(j+k)} \mid tr_{v_i}^{(j)}) = \frac{z'_{s_{j+k}} \cdot z_{s_j}}{\sum_{v_i \in V} \exp(z'_i \cdot z_{s_j})} \tag{3.14}$$

对于采样序列 Tr 的优化目标为

$$\max_{\boldsymbol{W}, \boldsymbol{W}'} \prod_{tr_{v_i}^{(j)} \in \mathrm{Tr}} \prod_{-n \leqslant k \leqslant n, k \neq 0} \frac{z'_{s_{j+k}} \cdot z_{s_j}}{\sum_{v_i \in V} \exp(z'_i \cdot z_{s_j})} \tag{3.15}$$

通过随机游走获得序列数据之后，便可以使用 Word2Vec 中的两个模型来进行训练。这里只介绍使用 Skip-Gram 模型获取这些节点的向量嵌入，Skip-Gram 模型的细节见 3.2

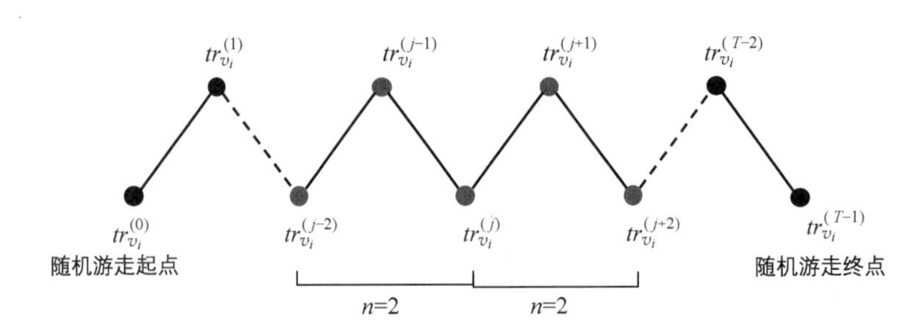

图 3-9　随机游走序列 Tr 中节点 $tr_{v_i}^{(j)}$ 的上下文关系示意图

节相关部分。

整体过程如图 3-10 所示，由于图是非线性的，DeepWalk 先采用随机游走生成节点的随机序列，后将游走序列视为句子，然后采用 Skip-Gram 算法对顶点共现关系建模，来学习节点表征。

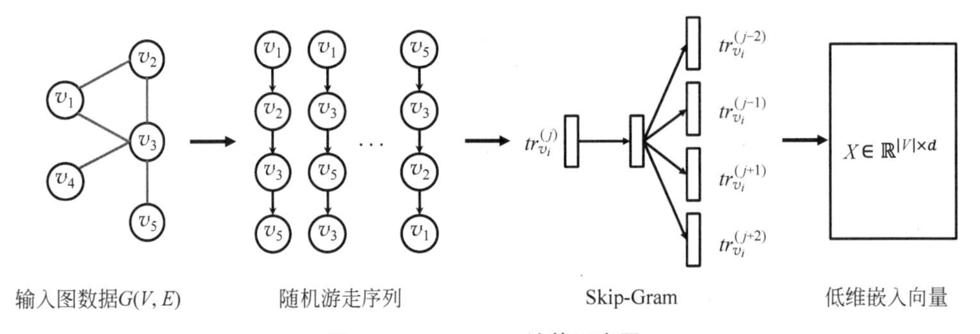

图 3-10　DeepWalk 计算示意图

3.3.3　Node2Vec

首先回顾一下图算法中经典的采样策略，即广度优先采样（Breadth-first Sampling，BFS）和深度优先采样（Depth-first Sampling，DFS）两种采样策略。如图 3-11 所示，以 u 节点为起点深度优先采样出 s_4、s_5、s_6，而广度优先则采样出 s_1、s_3、s_4。

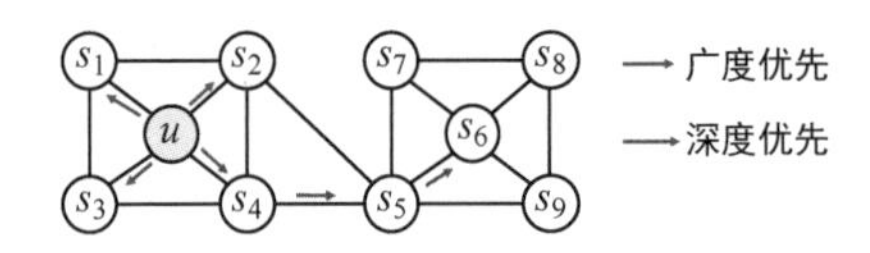

图 3-11　源节点为 u 的深度优先和广度优先遍历策略示意图

图表征的目的是得到节点间的相似性。网络的相似性有同质性（Homophily）和结构等价性（Structural Equivalence）两个评价标准。同质性是指属于同一集聚结构的两个节点更加相似，如图 3-11 中的 s_1 和 u。结构等价性是指在两个近似的集聚结构中扮演类似角色的节点间更具有相似性，如节点 s_6 和 u。那么采样策略对图节点的向量表征的学习有什么影响呢？

广度优先可以获得每个节点的所有邻居，强调的是局部微观视图，所以通过 BFS 采样的网络更能体现网络的局部结构，从而产生的表征更能体现结构等价性；而 DFS 可以探索更大的网络结构，只有从更高的角度才能观察到更大的集群，所以其嵌入结果更能体现同质性。

Node2Vec 是另一种基于随机游走的图表示学习算法，于 2016 年被 Aditya Grover 等人[①]提出。Node2Vec 的最大突破是改进了 DeepWalk 中的随机游走采样策略。接下来将详细介绍 Node2Vec 中采用的有偏向的游走策略。Node2Vec 是一种综合考虑 DFS 邻域和 BFS 邻域的图表示学习方法。此处设计了一种灵活的邻居节点抽样策略，它允许用户在 BFS 和 DFS 间进行平衡。Node2Vec 可以通过参数设置来控制搜索策略，从而有效地平衡图表示学习的同质性和结构有效性。

Node2Ve 引入了两步随机游走算法，如图 3-12 所示。第一步从节点 t 游走到节点 v，第二步从节点 v 游走至其邻居节点，如 x_1、x_2、t 等。节点 v 跳转到邻居节点的概率不再是均匀分布的，而是根据节点 t 与节点 x 来共同确定，可以表示为 $\alpha(v_{t+1}|v_t,v_{t-1})$。这里是根据节点 t 与节点 x 的最短路径距离来确定，可将候选游走节点分为三类，并由两个超参数 p 和 q 来调控，$\alpha(v_{t+1}|v_t,v_{t-1})$具体为

$$\alpha(v_{t+1} \mid v_t,v_{t-1})=\begin{cases}\dfrac{1}{p}, & d_{(v_{t-1},v_{t+1})}=0\\ 1, & d_{(v_{t-1},v_{t+1})}=1\\ \dfrac{1}{q}, & d_{(v_{t-1},v_{t+1})}=2\end{cases} \tag{3.16}$$

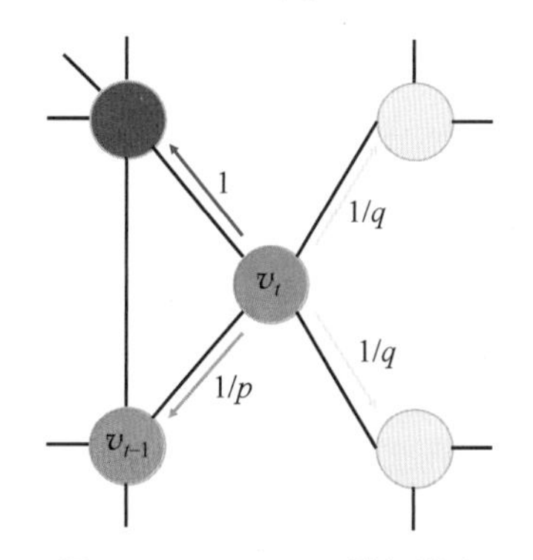

图 3-12　Node2Vec 随机游走

其中，$d_{(v_{t-1},v_{t+1})}$表示从节点 v_{t+1} 到节点 v_{t-1} 的最短路径距离。当 $d_{(v_{t-1},v_{t+1})}=0$ 时，即节点 v_t 跳转回节点 v_{t-1}，$\alpha(v_{t+1}|v_t,v_{t-1})=1/p$；若 $d_{(v_{t-1},v_{t+1})}=1$，即 $v_{t+1}\in N(v_{t-1})$，也就是说 v_{t+1} 为 v_{t-1} 的邻居节点，此时 $\alpha(v_{t+1}|v_t,v_{t-1})=1$；若 $d_{(v_{t-1},v_{t+1})}=2$，即 $v_{t+1}\notin N(v_{t-1})$，此时 $\alpha(v_{t+1}|v_t,v_{t-1})=1/q$。其中 p 被称为返回参数(Return Parameter)，q 被称为进出参数(In-out Parameter)。

对于参数 q：若 $q>1$，随机游走会倾向于访问与 t 相连的节点，从而体现出 BFS 特性；若 $q<1$，那么随机游走会倾向于访问远离 t 的节点，即朝着更深的节点游走，从而体现出 DFS 特性。对于返回参数 p：若 $p>\max(1,q)$，则返回的概率会变得相对较小，这时候游

① Grover A, Leskovec J. node2vec: Scalable feature learning for networks[C]//Proceedings of the 22nd ACM SIGKDD international conference on Knowledge discovery and data mining. 2016: 855-864.

走会倾向于不往回走，更倾向 DFS 特性；若 $p<\max(1,q)$，则返回的概率会变得相对较大，这时候游走会倾向于往回走，多步游走会倾向于围绕在起始点附近，更倾向 DFS 特性。

获得采样序列后，接下来的处理流程与 DeepWalk 相同，总体流程如图 3-13 所示。当 Node2Vec 设置 $p=q=1$ 时，等价于 DeepWalk。

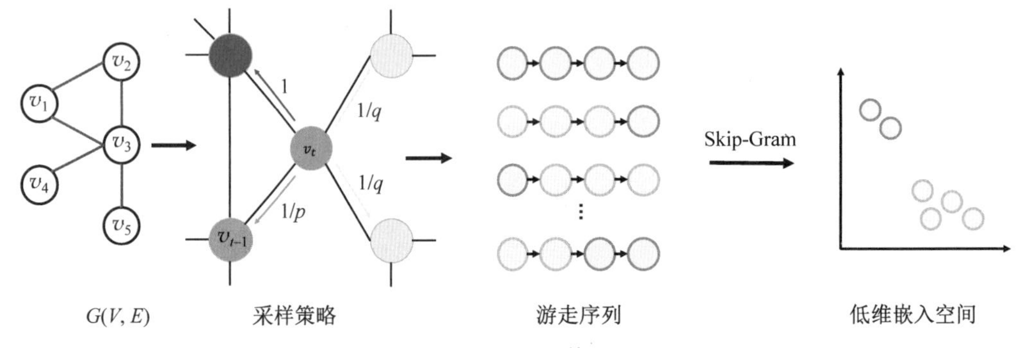

图 3-13 Node2Vec 算法流程

3.3.4 随机游走模型的优化策略

随机游走策略的图表示学习方法，预测共现关系的模块为 Skip-Gram 算法。在传统模型的预测阶段，需要利用一个$\mathbb{R}^{d\times|V|}$的权重参数将$\mathbb{R}^d$ 维的中间向量转回一个$|V|$维的向量，再通过 Softmax 归一化计算每个节点的预测概率，最后进行损失计算和预测。这种方法在处理大量节点的图时会有速度过慢的问题。下面介绍分层 Softmax（Hierarchical Softmax）和负采样（Negative Sampling）两种优化算法。

1. 分层 Softmax

分层 Softmax 算法重新设计了 Skip-Gram 的输出层。以图 $G(V,E)$中的节点为叶子节点，以节点的度为权重构造一棵霍夫曼树（Huffman Tree），如图 3-14 所示，用此霍夫曼二叉树结构的神经网络代替原先的 Skip-Gram 神经网络层。在这棵二叉树中，叶子节点共有$|V|$个，非叶子节点共有$|V|-1$。在分层 Softmax 算法中，隐藏层到预测概率的输出不是一下子完成的，而是沿着霍夫曼树从根节点一步步向前传播至叶子节点完成的，相应传播路径上的内部节点则起到隐藏层神经元的作用。

如图 3-14 所示，假设输入节点为 v_i 预测节点 v_p 图中示例预测目标为($v_p=v_3$)，先将独热编码的输入节点向量 $\boldsymbol{X}_i\in\mathbb{R}^{|V|}$ 转换为低维度的隐藏层向量 $\boldsymbol{h}\in\mathbb{R}^d$，再沿着霍夫曼树向前传播至叶子节点。对二叉树中的每一个叶子节点，存在唯一由根节点到该叶子节点的路径。在分层 Softmax 中，我们利用这条路径估计当前预测值是否为该叶子节点表示的单词的概率 $P(v_p|v_i)$。在图 3-14 中，从根节点传播至 v_p 的路径如红色路线所示。在分层 Sotfmax 模型中，假设这条传播路径是随机游走形成的，每步游走过程是相互独立的，于是根据独立事件的联合概率原则可以得到

$$P(v_p=v_3\mid v_i)=P(n(v_p,1),\text{left})\cdot P(n(v_p,2),\text{right})\cdot P(n(v_p,1),\text{left})\quad(3.17)$$

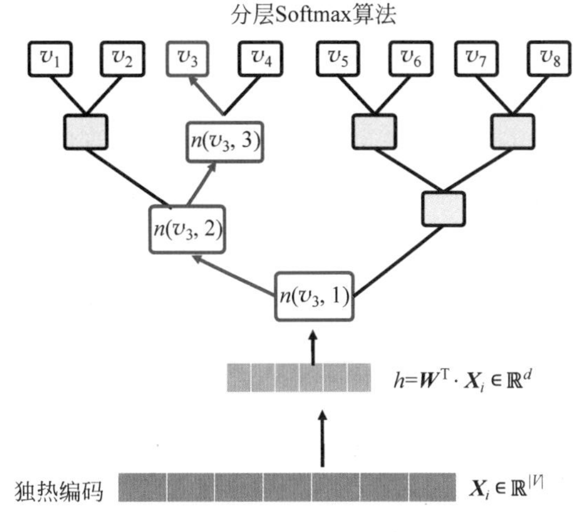

图 3-14　霍夫曼树示意图

其中，$n(v_p,j)$表示从根节点到叶子节点 v_p 路径上的第 j 个霍夫曼树节点。$P(n(v_p,j),\mathrm{left})$表示节点 $n(v_p,j)$指向它的左孩子的概率，而 $P(n(v_p,j),\mathrm{left})$则表示节点 $n(v_p,j)$指向它的右孩子的概率。此处向左向右的选择，可以视为一个二分类问题，每一个内部节点向左孩子节点游走的概率为

$$P(n(v_p,j),\mathrm{left})=\sigma(\boldsymbol{\theta}_j^{v_p}\cdot\boldsymbol{h}^{\mathrm{T}}) \tag{3.18}$$

其中，$\boldsymbol{\theta}_j^{v_p}\in\mathbb{R}^d$ 表示内部节点 $n(v_p,j)$的可学习向量，$\sigma(x)=\dfrac{1}{1+\mathrm{e}^{-x}}$表示 Sigmoid 激活函数。在二叉树中，每个内部节点只会存在左孩子或者右孩子节点，则节点 $n(v_p,j)$指向右孩子的概率为

$$P(n(v_p,j),\mathrm{right})=1-\sigma(\boldsymbol{\theta}_j^{v_p}\cdot\boldsymbol{h}^{\mathrm{T}})=\sigma(-\boldsymbol{\theta}_j^{v_p}\cdot\boldsymbol{h}^{\mathrm{T}}) \tag{3.19}$$

式(3.17)更一般的形式为

$$P(v_p\mid v_i)=\prod_{j=1}^{L(v_p)-1}\sigma([n(v_p,j+1)=\mathrm{ch}(n(v_p,j))]\cdot\boldsymbol{\theta}_j^{v_p\,\mathrm{T}}\cdot\boldsymbol{h}) \tag{3.20}$$

$\mathrm{ch}(n(v_p,j))$表示节点 $n(v_p,j)$的左孩子节点，$L(v_p)$是根节点到叶子节点的路径长度，$[x]$为一个符号函数：

$$[x]=\begin{cases}1, & x\text{ 为 true}\\ -1, & \text{其他}\end{cases} \tag{3.21}$$

$[n(v_p,j+1)=\mathrm{ch}(n(v_p,j))]$用来指示节点 $n(v_p,j)$下一步游走至左孩子还是右孩子。为了最大化预测概率 $P(v_p|v_i)$，在分层 Softmax 模型中的损失函数可以定义为

$$L=-\ln(P(v_p\mid v_i))=-\sum_{j=1}^{L(v_p)-1}\ln\sigma([n(v_p,j+1)=\mathrm{ch}(n(v_p,j))]\cdot\boldsymbol{\theta}_j^{v_p\,\mathrm{T}}\cdot\boldsymbol{h}) \tag{3.22}$$

训练的复杂度，从原来的 $O(|V|)$下降到 $O(\ln(|V|))$。

2. 负采样(Negative Sampling)

在 DeepWalk 和 Node2Vec 算法中,使用随机游走嵌入算法在图 $G(V,E)$采样,生成线性序列,然后使用中心节点来预测观测窗口内的共现节点出现的概率。节点预先采用维度为$\mathbb{R}^{|V|}$独热编码,训练后得到$\mathbb{R}^d$的低维度表征。如图 3-15 所示,观测窗口为 2 时,我们使用训练样本(输入节点为 $tr_{v_i}^{(j)}$,预测节点为 $tr_{v_i}^{(j-2)}$、$tr_{v_i}^{(j-1)}$、$tr_{v_i}^{(j+1)}$、$tr_{v_i}^{(j+2)}$)。出现在观测窗口中的样本称为正样本(Positive Sample)。不在窗口内的样本称为负样本(Negative Sample)。对于正样本,其对应的神经元的期望值为 1,剩下的元素则为 0。图的节点个数$|V|$决定 Skip-Gram 神经网络会存在大规模的权重矩阵,这些权重需要通过大量的训练样本进行调整,会消耗大量的计算资源。负采样方法中,选择留下正样本及部分采样得到的负样本,并不对每个样本更新所有权重,而是每次让一个训练样本仅仅更新一小部分权重,其他权重全部固定,从而降低梯度下降过程中的计算量,提升训练速度。

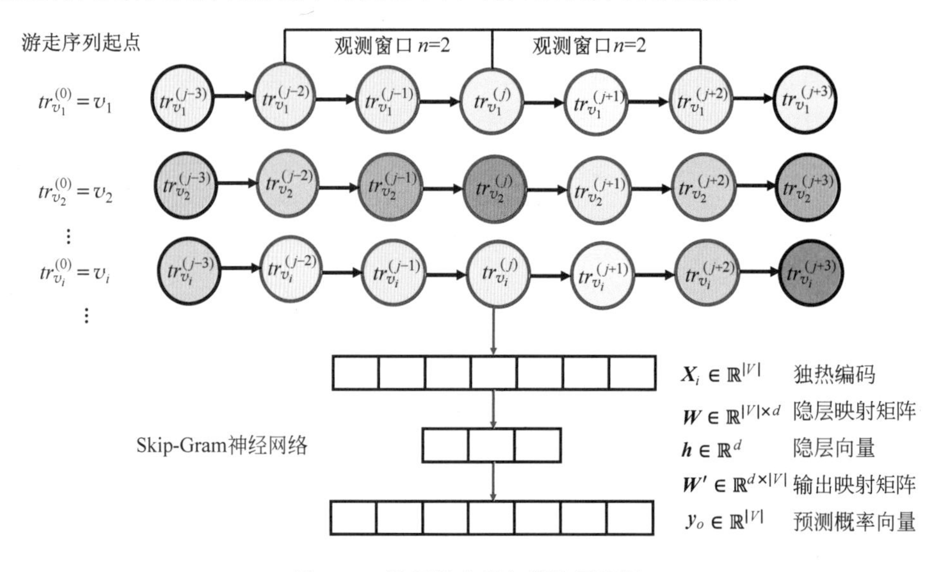

图 3-15 随机游走嵌入算法示意图

为了提升训练权重参数矩阵的质量,负采样修改目标函数,既考虑正样本也考虑负样本,需要最大化成对的概率,而最小化不关联节点对的概率,对应的损失函数为

$$L=\sum_{j=-n}^{n}-p(tr_{v_i}^{(j+k)}\mid tr_{v_i}^{(j)})+\sum_{j+kn\in tr_{\text{neg}}}p(tr_{v_i}^{(j+kn)}\mid tr_{v_i}^{(j)}) \tag{3.23}$$

其中,tr_{neg}表示负样本集合,即不处在节点 $tr_{v_i}^{(j)}$ 观测窗口内的节点集合,这里只抽取部分负样本来计算,故称为负采样。如图 3-15 所示,正样本是处于观测邻居内的节点集合。负采样因为只计算部分负样本,故能加速计算,使得随机游走模型能适应规模更大的图。

这里通过图 3-15 讲解负采样的过程。假设图的节点个数为$|V|$,当输入节点 $tr_{v_i}^{(j)}$ 进入预测模型时,对其共现节点 $tr_{v_i}^{(j+1)}$ 的输出向量维度为$\mathbb{R}^{|V|}$,在此向量中我们希望 $tr_{v_i}^{(j+1)}$ 对应的位置为 1,其余位置为 0。如果按照传统的训练方式,这里所有的输出向量对应的权重参数都需要更新,而负采样的对象是$|V|-1$位,负采样策略是从中选择一小部分,并用这一

小部分负样本进行权重更新。在小规模数据集上，一般对每个顶点选择5～20个负样本会比较好，而在大规模数据集上可以仅选择2～5个负样本。假设负采样的个数为k，则计算复杂度为全部采样的$\frac{k}{|V|}$。

从负样本中抽取样本时，需要按照合适的概率分布来抽取，才能让学习到的权重参数更好。这里介绍一种常用的采样概率分布：$P(v) \sim d(v)^{3/4}$，具体为

$$P(v_i)=\frac{d(v_i)^{\frac{3}{4}}}{\sum_{v\in V}(d(v)^{\frac{3}{4}})} \tag{3.24}$$

其中，$d(v_i)$代表顶点v_i出现的度。

3.3.5　其他随机游走方法

DeepWalk可以视作一个基于深度优先的随机游走算法，Node2Vec则综合了深度优先与广度优先。这两种算法都是基于邻域相似假设的方法，即网络中相似的点在向量表示中的距离比较近，但是这两种算法只考虑了成边的顶点之间的相似度，并未对不成边顶点之间关系的建模。LINE(Large-scale Information Network Embedding)模型既考虑成边的顶点对之间的关系(称为局域相似度)，也考虑未成边顶点的相似度(称为全局相似度)。LINE算法为图的局域相似度和全局相似度设计了专门的度量函数，用来学习得到保持图局域和全局结构的低维节点表征$u_i \in \mathbb{R}^d$，且能适用于无向图和有向图。

局域相似度用一阶相似度(First-order Proximity)描述，表示图中直接相连的节点之间的相似度。具体来说，存在边的两个节点之间的相似度为其边的权重$e_{i,j}$，对于不存在边的节点间，则权重为0，图3-16中6和7就是一阶相似，因为6和7直接相连。对于每一条无向边(v_i,v_j)，节点v_i、v_j之间的一阶联合概率为

$$P_1(v_i,v_j)=\frac{1}{1+\exp(-\boldsymbol{z}_i^{\mathrm{T}}\cdot \boldsymbol{z}_j)} \tag{3.25}$$

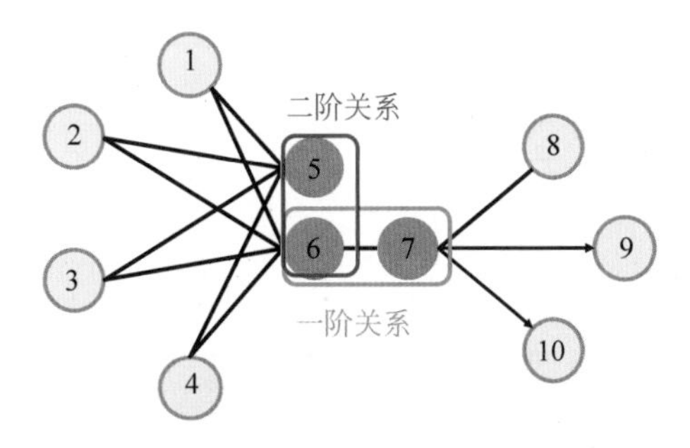

图3-16　网络中一阶关系和二阶关系示意图

其中，$\boldsymbol{z}_i \in \mathbb{R}^d$是节点$v_i$的需要学习的低维向量表征。同时定义需要拟合经验概率(Empirical Probability)，即归一化的边权重：

$$\hat{P}_1(v_i,v_j)=\frac{W_{ij}}{\sum_{(m,n)\in E} W_{mn}} \tag{3.26}$$

优化目标就是尽可能拉近这两个分布的距离。常用的衡量两个概率分布差异的指标为 KL 散度,目标函数可写为

$$O_1 = -\sum_{(i,j)\in E} W_{ij} \ln P_1(v_i, v_j) \tag{3.27}$$

需要注意的是,一阶相似度只能用于无向图。

全局相似度是用二阶相似度(Second-order Proximity)来衡量两个节点的邻居节点之间的相似度。二阶相似度假设那些具有相同邻居节点的节点在特征上较为相似,具体来说,若两个节点的邻居节点集合 N_i 与 N_j 之间有许多重叠,则认为两个节点之间拥有很高的二阶相似度。直观地来解释就是拥有共享邻居的节点更为相似,在许多现实的例子中可以印证这一点,例如,拥有相同社交网络的两个人很可能有共同的兴趣。图中的 5 和 6 就是二阶相似,因为它们虽然没有直接相连,但是它们连接的其他节点中有重合(1,2,3,4),因此节点 5 和 6 在特征空间内的表示也会十分接近。

在二阶相似度中,对于任意顶点 $v\in V$,算法中维护两个向量,一个是该节点本身的表示向量 $\boldsymbol{u}\in\mathbb{R}^d$,另一个是该节点作为其他节点的邻居时的表示向量 $\boldsymbol{u}'\in\mathbb{R}^d$,即作为其他节点的上下文。对于任意一对有向边$(v_i, v_j)$,我们可以定义在给定一个节点 v_i 的条件下,产生邻居节点 v_j 的概率为

$$P_2(v_j \mid v_i) = \frac{\exp(\boldsymbol{u}'^{\mathrm{T}}_j \cdot \boldsymbol{u}_i)}{\sum_{k=1}^{|V|} \exp(\boldsymbol{u}'^{\mathrm{T}}_k \cdot \boldsymbol{u}_i)} \tag{3.28}$$

其中,$\boldsymbol{u}_i$ 为给定节点 v_i 对应的表征向量,此时观测其邻居为 v_j 的概率,$\boldsymbol{u}'_j$ 为顶点 v_j 充当邻居角色的向量表征。式(3.28)实际上定义了 $P_2(\cdot \mid v_i)$对所有上下文的条件分布。为了能够保留二阶相似度,需要使上下文的条件概率分布和其经验分布 $\hat{P}_2(\cdot \mid v_i)$之间的距离尽可能的小,其经验分布为

$$\hat{P}_2(v_j \mid v_i) = \frac{W_{ij}}{\sum_{k\in V} w_{ik}}$$

二阶相似度的目标是尽可能让两个节点的邻居节点集合,所以其优化目标为

$$O_2 = \sum_{i\in V} \lambda_i d(\hat{P}_2(\cdot \mid v_i), P_2(\cdot \mid v_i)) \tag{3.29}$$

其中 $d(\cdot)$代表两个分布的距离,同样使用 KL 散度来进行度量,另外引入了控制节点重要性的因子 λ_i,这里将 λ_i 定义为顶点的出度 d_i,则二阶相似度的目标函数可以优化为

$$O_2 = -\sum_{(i,j)\in E} \omega_{ij} \ln p_2(v_j \mid v_i) \tag{3.30}$$

之后通过合并一阶、二阶相似度的优化目标完成 LINE 的模型优化。

在计算二阶相似度中的条件概率 $p_2(v_j \mid v_i)$时,需要对所有顶点进行计算,这样的计算成本是非常高的,为了解决这个问题,原论文①中提出了负采样的方法,通过使用一些噪声分布进行负样本采样,于是可以将对于每一条边(i,j)的优化目标转化为

① Tang J,Qu M,Wang M,et al. Line: Large-scale information network embedding[C]//Proceedings of the 24th international conference on world wide web. 2015: 1067-1077.

$$\ln\sigma(\boldsymbol{u}_j'^{\mathrm{T}} \cdot \boldsymbol{u}_i) + \sum_{i=1}^{K} E_{v_n \sim P_n(v)} [\ln\sigma(-\boldsymbol{u}_n'^{\mathrm{T}} \cdot \boldsymbol{u}_i)] \tag{3.31}$$

其中，激活函数为 $\sigma(x)=1/(1+\exp(-x))$，第一项为对一阶相似度进行建模，第二项是对从噪声分布中提取的负样本进行二阶相似度建模，K 为负样本的个数。

同时，模型中还存在着另一个问题，在 O_1 和 O_2 的优化函数中，ln 前有一个权重参数 w_{ij}，在使用梯度下降优化参数时，w_{ij} 会直接与梯度相乘，这时如果 w_{ij} 的方差过大，就会很难选择一个合适的学习率，如果学习率选择过大，则较大的 w_{ij} 可能出现梯度爆炸，而如果学习速率选择过小，则较小的 w_{ij} 可能出现梯度过小。

对于上述问题，一种最简单的方法是将带权边拆成等权边，如果所有边的权相同，那么选择一个合适的学习率就会比较方便，举例来说，这种方法可以将一条权重为 w 的边拆成 w 条权重为 1 的边。

3.4 基于深度学习的图表示学习

本节将重点介绍基于深度学习的图表示学习。随着时代的发展和算力的提升，深度学习也再次成为了热门的研究内容，利用深层的神经网络对图结构进行嵌入表征也成为了图研究学习中的一类不可忽视的重要方法。在本节内容中，我们将以 SDNE 为例，向读者介绍深度学习是如何被运用到图表示学习中的。

结构深层网络嵌入(Structural Deep Network Embedding，SDNE)是 Daixin Wang 等人[①]于 2016 年提出的一种图表示学习方法，同时也是第一种将深度学习应用于网络表征学习的方法。在 SDNE 中，使用了一个自动编码器优化图中节点的一阶、二阶相似度，采用一阶相似度学习局域网络结构，采用二阶相似度来学习全局的相似度，这使得该方法所获得的表征向量能同时保留图的局部和全局结构。

3.4.1 局域相似度和全局相似度

假设有图 $G(V,E)$，其中 $V=\{v_1,v_2,\cdots,v_n\}$ 表示图中的 n 个节点，$E=\{e_{i,j}\}_{i,j=1}^{n}$ 表示边，其中每一条边都有其权重 $s_{i,j}$，若两个节点间没有边，则其权重为 0。一阶相似度用来表示图中成对节点之间的相似度，用来学习局域图结构。具体来说，两个节点 i、j 之间的相似度即为两点之间边的权重 $s_{i,j}$，若之间没有连接，则相似度为 0。一阶相似度可以直接表示节点对之间的相似度，然而真实环境下的信息网络往往存在大量的信息缺失，导致存在许多一阶相似度为 0 的节点，而它们相似度也很高。例如，构建的人际档案信息中，如果两个人存在很多共同的朋友，那么这两个人很有可能也认识。为此，基于节点邻居的相似度，提出了二阶相似度，用来表征全局相似度。二阶相似度是两个节点的邻居节点之间的相似度。具体来说，若两个节点的邻居节点集合之间有许多重叠，则认为两个节点之间拥有很高的二阶相似度。假设 $N_i=\{s_{i,1},\cdots,s_{i,|V|}\}$ 表示节点 v_i 的一阶邻居，$N_j=\{s_{j,1},\cdots,s_{j,|V|}\}$ 表示

---

① Wang D, Cui P, Zhu W. Structural deep network embedding[C]//Proceedings of the 22nd ACM SIGKDD international conference on Knowledge discovery and data mining. 2016: 1225-1234.

节点 v_j 的一阶邻居，则节点 i 和 j 的二阶相似度表示为 N_i 与 N_j 之间的相似度。引入二阶相似度后，更能表征网络结构，使得稀疏网络更具有健壮性。

3.4.2 SDNE 算法结构图

图 3-17 是 SDNE 算法的结构，SDNE 分为两部分来实现局域相似和全局相似。局域相似度采用拉普拉斯映射的方法，在嵌入空间中保留原图的节点的相对距离。SDNE 采用节点邻居间的相似度来表示全局相似度。对于节点 v_i 对应的邻居信息为邻接矩阵 $\boldsymbol{S}\in\mathbb{R}^{|V|\times|V|}$ 的第 i 行，表示为 $s_i\in\mathbb{R}^{|V|}$。同理，对于节点 v_j，邻居信息表示为 s_j。s_i 和 s_j 已经蕴含了两个节点间的二阶相似度，这里并未直接给出二者相似度的大小，而是希望在嵌入向量 $\boldsymbol{y}^{(K)}\in\mathbb{R}^d$ 中保存节点的邻接特性。

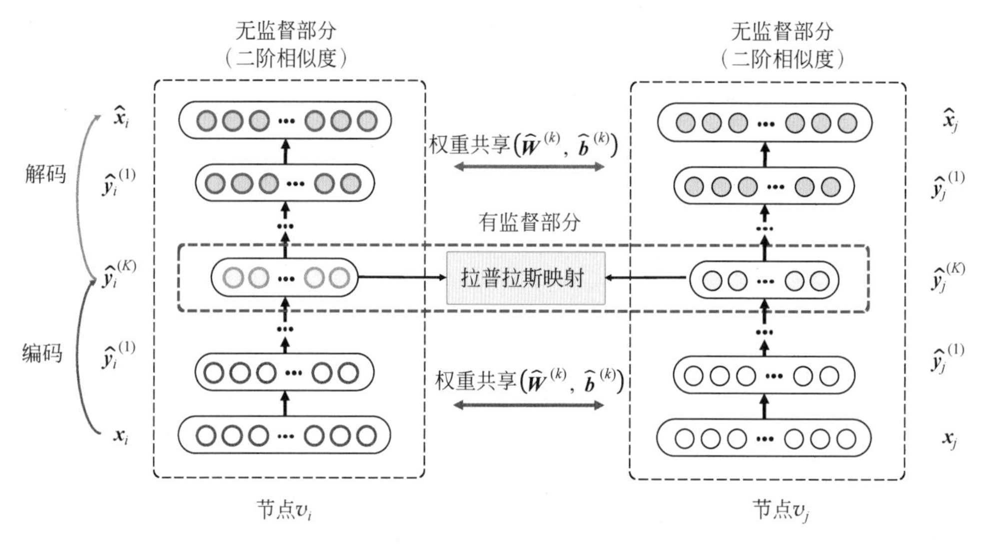

图 3-17　SDNE 的模型框架图

SDNE 使用了自编码器对图的邻接矩阵 $\boldsymbol{S}$ 进行解码重构，通过这样的重构过程能够使得结构相似的顶点具有相似的表示向量。图 3-17 中的自编码器的结构包含一个编码(Encoder)部分和一个解码(Decoder)部分。编码部分的作用是将节点 v_i 对应的输入向量 $\boldsymbol{x}_i=s_i\in\mathbb{R}^{|V|}$，压缩到一个低维向量 $\boldsymbol{y}_i^{(K)}\in\mathbb{R}^d$，解码部分的作用是将压缩后的向量还原到原始输入向量空间 $\hat{\boldsymbol{x}}_i\in\mathbb{R}^{|V|}$，$d\ll|V|$。此处采用 K 层神经网络进行编码，公式如下：

$$\boldsymbol{y}_i^{(1)}=\sigma(\boldsymbol{W}^{(1)}x_i+b^{(1)}) \tag{3.32}$$

$$\boldsymbol{y}_i^{(k)}=\sigma(\boldsymbol{W}^{(k)}y_i^{(k-1)}+b^{(k)}),\quad k=2,3,\cdots,K \tag{3.33}$$

其中，$\sigma(\cdot)$ 为 Sigmoid 激活函数。经过编码后得到低维度向量 $\boldsymbol{y}_i^{(K)}\in\mathbb{R}^d$，然后经过编码的逆过程解码得到 $\hat{\boldsymbol{x}}_i\in\mathbb{R}^{|V|}$。$\boldsymbol{W}^{(k)}$ 表示编码第 k 层的权重矩阵。一般而言，根据解码还原的 $\hat{\boldsymbol{x}}_i$ 与输入 $\boldsymbol{x}_i$，可以构建如下损失函数：

$$L=\sum_{i=1}^{|V|}\|\hat{\boldsymbol{x}}_i-\boldsymbol{x}_i\|_2^2 \tag{3.34}$$

由于数据的稀疏性，在邻接矩阵中，存在着很多 0 值，这使得自编码器在学习过程中学习了过多的 0,直接导致模型的效果不佳。考虑到由于数据的稀疏性,图的邻接矩阵可能会缺少很多实际上潜在的连接。以推荐系统中用户—商品的购买二部图为例,用户没有购买商品(即这两个节点之间没有边)的原因可能是用户不喜欢该商品,也有可能是用户没有浏览到该商品,因此用户对此商品是有潜在购买可能的。SDNE 在传统自编码器的损失函数上进行了一些改动:

$$L_{2\text{nd}}=\sum_{i=1}^{|V|}\|(\hat{\boldsymbol{x}}_i-\boldsymbol{x}_i)\odot b_i\|_2^2 \tag{3.35}$$

其中,$b_i\in\mathbb{R}^{|V|}$,如果 $s_{i,j}=0,b_{i,j}=1$,否则 $b_{i,j}=\beta>1$,$\odot$ 表示哈达玛积(Hadamard Product)。这样设置可以使模型在将一个非 0 值的节点预测为 0 时受到更多惩罚。

局域相似度部分使用了 3.3.2 节介绍的拉普拉斯特征映射方法,让图中相邻的两个顶点对应的嵌入向量在嵌入空间接近,提取图中的局部特征。在 SDNE 中,这种想法被融入深度模型中,使得有连接的两个点被映射到附近空间中。损失函数定义如下

$$L_{1\text{st}}=\sum_{i}^{|V|}\sum_{j}^{|V|}s_{i,j}\|\boldsymbol{y}_i^{(K)}-\boldsymbol{y}_j^{(K)}\|_2^2=2\text{trace}(\boldsymbol{Y}^{\text{T}}\boldsymbol{L}\boldsymbol{Y}) \tag{3.36}$$

其中,$\boldsymbol{Y}=[\boldsymbol{y}_1^{(K)};\boldsymbol{y}_2^{(K)};\cdots;\boldsymbol{y}_{|V|}^{(K)}]$,除了这两个损失函数之外,SDNE 还增加了一个 L2 正则化项来防止过拟合:

$$L_{\text{reg}}=\frac{1}{2}\sum_{k=1}^{|V|}(\|\hat{\boldsymbol{W}}^{(k)}\|_F^2+\|\boldsymbol{W}^{(k)}\|_F^2) \tag{3.37}$$

其中,$\boldsymbol{W}^{(k)}$,$\hat{\boldsymbol{W}}^{(k)}$ 分别表示编码和解码层中第 k 层的权重矩阵。于是可以得到总的损失函数,即

$$L_{\text{mix}}=L_{1\text{st}}+\alpha L_{2\text{nd}}+\beta L_{\text{reg}} \tag{3.38}$$

其中,α 和 β 是超参数。损失函数可以通过反向传播算法进行优化。

3.5 异质图表示学习

上述算法虽然可以用于同构网络(Homogeneous Networks),即仅适合只包含单一顶点类型和边类型的网络表示学习,但并不能很好地用于包含多种顶点类型和边类型的复杂关系网络。而在现实世界中,节点类型或者关系类型是多种多样的。如图 3-18 所示的异质图中,存在机构、作者、论文和期刊 4 种节点,以及作者与学术机构的归属关系、作者与论文的发表关系、论文与学术期刊的归属关系。针对同构网络设计的模型很多都没法应用于异质网络,例如,对于一个学术网络而言,如何根据上下文信息表征不同类型的节点?为此需要给异质图来设计图表示学习算法。

给定异质图 $G=(V,E,X)$,其中,$V=\{v_1,v_2,\cdots,v_{|V|}\}$为顶点集合,对应的点类型集合为 T_v,顶点映射到对应类型的函数为 ϕ_v,边集合为 $E=\{e_1,e_2,\cdots,e_{|E|}\}$,对应的边类型集合为 T_e,边映射到对应类型的函数为 ϕ_e。在具体实践中,为了分辨异质的特点,引入了元路径(meta-path)的概念。元路径是在异质图 G 上按照元路径模式 ψ: $A_1\xrightarrow{R_1}A_2\xrightarrow{R_2}A_3\cdots\xrightarrow{R_{K-1}}A_K$ 来游走产生路径,其中,类型 $A_i\in T_v$,关系 $R_i\in T_e$。复合关系组合为可表示为 R_1。

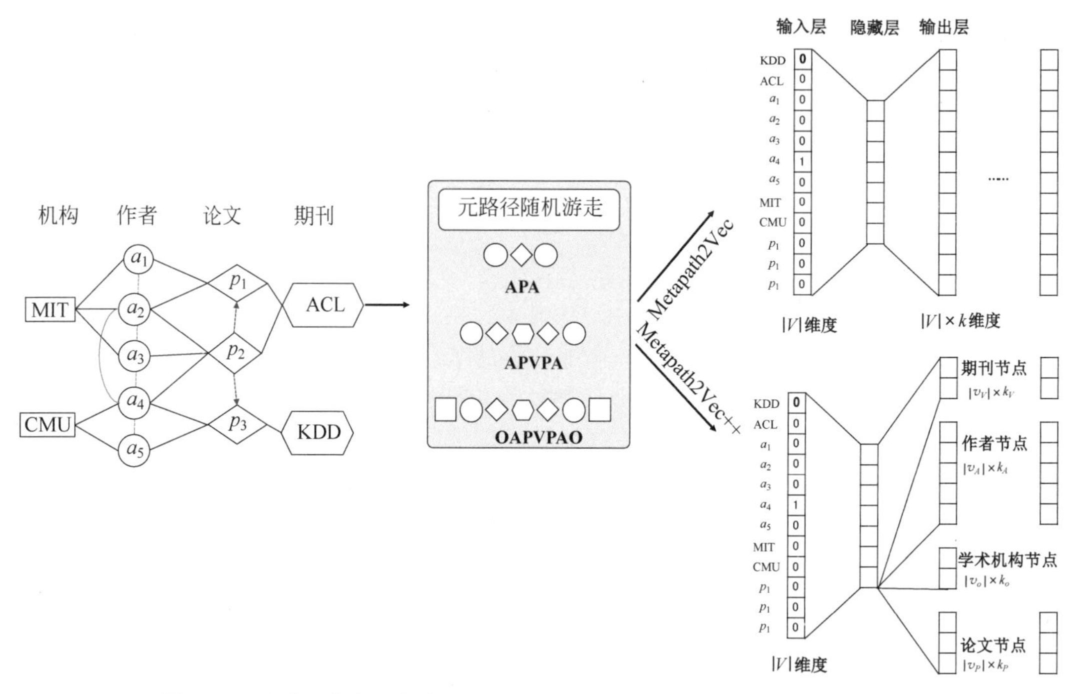

图 3-18 异质图学术网络的 Metapath2Vec 与 Metapath2Vec++算法结构图

$R_2\circ\cdots\circ R_{K-1}$，其中$\circ$表示关系运算符，$R_l$ 表示第 $K-1$ 个节点与第 K 个节点之间的关系。

先介绍基于元路径的随机游走，元路径的模式 ψ 被用来限制随机游走的决策，即每一步游走需要按照模式 ψ 设计的节点类型和边类型进行游走，给定类型为 A_i 节点 v_i^{ψ}，跳转概率为

$$P(v_{i+1}^{\psi} \mid v_i^{\psi})=\begin{cases}\dfrac{1}{|N_{i+1}^{R_i}(v_i^{\psi})|}, & v_{i+1}^{\psi}\in N_{i+1}^{R_i}(v_i^{\psi})\\ 0, & \text{其他}\end{cases} \tag{3.39}$$

其中，$N_{i+1}^{R_i}(v_i^{\psi})$表示节点 v_i^{ψ} 的邻居中满足边关系为 R_i 且节点类型为 A_{i+1} 的邻居顶点集合。除此之外，元路径通常以一种对称的方式使用，如图 3-18 中的元路径是对称的，即顶点 A_1 的类型和 A_K 的类型相同。根据对称性的元路径，$P(v^{i+1}|v_t^i)=p(v^{i+1}|v_1^i)$，如果 $t=K$。可以看出，元路径的受限随机采样过程中，对顶点类型与关系都具有限定作用。基于元路径的随机游走可保证不同类型顶点之间的语义关系可以适当地融入 Skip-Gram 模型中。

基于元路径的表示学习有两种方法，分别是 Metapath2Vec 和 Metapath2Vec++。在 Metapath2Vec 中使用基于元路径的随机游走来构建每个顶点的异质邻域，然后使用 Skip-Gram 模型，通过在顶点 v 的领域 $N_t(v)$，$t\in T_v$ 最大化保留一个异质网络的结构和语义信息的似然：

$$\arg\max_{\theta}\sum_{v\in V}\sum_{t\in T_v}\sum_{c_t\in N_t(v)}\ln P(c_t \mid v;\theta) \tag{3.40}$$

其中，c_t 为节点类型为 R_i 的邻居集合 $N^{R_i}(v)$，θ 为待学习参数，似然概率为

$$P(c_t \mid v;\theta)=\frac{\mathrm{e}^{\boldsymbol{X}_{ct}\cdot\boldsymbol{X}_v}}{\sum_{u\in V}\mathrm{e}^{\boldsymbol{X}_u\cdot\boldsymbol{X}_v}} \tag{3.41}$$

图 3-18 中，沿着元路径 OAPVPAO 的节点 a_4 的邻居包括作者(Author)类型节点$\{a_2,a_3,a_5\}$、期刊(Venue)类型节点{ACL，KDD}、机构(Org)类型节点{CMU}、论文(Paper)类型节点$\{p_2,p_3\}$，k 为路径中各种类型邻居的个数之和，即 $k=k_V+k_A+k_O+k_P$。为了加速优化过程，可以引入负采样，改进为

$$\arg\max_{\theta}\sum_{v\in V}\sum_{t\in T_v}\sum_{c_t\in N_t(v)}\ln\sigma(\boldsymbol{X}_{c_t}\cdot\boldsymbol{X}_v)+\sum_{m=1}^{M}\mathbb{E}_{u^m\sim P(u)}[\ln\sigma(-\boldsymbol{X}_{u^m}\cdot\boldsymbol{X}_v)] \tag{3.42}$$

$P(u)$是负采样的节点 u^m 在 M 次采样中的预定义分布。

Metapath2Vec 在为每个顶点构建领域时，通过元路径来指导随机游走过程向指定类型的顶点进行有偏游走。但是在 Softmax 环节中，没有分辨顶点的类型，而是将所有的顶点视作同一类型的顶点，如式(3.41)。也就是说，Metapath2Vec 在负采样环节采样的负样本并没有考虑顶点的类型。

在 Metapath2Vec＋＋中，Softmax 函数根据不同类型的顶点的上下文 c_t 进行归一化。也就是说 $P(c_t|v;\theta)$根据固定类型的顶点进行调整，即

$$P(c_t\mid v;\theta)=\frac{e^{\boldsymbol{X}_{c_t}\cdot\boldsymbol{X}_v}}{\sum_{u_t\in N_t}e^{\boldsymbol{X}_{u_t}\cdot\boldsymbol{X}_v}} \tag{3.43}$$

其中，N_t 是网络中 t 类型顶点集合。Metapath2Vec＋＋给 Skip-Gram 模型的每种类型的领域指定特定的集合。如图 3-18 所示。最终得到如下的目标函数：

$$O(\boldsymbol{X})=\ln\sigma(\boldsymbol{X}_{c_t}\cdot\boldsymbol{X}_v)+\sum_{m=1}^{M}\mathbb{E}_{u_t^m\sim P_t(u_t)}[\ln\sigma(-\boldsymbol{X}_{u_t^m}\cdot\boldsymbol{X}_v)] \tag{3.44}$$

3.6　本章小结

本章介绍了以拉普拉斯特征映射为代表的矩阵分解方法，DeepWalk、Node2Vec 和 LINE 的随机游走算法，以及基于深度学习的 SNDE 算法，最后介绍了 Metapath2Vec 和 Metapath2Vec＋＋的异质图表示学习算法。

拉普拉斯特征映射算法依据原有高维空间数据的相对位置来构图，优化的目标是在低维空间中尽可能使原空间中相近的点在降维后的目标空间中也尽可能相近，从而得到节点的低维度表示。随机游走算法是一种基于邻域相似假设的算法，受启发于 Word2Vec，来学习节点的向量表示。DeepWalk 通过截断深度优先随机游走获取游走序列，Node2Vec 的随机游走方式则综合了深度优先和广度优先游走，二者都是通过节点的局域网络特征来学习节点的低维表示。LINE 也是一种基于邻域相似假设的方法，可以看作是一种使用广度优先构造邻域的算法。LINE 算法同时考虑网络的局域结构相似度(一阶相似度)和节点邻域的全局相似度(二阶相似度)，然而这两种相似度是分开考虑的，只是一种简单的组合。SDNE 算法是一种深度学习算法，利用深度自编码器学习图中节点的表征向量，结合一阶和二阶相似度进行联合训练。相对于同质图，异质图的存在更为广泛，在 Metapth2Vec 和 Metapath2Vec＋＋中采用元路径指导随机游走的邻居节点的选择，即为有偏置的随机游走构建邻居集合，在 Skip-Gram 学习阶段，Metapath2Vec 与 DeepWalk 和 Node2Vec 一样不考虑节点类型，而 Metapath2Vec＋＋则对不同类型节点单独处理。

第 4 章

图卷积神经网络

在生活中，除了规律排列的数据外，还有很多看似无序的图结构有待研究，例如电子商务、社交网络、交通网络、分子结构等。传统的深度学习算法中的神经网络，不再适用于这些数据。在微信、微博等社交网络上，存在数亿级的用户量，但平均每个用户与其关注或被关注的数量往往是很少的，直接采用矩阵表示会是一个非常稀疏的矩阵，若直接将图上的数据按照节点逐个拆分成向量形式输入到深度神经网络中，一方面，数据维度会非常大，难以计算；另一方面，图的结构信息可能会被丢失。而卷积神经网络在处理图像类数据时，常常依赖规则排列图像的平移不变性、自相似性等，显然图数据不具备这种特性，因此卷积神经网络也无法适用于这些数据。

为了能将卷积推广到图数据场景，图深度学习领域的学者们，对图数据卷积进行了不同的探索，产生了一些经典的图卷积神经网络模型。本章将围绕经典的图卷积神经网络来展开，包括谱域图神经网络和空域图神经网络两方面，涵盖四种经典的图神经网络：谱卷积神经网络、切比雪夫神经网络、图卷积神经网络和 GraphSAGE。

4.1 图与图像的差异

学术上认为卷积神经网络是图卷积神经网络的近亲，或者说图卷积神经网络是卷积神经网络的泛化。图像的卷积神经网络如何启发图神经网络呢？以图 4-1 为例，图 4-1(a)是一张普通的图像(Image)，图 4-1(b)是一个图(Graph)。在以图像为代表的欧氏空间中，节点的邻居数量都是固定的。例如，图 4-1(a)中猫的图像，网格格点的邻居始终是 8 个(边缘

(a) 欧氏空间的图像

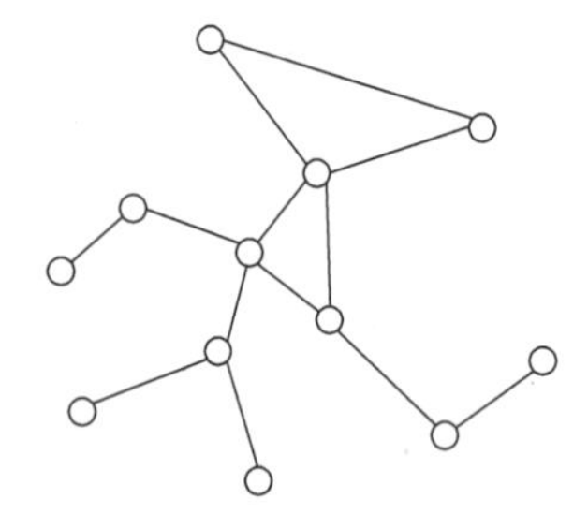

(b) 非欧氏空间的图

图 4-1　欧氏空间的图像与非欧氏空间的图的对比

处格点的邻居可以做填充补齐),但在图这种非欧氏空间中,节点有多少邻居并不固定。卷积神经网络中,最重要的特点为局域连接、权值共享和多层连接,采用一个可以学习的矩阵作为卷积核与像素矩阵做卷积运算,遍历完整个特征图。而这种概念迁移到图数据上并不能直接应用,没办法直接按照规则邻居进行遍历。

那么,对于图数据应该如何定义图上的卷积神经网络呢?目前有两种主流的解决方案:第 1 种是提出一种方式,把非欧空间的图转换成欧氏空间;第 2 种是找出一种可处理变长邻居节点的卷积核,在图上抽取特征。这两种方法实际上也是后续图卷积神经网络的设计原则,图卷积的本质是找到适用于图的可学习卷积核。2013 年,Bruna 等人[①]提出了第一个图卷积神经网络,称为谱卷积神经网络(Spectral CNN)。谱卷积神经网络从图谱的卷积定理出发,在谱域上定义了卷积,为图卷积谱方法奠定基础。但是该方法的时空复杂度太高,使其应用和推广受阻。之后,切比雪夫网络(ChebyNet)对卷积核进行优化,降低了时空复杂度。图卷积神经网络(GCN)在切比雪夫网络的基础上进一步简化,更加关注节点的邻域特征,对于卷积内涵的扩充,也衍生出空域图神经网络,如 GraphSAGE 等。

4.2 传统图信号处理方法

传统意义上信号的傅里叶变换是从时域到频域的变换,而这种变换是通过一组特殊的正交基实现。简单来说,传统傅里叶变换是求信号在 $e^{-j\omega t}$ 上的投影。经典的傅里叶变换中,一维信号 f 的傅里叶变换的计算方法为 $\hat{f}(\xi)=\langle f, e^{2\pi i\xi t}\rangle$,其中 ξ 是 $\hat{f}$ 的频谱空间,复指数 $e^{2\pi i\xi t}$ 是正交基底。卷积和傅里叶变换本身存在着密不可分的关系。数学上的定义是两个函数的卷积等于各自傅里叶变换后的乘积的逆傅里叶变换。此时卷积与傅里叶变换产生了联系。经典的离散傅里叶变换为

$$x(t)=\frac{1}{N}\sum_{w=0}^{N-1} e^{\frac{i2\pi}{N}tw}\boldsymbol{X}(w) \tag{4.1}$$

给定一个具有 N 个顶点的图数据后,第一步需要思考如何处理图数据、如何量化图数据等问题。在代数领域里,通常由拉普拉斯矩阵给出图的代数表示。拉普拉斯矩阵 $\boldsymbol{L}(G)$ 是实对称矩阵,正交对角化分解为

$$\boldsymbol{L}(G)=\boldsymbol{U}\boldsymbol{\Lambda}\boldsymbol{U}^{\mathrm{T}} \tag{4.2}$$

其中,对角矩阵$\boldsymbol{\Lambda}$ 的元素为 λ_i,λ_i 是矩阵 $\boldsymbol{L}(G)$的特征值,$\boldsymbol{\Lambda}=\operatorname{diag}([\lambda_1,\lambda_2,\cdots,\lambda_N])$,或写作

$$\boldsymbol{\Lambda}=\begin{pmatrix}\lambda_1 & 0 & 0 & 0\\ 0 & \lambda_2 & 0 & 0\\ \vdots & \vdots & \ddots & \vdots\\ 0 & 0 & 0 & \lambda_N\end{pmatrix} \tag{4.3}$$

$\lambda_1,\lambda_2,\cdots,\lambda_N$ 为图拉普拉斯矩阵 $\boldsymbol{L}$ 的升序排列特征值。$\boldsymbol{U}$ 为单位矩阵,满足 $\boldsymbol{U}\boldsymbol{U}^{\mathrm{T}}=I$,$\boldsymbol{U}=[\boldsymbol{v}_1,\boldsymbol{v}_2,\cdots,\boldsymbol{v}_N]$,$\boldsymbol{v}_1,\boldsymbol{v}_2,\cdots,\boldsymbol{v}_N$ 为对应的特征向量。

---

① Bruna J,Zaremba W,Szlam A,et al. Spectral networks and deep locally connected networks on graphs[C]//2nd International Conference on Learning Representations,ICLR 2014.

图的拉普拉斯矩阵可以被正交分解，矩阵 $\boldsymbol{U}$ 的分量 $\{\boldsymbol{v}_1, \boldsymbol{v}_2, \cdots, \boldsymbol{v}_N\}$ 作为基底张成的 N 维特征空间，对于任意向量 $\boldsymbol{f} \in \mathbb{R}^N$，在特征向量 $\boldsymbol{U} \in \mathbb{R}^N$ 上的投影或者说傅里叶系数，可以由式(4.4)给出：

$$\tilde{\boldsymbol{f}}_k = \langle v_k, \boldsymbol{f} \rangle = \sum_j^N v_{kj} f_j \tag{4.4}$$

信号 $\boldsymbol{f}$ 在图的傅里叶变换(Graph Fourier Transform，GFT)定义为

$$\tilde{\boldsymbol{f}} = F(\boldsymbol{f}) = \boldsymbol{U}^{\mathrm{T}} \boldsymbol{f}, \quad \tilde{\boldsymbol{f}} \in \mathbb{R}^N \tag{4.5}$$

其中，$F(\boldsymbol{f})$表示信号 $\boldsymbol{f}$ 的傅里叶变换。由于 $\boldsymbol{U}$ 是一个单位正交矩阵，图的傅里叶逆变换(Inverse Graph Fourier Transform，IGFT)可以表示为

$$\boldsymbol{f} = F^{-1}(\tilde{\boldsymbol{f}}) = \boldsymbol{U}\tilde{\boldsymbol{f}} = \boldsymbol{U}\boldsymbol{U}^{\mathrm{T}} \boldsymbol{f} \tag{4.6}$$

其中，$F^{-1}(\boldsymbol{f})$表示信号 $\boldsymbol{f}$ 的傅里叶逆变换。两个函数卷积的傅里叶变换等于两个函数分别进行傅里叶变换后的乘积，表述如下：

$$F(\boldsymbol{f} * \boldsymbol{g}) = F(\boldsymbol{f}) \cdot F(\boldsymbol{g})$$

反过来也成立：

$$F(\boldsymbol{f} \cdot \boldsymbol{g}) = \boldsymbol{F}(\boldsymbol{f}) * F(\boldsymbol{g})$$

其中 * 表示卷积运算算子。$F(\boldsymbol{f} * \boldsymbol{g})$与 $F(\boldsymbol{f} \cdot \boldsymbol{g})$做傅里叶逆变换可以得到：

$$\boldsymbol{f} * \boldsymbol{g} = F^{-1}\{F(\boldsymbol{f}) \cdot F(\boldsymbol{g})\}$$

$$\boldsymbol{f} \cdot \boldsymbol{g} = F^{-1}\{F(\boldsymbol{f}) * F(\boldsymbol{g})\}$$

以上变换对，通常称为傅里叶卷积定理。

4.3 谱域图卷积神经网络

图卷积神经网络主要有两类，一类是基于谱域的；另一类是基于空域的。图中每个节点周围的节点数目并不固定，因此难以直接套用传统卷积神经网络中的卷积核。谱域图卷积是根据图谱理论和卷积定理，绕开“数据平移不变性”来定义卷积。本节将从图的傅里叶卷积入手，展开谱域神经网络的介绍。

4.3.1 谱卷积神经网络

谱卷积神经网络(Spectral CNN)中的卷积是直接根据傅里叶卷积定义的。根据卷积定理，图上两个信号 $\boldsymbol{f} \in \mathbb{R}^N$(表示图上每个节点的信息都用一个标量表示，$f_i \in \mathbb{R}$)与 $\boldsymbol{g} \in \mathbb{R}^N$ 的卷积可以确定为

$$\boldsymbol{f} * \boldsymbol{g} = F^{-1}\{F(\boldsymbol{f}) \cdot F(\boldsymbol{g})\} = \boldsymbol{U}((\boldsymbol{U}^{\mathrm{T}} \boldsymbol{f}) \odot (\boldsymbol{U}^{\mathrm{T}} \boldsymbol{g})) \tag{4.7}$$

信号 $\boldsymbol{f}$ 与 $\boldsymbol{g}$ 的傅里叶变换可以表示为

$$\boldsymbol{U}^{\mathrm{T}} \boldsymbol{f} = \begin{pmatrix} \tilde{f}_1 \\ \vdots \\ \tilde{f}_N \end{pmatrix}$$

$$\boldsymbol{U}^{\mathrm{T}}\boldsymbol{g}=\begin{pmatrix}\tilde{g}_1\\ \vdots\\ \tilde{g}_N\end{pmatrix}$$

则卷积可以表示为

$$\boldsymbol{f}*\boldsymbol{g}=\boldsymbol{U}\begin{pmatrix}\tilde{f}_1\tilde{g}_1\\ \vdots\\ \tilde{f}_N\tilde{g}_N\end{pmatrix}=\boldsymbol{U}((\boldsymbol{U}^{\mathrm{T}}\boldsymbol{f})\odot(\boldsymbol{U}^{\mathrm{T}}\boldsymbol{g}))\tag{4.8}$$

其中，$\odot$表示哈达玛积，指两个向量对应元素的乘积。进一步将卷积 $\boldsymbol{f}*\boldsymbol{g}$ 改写成矩阵乘法的形式，为了去掉$\odot$算子，引入如下对角化矩阵：

$$\boldsymbol{g}_\theta=\mathrm{diag}(\{\tilde{g}_i\}_{i=1}^N)=\begin{pmatrix}\tilde{g}_1 & & \\ & \ddots & \\ & & \tilde{g}_N\end{pmatrix}\tag{4.9}$$

$\boldsymbol{g}_\theta$ 的对角元为 $\boldsymbol{U}^{\mathrm{T}}\boldsymbol{g}$ 的向量元素，在后续将作为卷积核可学习参数，图信号卷积形式可以转化为

$$\boldsymbol{f}*\boldsymbol{g}=\boldsymbol{U}(\boldsymbol{g}_\theta\boldsymbol{U}^{\mathrm{T}}\boldsymbol{f})\tag{4.10}$$

那么如何将上述的卷积概念应用于图数据呢？一般而言，图数据同时包括节点分布结构，即图结构和每个节点的特征，所以在将卷积定理应用到图数据时要同时考虑这两点，图结构我们依然采用拉普拉斯矩阵，并做正交分解，得到矩阵 $\boldsymbol{U}$。图上节点的特征矩阵记为 $\boldsymbol{X}\in\mathbb{R}^{N\times C}$，$C$ 表示特征的维度。用 $\boldsymbol{X}$ 替换式(4.10)中的 $\boldsymbol{f}$，针对每个节点特征进行卷积，对于节点 v 对应的特征 $\boldsymbol{X}_v$，可以得到节点特征的卷积为 $\boldsymbol{X}_v*\boldsymbol{g}=\boldsymbol{U}\boldsymbol{g}_\theta\boldsymbol{U}^{\mathrm{T}}\boldsymbol{X}_v$。

将节点特征的卷积的计算结果作为节点的特征更新，并采用激活函数做进一步泛化，可以得到节点特征的更新：

$$\boldsymbol{h}_v^{(l+1)}=\sigma(\boldsymbol{U}\boldsymbol{g}_\theta^{(l)}\boldsymbol{U}^{\mathrm{T}}\boldsymbol{h}_v^{(l)})\tag{4.11}$$

其中，

$$\boldsymbol{g}_\theta^{(l)}=\begin{pmatrix}\tilde{g}_1^{(l)} & & \\ & \ddots & \\ & & \tilde{g}_N^{(l)}\end{pmatrix}$$

σ 表示激活函数，其中 $\boldsymbol{h}_v^{(0)}=\boldsymbol{X}_v$。多层卷积的步骤类似，两层卷积实现过程如图 4-2 所示。

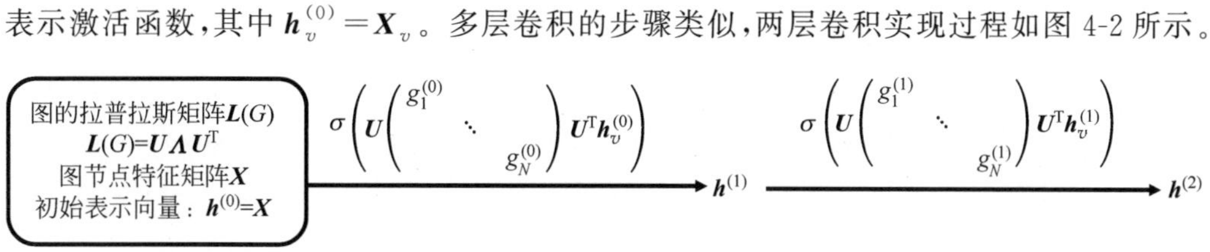

图的拉普拉斯矩阵$\boldsymbol{L}(G)$
$\boldsymbol{L}(G)=\boldsymbol{U}\boldsymbol{\Lambda}\boldsymbol{U}^{\mathrm{T}}$
图节点特征矩阵$\boldsymbol{X}$
初始表示向量：$\boldsymbol{h}^{(0)}=\boldsymbol{X}$

$\sigma\left(\boldsymbol{U}\begin{pmatrix}g_1^{(0)} & & \\ & \ddots & \\ & & g_N^{(0)}\end{pmatrix}\boldsymbol{U}^{\mathrm{T}}\boldsymbol{h}_v^{(0)}\right)$ → $\boldsymbol{h}^{(1)}$

$\sigma\left(\boldsymbol{U}\begin{pmatrix}g_1^{(1)} & & \\ & \ddots & \\ & & g_N^{(1)}\end{pmatrix}\boldsymbol{U}^{\mathrm{T}}\boldsymbol{h}_v^{(1)}\right)$ → $\boldsymbol{h}^{(2)}$

图 4-2　两层傅里叶图卷积计算流程图

谱卷积神经网络中，难以从卷积形式中保证节点的信息更新由其近处邻居贡献，即无法保证局部性。同时谱卷积神经网络计算复杂度较大，难以扩展到大型图网络结构中，亟待有降低该网络复杂度的算法。

4.3.2 切比雪夫网络

谱卷积神经网络基于全图的傅里叶卷积来实现图的卷积，其缺点非常明显，难以从卷积形式中保证节点的信息更新由其近处邻居贡献，即无法保证局部性。同时谱卷积神经网络计算复杂度较大，难以扩展到大型图网络结构中，亟待有降低其复杂度的算法。2016 年，Deferrard 等[①]提出了切比雪夫网络(ChebyNet)模型，其卷积模型采用切比雪夫多项式代替谱卷积神经网络的卷积核，是神经网络领域具有奠定意义的谱卷积模型之一。

切比雪夫模型对式(4.11)进行了改进，对卷积核 g_θ 进行了参数化，采用切比雪夫多项式来逼近卷积核：

$$g_\theta(\boldsymbol{\Lambda}) = \sum_{k=0}^{K-1}\theta_k T_k(\widetilde{\boldsymbol{\Lambda}}) \tag{4.12}$$

其中，$\theta_k \in \mathbb{R}^K$，表示可学习的参数，$K$ 表示多项式阶数；$\boldsymbol{\Lambda} \in \mathbb{R}^{N\times N}$，定义同式(4.3)，表示拉普拉斯矩阵特征值构成的对角矩阵；$\widetilde{\boldsymbol{\Lambda}} = \frac{2}{\lambda_{\max}}\boldsymbol{\Lambda} - \boldsymbol{I}_N$，表示归一化后的$\boldsymbol{\Lambda}$；$T_k$ 表示 k 阶切比雪夫多项式。切比雪夫多项式是正交多项式，其递归形式为

$$T_{n+1}(\boldsymbol{L}) = 2LT_n(\boldsymbol{L}) - T_{n-1}(\boldsymbol{L}) \tag{4.13}$$

其中，$T_0(\boldsymbol{L}) = I \in \mathbb{R}^{N\times N}$，$T_1 = \boldsymbol{L} \in \mathbb{R}^{N\times N}$。令 $\widetilde{\boldsymbol{L}} = \frac{2}{\lambda_{\max}}\boldsymbol{L} - \boldsymbol{I}_N$，代入式(4.11)，可以得到

$$\boldsymbol{f} * \boldsymbol{g} = \boldsymbol{U}\boldsymbol{g}_\theta\boldsymbol{U}^{\mathrm{T}}\boldsymbol{f} = \boldsymbol{U}\sum_{k=0}^{K-1}\theta_k T_k(\widetilde{\boldsymbol{\Lambda}})\boldsymbol{U}^{\mathrm{T}}\boldsymbol{f} = \sum_{k=0}^{K-1}\theta_k \boldsymbol{U}T_k(\widetilde{\boldsymbol{\Lambda}})\boldsymbol{U}^{\mathrm{T}}\boldsymbol{f} = \sum_{k=0}^{K-1}\theta_k T_k(\boldsymbol{U}\widetilde{\boldsymbol{\Lambda}}\boldsymbol{U})\boldsymbol{f} \tag{4.14}$$

我们采用数学归纳法证明 $\boldsymbol{U}T_k(\widetilde{\boldsymbol{\Lambda}})\boldsymbol{U}^{\mathrm{T}} = T_k(\boldsymbol{U}\widetilde{\boldsymbol{\Lambda}}\boldsymbol{U})$。已知切比雪夫多项式存在如下递推关系：

$$T_n(x) = 2xT_{n-1}(x) - T_{n-2}(x) \tag{4.15}$$

假设 $k=n, n+1$ 时，存在

$$\boldsymbol{U}T_n(\widetilde{\boldsymbol{\Lambda}})\boldsymbol{U}^{\mathrm{T}} = T_n(\boldsymbol{U}\widetilde{\boldsymbol{\Lambda}}\boldsymbol{U})$$

$$\boldsymbol{U}T_{n+1}(\widetilde{\boldsymbol{\Lambda}})\boldsymbol{U}^{\mathrm{T}} = T_{n+1}(\boldsymbol{U}\widetilde{\boldsymbol{\Lambda}}\boldsymbol{U})$$

我们论证：

$$\boldsymbol{U}T_{n+2}(\widetilde{\boldsymbol{\Lambda}})\boldsymbol{U} = T_{n+2}(\boldsymbol{U}\widetilde{\boldsymbol{\Lambda}}\boldsymbol{U})$$

当 $n=0,1$ 时，$T_0(x)=1$，$T_1(x)=x$

$$\boldsymbol{U}T_0(\widetilde{\boldsymbol{\Lambda}})\boldsymbol{U} = \boldsymbol{U}\boldsymbol{U}^{\mathrm{T}} = \boldsymbol{I} = T_0(\boldsymbol{U}\widetilde{\boldsymbol{\Lambda}}\boldsymbol{U})$$

$$\boldsymbol{U}T_1(\widetilde{\boldsymbol{\Lambda}})\boldsymbol{U} = \boldsymbol{U}\widetilde{\boldsymbol{\Lambda}}\boldsymbol{U}^{\mathrm{T}} = T_1(\boldsymbol{U}\widetilde{\boldsymbol{\Lambda}}\boldsymbol{U})$$

即 $n=0,1$ 时，存在

$$\boldsymbol{U}T_n(\widetilde{\boldsymbol{\Lambda}})\boldsymbol{U} = T_n(\boldsymbol{U}\widetilde{\boldsymbol{\Lambda}}\boldsymbol{U})$$

下一步论证当 $n, n+1$ 成立时，$n+2$ 也成立。

---

① Defferrard M, Bresson X, Vandergheynst P. Convolutional neural networks on graphs with fast localized spectral filtering[J]. Advances in neural information processing systems, 2016, 29: 3844-3852.

$$\begin{aligned} \boldsymbol{U}T_{n+2}(\widetilde{\boldsymbol{\Lambda}})\boldsymbol{U}^{\mathrm{T}} &= \boldsymbol{U}[2\widetilde{\boldsymbol{\Lambda}}T_{n+1}(\widetilde{\boldsymbol{\Lambda}}) - T_n(\widetilde{\boldsymbol{\Lambda}})]\boldsymbol{U}^{\mathrm{T}} \\ &= 2\boldsymbol{U}\widetilde{\boldsymbol{\Lambda}}\boldsymbol{U}^{\mathrm{T}}(\boldsymbol{U}T_{n+1}(\widetilde{\boldsymbol{\Lambda}})\boldsymbol{U}^{\mathrm{T}}) - \boldsymbol{U}T_n(\widetilde{\boldsymbol{\Lambda}})\boldsymbol{U}^{\mathrm{T}} \\ &= 2\boldsymbol{U}\widetilde{\boldsymbol{\Lambda}}\boldsymbol{U}^{\mathrm{T}}(T_{n+1}(\boldsymbol{U}\widetilde{\boldsymbol{\Lambda}}\boldsymbol{U}^{\mathrm{T}})) - T_n(\boldsymbol{U}\widetilde{\boldsymbol{\Lambda}}\boldsymbol{U}^{\mathrm{T}}) = T_{n+2}(\boldsymbol{U}\widetilde{\boldsymbol{\Lambda}}\boldsymbol{U}^{\mathrm{T}}) \end{aligned}$$

通过上述过程得到

$$\boldsymbol{f} * \boldsymbol{g} = \sum_{k=0}^{K-1}\theta_k \boldsymbol{U}T_k(\widetilde{\boldsymbol{\Lambda}})\boldsymbol{U}^{\mathrm{T}}\boldsymbol{f} = \sum_{k=0}^{K-1}\theta_k T_k(\boldsymbol{U}\widetilde{\boldsymbol{\Lambda}}\boldsymbol{U})\boldsymbol{f} = \sum_{k=0}^{K-1}\theta_k T_k(\widetilde{\boldsymbol{L}})\boldsymbol{f} \tag{4.16}$$

其中

$$\hat{\boldsymbol{L}} = \frac{2}{\lambda_{\max}}\boldsymbol{L} - \boldsymbol{I}_N \tag{4.17}$$

切比雪夫网络的计算复杂度变为谱卷积神经网络方法的 $K/|V|$。在切比雪夫网络里，θ_k 是可学习的参数。切比雪夫网络有以下特征：①卷积核只有 $K+1$ 个需要学习的参数，一般来说 K 远小于$|V|$，参数的复杂度大大降低了。K 个参数包括 $k=0,1,2,\cdots,K$；②采用切比雪夫多项式代替谱域卷积核后，经过公式的推导，切比雪夫网络不再需要对拉普拉斯矩阵进行特征分解，这是区别于谱卷积神经网络非常明显的一点，它省略了最耗时的步骤；③卷积核具有严格的空间局部性。K 就是卷积核的“感受野”半径，也就是将中心顶点的 K 阶邻居节点作为邻域节点

4.3.3　图卷积神经网络

为了使图神经网络在半监督场景也能有很好的应用，2016 年 Kipf 等人①提出了图卷积神经网络(GCN)。图卷积神经网络对切比雪夫网络进行了简化，只取前两阶，取到一阶切比雪夫网络，形式如下：

$$\begin{aligned} \boldsymbol{f} * \boldsymbol{g} &= \sum_{k=0}^{K-1}\theta_k T_k(\widetilde{\boldsymbol{L}})\boldsymbol{f} = \theta_0 T_0(\widetilde{\boldsymbol{L}})\boldsymbol{f} + \theta_1 T_1(\widetilde{\boldsymbol{L}})\boldsymbol{f} \\ &= (\theta_0 + \theta_1\widetilde{\boldsymbol{L}})\boldsymbol{f} \end{aligned} \tag{4.18}$$

其中，$\widetilde{\boldsymbol{L}} = \frac{2}{\lambda_{\max}}\boldsymbol{L} - \boldsymbol{I}$ 与 $\boldsymbol{L} = \boldsymbol{I} - \boldsymbol{D}^{-\frac{1}{2}}\boldsymbol{A}\boldsymbol{D}^{-\frac{1}{2}}$，代入后可得

$$\boldsymbol{f} * \boldsymbol{g} = (\theta_0 + \theta_1\widetilde{\boldsymbol{L}})\boldsymbol{f} = \left\{\theta_0 + \theta_1\left[\frac{2}{\lambda_{\max}}(\boldsymbol{I} - \boldsymbol{D}^{-\frac{1}{2}}\boldsymbol{A}\boldsymbol{D}^{-\frac{1}{2}}) - \boldsymbol{I}\right]\right\}\boldsymbol{f} \tag{4.19}$$

其中，$\boldsymbol{D} \in \mathbb{R}^{N\times N}$ 为图的度矩阵，$\boldsymbol{A} \in \mathbb{R}^{N\times N}$ 为图的拉普拉斯矩阵。在半监督场景下，打标签的数据较少，而无标签的数据较多，因此容易出现过拟合现象，为进一步降低参数的数量，减弱过拟合的影响，Kipf 等人令 $\theta = \theta_0 = -\theta_1 \in \mathbb{R}$，且做近似 $\lambda_{\max} \approx 2$，可以得到：

$$\boldsymbol{f} * \boldsymbol{g} = (\theta_0 + \theta_1\widetilde{\boldsymbol{L}}) = (\boldsymbol{I} + \boldsymbol{D}^{-\frac{1}{2}}\boldsymbol{A}\boldsymbol{D}^{-\frac{1}{2}})\boldsymbol{f}\theta = (\hat{\boldsymbol{D}}^{-\frac{1}{2}}\hat{\boldsymbol{A}}\hat{\boldsymbol{D}}^{-\frac{1}{2}})\boldsymbol{f}\theta \tag{4.20}$$

其中，$\hat{\boldsymbol{A}} = \boldsymbol{A} + \boldsymbol{I}$，$\hat{\boldsymbol{D}}_{ii} = \sum_j(\hat{\boldsymbol{A}}_{ij})$。

下面对本节涉及的一些基础数学概念进行简单补充。

---

① Kipf T N, Welling M. Semi-supervised classification with graph convolutional networks, ICLR. 2017.

（1）逆矩阵(Inverse Matrix)。在线性代数中，给定一个 N 阶方阵 $\boldsymbol{A}$，若存在一 N 阶方阵 $\boldsymbol{B}$，使得 $\boldsymbol{AB}=\boldsymbol{BA}=\boldsymbol{I}$，其中 $\boldsymbol{I}$ 为 N 阶单位矩阵，则称 $\boldsymbol{A}$ 是可逆的，且 $\boldsymbol{B}$ 是 $\boldsymbol{A}$ 的逆矩阵，记作 $\boldsymbol{A}^{-1}$，矩阵求逆的算法只有方阵($\mathbb{R}^{N\times N}$ 的矩阵)才可能有逆矩阵。若方阵 $\boldsymbol{A}$ 的逆矩阵存在，则称 $\boldsymbol{A}$ 为非奇异方阵或可逆方阵。

（2）矩阵的平方根分解，$\boldsymbol{A}=\boldsymbol{B}*\boldsymbol{B}$，则 $\boldsymbol{B}=\boldsymbol{A}^{1/2}$，只有方块矩阵才有平方根。如果矩阵的系数属于实数，对于一个对角矩阵，其平方根是很容易求得的。只需要将对角线上的每一个元素都换成它的平方根。

$$\boldsymbol{D}^{\frac{1}{2}}=\begin{pmatrix} \sqrt{d_1} & 0 & \cdots & 0 & \cdots & 0 \\ 0 & \sqrt{d_2} & \cdots & 0 & \cdots & 0 \\ \vdots & 0 & \ddots & 0 & \cdots & \vdots \\ 0 & \cdots & 0 & \sqrt{d_{N-1}} & \cdots & 0 \\ \vdots & \ddots & \vdots & \vdots & \ddots & \vdots \\ 0 & \cdots & 0 & 0 & \cdots & \sqrt{d_N} \end{pmatrix} \tag{4.21}$$

下面以具体例子来讲解图卷积神经网络的卷积计算过程。给定一个有 N 个节点的无向图 $G=(V,E)$，其中节点 $v_i\in V$，边 $(v_i,v_j)\in E$，连接矩阵 $\boldsymbol{A}\in\mathbb{R}^{N\times N}$，度矩阵 $\boldsymbol{D}_{ii}=\sum_j A_{ij}$。以图 4-3 为例，图 G 存在 6 个顶点，顶点集合 $V=\{A,B,C,D,E,F\}$，连接关系以边的形式给出，存在 7 条边，集合描述为 $E=\{(A,C),(B,C),(B,F),(C,D),(C,E),(C,F),(E,F)\}$，为简单起见，赋予每个节点一个标量 f_i 的特征，并取参数 $\theta=1.0$ 做演算。

$$\boldsymbol{f}_{\text{new}}=(\hat{\boldsymbol{D}}^{-\frac{1}{2}}\hat{\boldsymbol{A}}\hat{\boldsymbol{D}}^{-\frac{1}{2}})\boldsymbol{f}_{\text{old}}\theta \tag{4.22}$$

初始 $\boldsymbol{f}=[1.2,2.2,3.2,4.2,4.2,6.2]^{\mathrm{T}}$，做 3 轮卷积迭代，结果如图 4-4 所示。

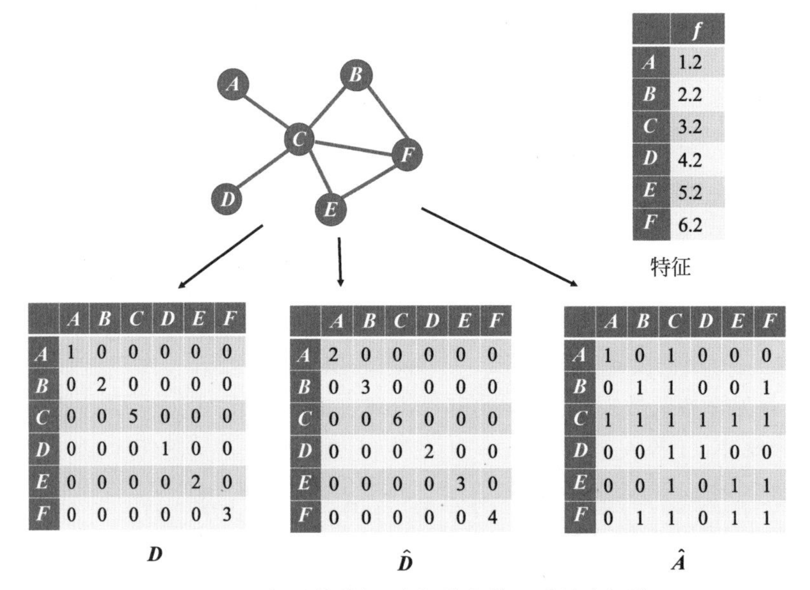

	f
A	1.2
B	2.2
C	3.2
D	4.2
E	5.2
F	6.2

	A	B	C	D	E	F
A	1	0	0	0	0	0
B	0	2	0	0	0	0
C	0	0	5	0	0	0
D	0	0	0	1	0	0
E	0	0	0	0	2	0
F	0	0	0	0	0	3

	A	B	C	D	E	F
A	2	0	0	0	0	0
B	0	3	0	0	0	0
C	0	0	6	0	0	0
D	0	0	0	2	0	0
E	0	0	0	0	3	0
F	0	0	0	0	0	4

	A	B	C	D	E	F
A	1	0	1	0	0	0
B	0	1	1	0	0	1
C	1	1	1	1	1	1
D	0	0	1	1	0	0
E	0	0	1	0	1	1
F	0	1	1	0	1	1

图 4-3　图与图的特征、度矩阵和修正后的度矩阵

从演算递推关系可以知道，$\hat{\boldsymbol{D}}^{-\frac{1}{2}}\hat{\boldsymbol{A}}\hat{\boldsymbol{D}}^{-\frac{1}{2}}$ 是由图结构唯一确定的，$\boldsymbol{f}$ 为输入的特征信息，

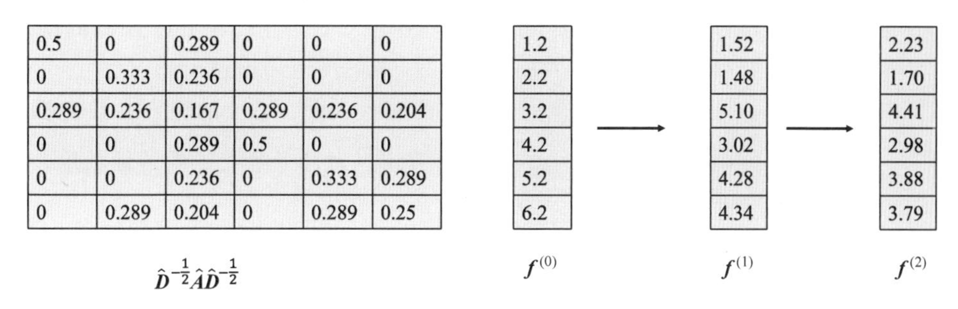

图 4-4　图卷积神经网络节点单一特征演算示例

最后递推生成的向量 $f^{(n)}$，事实上只会随可变参数 θ 变化。虽然当特征 f 的维度进行扩张后，用 $\boldsymbol{X}\in\mathbb{R}^{N\times C}$ 表示，C 表示特征的维度，上述演算关系仍然能进行下去，但泛化能力却受限，因此可以从参数 θ 的角度做进一步泛化。根据矩阵相乘的法则，容易得到 $(\hat{\boldsymbol{D}}^{-\frac{1}{2}}\hat{\boldsymbol{A}}\hat{\boldsymbol{D}}^{-\frac{1}{2}})\boldsymbol{X}$ 的维度为$\mathbb{R}^{N\times C}$。标量参数 θ 代替为矩阵形式时，需要考虑是左乘还是右乘，左乘矩阵记作$\boldsymbol{\Phi}\in\mathbb{R}^{p\times N}$，得到$\boldsymbol{\Phi}(\hat{\boldsymbol{D}}^{-\frac{1}{2}}\hat{\boldsymbol{A}}\hat{\boldsymbol{D}}^{-\frac{1}{2}})\boldsymbol{X}\in\mathbb{R}^{p\times C}$，右乘矩阵记作 $\boldsymbol{W}\in\mathbb{R}^{C\times q}$，得到$(\hat{\boldsymbol{D}}^{-\frac{1}{2}}\hat{\boldsymbol{A}}\hat{\boldsymbol{D}}^{-\frac{1}{2}})\boldsymbol{X}\boldsymbol{W}\in\mathbb{R}^{N\times q}$。

经过卷积运算后，我们希望得到 N 个节点的向量表示，因此 $p=N$ 才能满足要求。容易推导得到$\boldsymbol{\Phi}(\hat{\boldsymbol{D}}^{-\frac{1}{2}}\hat{\boldsymbol{A}}\hat{\boldsymbol{D}}^{-\frac{1}{2}})\boldsymbol{X}\in\mathbb{R}^{N\times C}$，保持了初始特征矩阵 $\boldsymbol{X}$ 的形状，而右乘时，q 并无此约束，取值更加灵活，特别是当 $q<C$ 时，可以进行特征压缩。因此，在实际计算卷积过程中采用右乘的方式。为了更加直观地了解卷积计算过程中矩阵维度的变化，可参考如图 4-5 所示的示例，图中展示了有 8 个顶点的图，对应$\hat{\boldsymbol{D}}^{-\frac{1}{2}}\hat{\boldsymbol{A}}\hat{\boldsymbol{D}}^{-\frac{1}{2}}\in\mathbb{R}^{8\times 8}$，初始节点特征矩阵为 $\boldsymbol{X}^{(0)}\in\mathbb{R}^{8\times 5}$，可学习矩阵为 $\boldsymbol{W}^{(0)}\in\mathbb{R}^{5\times 4}$。经过第一轮卷积计算，得到节点表示 $\boldsymbol{X}^{(1)}\in$

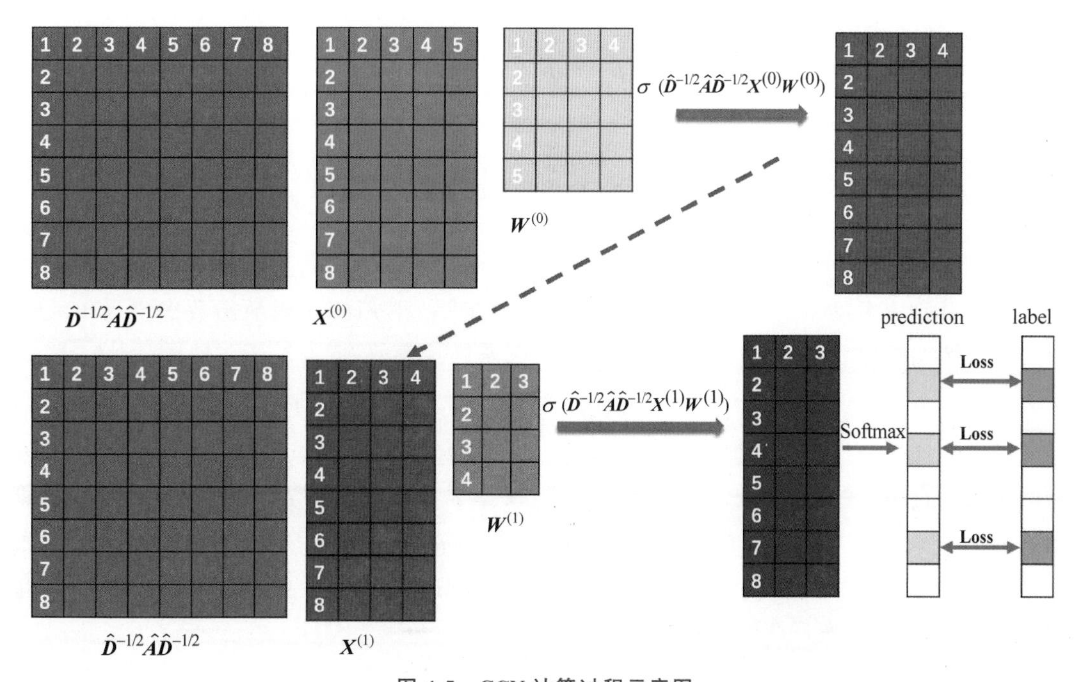

图 4-5　GCN 计算过程示意图

$\mathbb{R}^{8\times4}$。在第二轮卷积计算中，可学习矩阵的维度为 $\boldsymbol{W}^{(1)}\in\mathbb{R}^{4\times3}$，二轮卷积得到的最终节点表征为 $\boldsymbol{Z}\in\mathbb{R}^{8\times3}$。此处只对标注的节点求损失函数，采用反向传播进行学习。

接下来具体介绍多层 GCN 模型，首先从模型的输入入手，GCN 的输入参数包括：①维度为$\mathbb{R}^{N\times d^0}$ 的特征矩阵，其中，N 为图上的节点个数，d^0 为每个节点上的特征长度；②维度为 $\mathbb{R}^{N\times N}$ 的连接矩阵 $\boldsymbol{A}$。

如图 4-6 所示，d_{in} 是输入的特征图层数，d_{out} 是输出的特征图层数。x_i 为输入特征，z_i 为节点的输出表征。以两层图卷积神经网络为例，第 0 层可学习权重矩阵 $\boldsymbol{W}^{(0)}\in\mathbb{R}^{d_{\text{in}}\times d_{\text{hid}}}$ 表述输入特征到隐藏层的权重矩阵；第 1 层可学习权重矩阵 $\boldsymbol{W}^{(1)}\in\mathbb{R}^{d_{\text{in}}\times d_{\text{out}}}$ 表示隐藏层到输出层的权重矩阵。前向模型可以表述为

$$\boldsymbol{Z}=f(\boldsymbol{X},\boldsymbol{A})=\text{Softmax}((\hat{\boldsymbol{D}}^{-\frac{1}{2}}\hat{\boldsymbol{A}}\hat{\boldsymbol{D}}^{-\frac{1}{2}})\sigma((\hat{\boldsymbol{D}}^{-\frac{1}{2}}\hat{\boldsymbol{A}}\hat{\boldsymbol{D}}^{-\frac{1}{2}})\boldsymbol{X}\boldsymbol{W}^{(0)})\boldsymbol{W}^{(1)})\tag{4.23}$$

其中，$\text{Softmax}(x_i)=\dfrac{\exp(x_i)}{\sum_i\exp(x_i)}$。

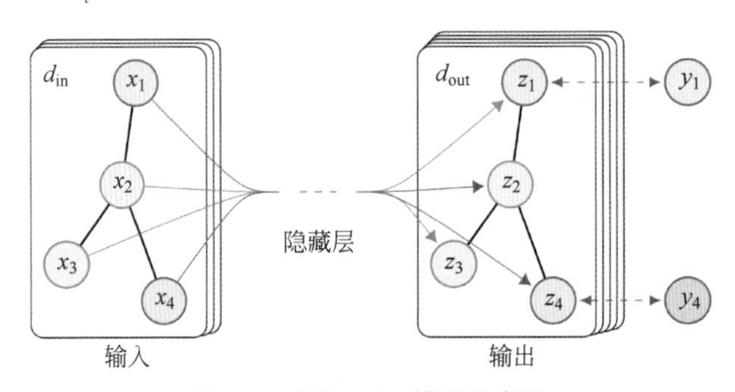

图 4-6 多层 GCN 模型示意图

两层图卷积神经网络做节点分类任务的正向计算过程如图 4-7 所示。

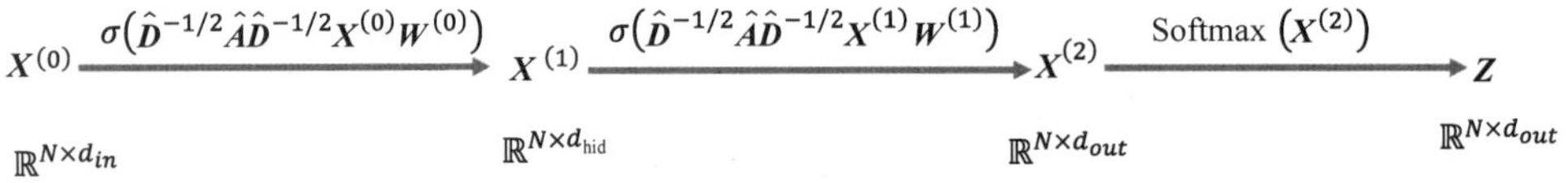

$$\underset{\mathbb{R}^{N\times d_{in}}}{\boldsymbol{X}^{(0)}}\xrightarrow{\sigma\left(\hat{\boldsymbol{D}}^{-1/2}\hat{\boldsymbol{A}}\hat{\boldsymbol{D}}^{-1/2}\boldsymbol{X}^{(0)}\boldsymbol{W}^{(0)}\right)}\underset{\mathbb{R}^{N\times d_{\text{hid}}}}{\boldsymbol{X}^{(1)}}\xrightarrow{\sigma\left(\hat{\boldsymbol{D}}^{-1/2}\hat{\boldsymbol{A}}\hat{\boldsymbol{D}}^{-1/2}\boldsymbol{X}^{(1)}\boldsymbol{W}^{(1)}\right)}\underset{\mathbb{R}^{N\times d_{out}}}{\boldsymbol{X}^{(2)}}\xrightarrow{\text{Softmax}\left(\boldsymbol{X}^{(2)}\right)}\underset{\mathbb{R}^{N\times d_{out}}}{\boldsymbol{Z}}$$

图 4-7 GCN 计算流程图

其中，$\boldsymbol{X}^{(0)}$ 表示节点的特征矩阵，$\boldsymbol{X}^{(1)}$、$\boldsymbol{X}^{(2)}$ 表示第一层特征图，$\boldsymbol{W}^{(0)}\in\mathbb{R}^{d_{\text{in}}\times d_{\text{hid}}}$、$\boldsymbol{W}^{(1)}\in\mathbb{R}^{d_{\text{hid}}\times d_{\text{out}}}$ 分别表示第一层与第二层的可训练权重矩阵。Softmax 激活函数以行为单元执行。多层图卷积神经网络节点向量表示的递推关系可以表示为

$$\boldsymbol{H}^{(l+1)}=\sigma(\hat{\boldsymbol{D}}^{-\frac{1}{2}}\hat{\boldsymbol{A}}\hat{\boldsymbol{D}}^{-\frac{1}{2}}\boldsymbol{H}^{(l)}\boldsymbol{W}^{(l)})\tag{4.24}$$

图卷积神经网络可以捕捉图的全局信息，从而很好地表示节点的特征。但是图卷积神经网络属于直推式(Transductive)的学习方式，模型学习的权重 $\boldsymbol{W}$ 与图的邻接矩阵 $\boldsymbol{A}$ 和度矩阵 $\boldsymbol{D}$ 息息相关，一旦图的结构发生变化，那么 $\hat{\boldsymbol{A}}$ 与 $\hat{\boldsymbol{D}}$ 也就变了，模型就要重新训练。需要把所有节点都参与训练才能得到节点特征，当图的节点很多、图的结构很复杂时，训练成本会非常高，难以快速适应图结构的变化。

4.3.4 谱域图卷积的特点

本节介绍三种谱域的图神经网络三种图神经网络对于卷积计算的定义如表 4-1 所示。谱卷积神经网络基于图拉普拉斯矩阵分解进行卷积运算，切比雪夫卷积神经网络则用切比雪夫多项式对卷积核做近似，图卷积神经网络则基于一阶切比雪夫多项式做近似。

表 4-1 三个经典模型对比

谱域图卷积	卷积核表示式	特　点
谱卷积神经网络	$\boldsymbol{U}\boldsymbol{g}_\theta\boldsymbol{U}^{\mathrm{T}}\boldsymbol{X}$	用可学习的对角矩阵表示卷积核
切比雪夫	$\sum_{k=0}^{K}\theta_k T_k(\hat{\boldsymbol{\Lambda}})\boldsymbol{X}$	采用切比雪夫多项式表示卷积核
GCN	$(\hat{\boldsymbol{D}}^{-1/2}\hat{\boldsymbol{A}}\hat{\boldsymbol{D}}^{-1/2})\boldsymbol{X}\boldsymbol{W}$	只考虑一阶切比雪夫多项式

谱域图卷积不适用于有向图。由于谱域图卷积源自卷积定理和图傅里叶变换，而大量的实际应用场景是有向图场景，因此谱域图卷积神经网络在这些场景中是无法直接使用的。同时，谱域图卷积需要依赖图的结构，需要知道全图的拉普拉斯矩阵或者连接矩阵。在模型训练期间，图结构不能变化。而在一些实际场景，图结构可能会变化，例如在推荐系统中，新用户和新物品的增加，会造成节点的数目的变化，从而导致图结构的变化。

4.4 空域图卷积神经网络

谱域方法中，采用傅里叶卷积定理定义卷积，对图信号进行傅里叶正变换和逆变换实现卷积的计算。空域卷积(Spatial Convolution)则是从邻居节点信息聚合的角度出发，更加注重节点的局域环境。

4.4.1 图卷积神经网络空域理解

邻接矩阵 $\boldsymbol{A}$ 与节点的特征向量 $\boldsymbol{X}$ 相乘，本身具有聚合邻居节点信息的属性，如图 4-8 所示。因此矩阵乘法达到的效果为将节点自身的邻居实现求和。如 A 节点只与 E 点相连，A 节点得到的邻居聚合结果为 E 处的特征，而 B 节点同时与节点 C、F 相连，得到的结果为

	A	*B*	*C*	*D*	*E*	*F*
A	0	0	1	0	0	0
B	0	0	1	0	0	1
C	1	1	0	1	1	1
D	0	0	1	0	0	0
E	0	0	1	0	0	1
F	0	1	1	0	1	0

$f^{(0)}$	→	$f^{(1)}$	→	$f^{(2)}$
1.2		3.2		19
2.2		9.4		29.6
3.2		19		35.8
4.2		3.2		19
5.2		9.4		29.6
6.2		10.6		37.8

图 4-8 邻接矩阵实现邻居聚合

C、F 特征之和。这样可以得到所有节点的特征更新。

但是邻接矩阵乘法方式依然存在一些问题：一是没有考虑节点本身的信息；二是特征采用直接求和的形式，对于连接点较多的节点和连接点较少的节点，会在数值上产生显著的差异，而神经网络对于数据的大小是非常敏感的，在传播过程中会引起神经网络的不稳定。

对于第一个问题，聚合过程中，忽略节点本身特征的问题，我们采用$\hat{\boldsymbol{A}}\boldsymbol{X}=(\boldsymbol{A}+\boldsymbol{I})\boldsymbol{X}$ 节点本身特征也应该被包含进去，此处需要指出的是$\hat{\boldsymbol{A}}=(\boldsymbol{A}+\boldsymbol{I})$为对称矩阵，即$\hat{\boldsymbol{A}}=\hat{\boldsymbol{A}}^{\mathrm{T}}$。对于第二个问题，求和方式进行聚合邻居，会导致数据因为邻居数量对节点特征，需要对由加和聚合得到的数据进行归一化，我们注意到对于无向图的节点邻居个数与度矩阵 $\boldsymbol{D}$ 的对角元素对应，进一步考虑包含自身节点信息，对应的邻居个数为 $\hat{\boldsymbol{D}}=(\boldsymbol{D}+\boldsymbol{I})$。例如，$C$ 节点有 6 个特征向量相加，则需要乘上 1/6，对于所有节点则对应的归一化的系数为矩阵为$\hat{\boldsymbol{D}}^{-1}$。聚合过程则可以写为$\hat{\boldsymbol{D}}^{-1}\hat{\boldsymbol{A}}\boldsymbol{X}$。$\hat{\boldsymbol{D}}^{-1}\hat{\boldsymbol{A}}\boldsymbol{X}$ 可以做两方面的解读，$\hat{\boldsymbol{D}}^{-1}(\hat{\boldsymbol{A}}\boldsymbol{X})$可以理解为对求和聚合的结果进行归一化；$(\hat{\boldsymbol{D}}^{-1}\hat{\boldsymbol{A}})\boldsymbol{X}$ 则可以理解为对连接矩阵进行归一化。读者可能会问，$\hat{\boldsymbol{D}}^{-1}\hat{\boldsymbol{A}}\boldsymbol{X}$ 是否等价于由谱域空间中得到的$(\hat{\boldsymbol{D}}^{-\frac{1}{2}}\hat{\boldsymbol{A}}\hat{\boldsymbol{D}}^{-\frac{1}{2}})\boldsymbol{X}$，即$\hat{\boldsymbol{D}}^{-1}\hat{\boldsymbol{A}}$ 与$\hat{\boldsymbol{D}}^{-\frac{1}{2}}\hat{\boldsymbol{A}}\hat{\boldsymbol{D}}^{-\frac{1}{2}}$是否等价？首先我们对图 4-3 中的结果加以验证，计算结果如图 4-9 所示。可以发现，$\hat{\boldsymbol{D}}^{-1}\hat{\boldsymbol{A}}$ 与 $\hat{\boldsymbol{D}}^{-\frac{1}{2}}\hat{\boldsymbol{A}}\hat{\boldsymbol{D}}^{-\frac{1}{2}}$ 并不能完全等同，即谱域的归一化方法，并不能简单除以节点的度。

$$(\hat{\boldsymbol{D}}^{-\frac{1}{2}}\hat{\boldsymbol{A}}\hat{\boldsymbol{D}}^{-\frac{1}{2}})\boldsymbol{X}$$

0.5	0	0.289	0	0	0
0	0.333	0.236	0	0	0.289
0.289	0.236	0.167	0.289	0.236	0.204
0	0	0.289	0.5	0	0
0	0	0.236	0	0.333	0.289
0	0.289	0.204	0	0.289	0.25

$\hat{D}^{-\frac{1}{2}}\hat{A}\hat{D}^{-\frac{1}{2}}$

0.5	0	0.5	0	0	0
0	0.333	0.333	0	0	0.333
0.167	0.167	0.167	0.167	0.167	0.167
0	0	0.5	0.5	0	0
0	0	0.333	0	0.333	0.333
0	0.25	0.25	0	0.25	0.25

$\hat{D}^{-1}\hat{A}$

图 4-9 $\hat{D}^{-\frac{1}{2}}\hat{A}\hat{D}^{-\frac{1}{2}}$ 与$\hat{D}^{-1}\hat{A}$

我们从矩阵乘法的角度来看乘法的内涵，先看一下矩阵左乘的意义：

$$\begin{bmatrix} \dfrac{1}{d_1} & 0 & 0 \\ 0 & \dfrac{1}{d_2} & 0 \\ 0 & 0 & \dfrac{1}{d_3} \end{bmatrix} \begin{bmatrix} a_{11} & a_{12} & a_{13} \\ a_{21} & a_{22} & a_{23} \\ a_{31} & a_{32} & a_{33} \end{bmatrix} = \begin{bmatrix} \dfrac{a_{11}}{d_1} & \dfrac{a_{12}}{d_1} & \dfrac{a_{13}}{d_1} \\ \dfrac{a_{21}}{d_2} & \dfrac{a_{22}}{d_2} & \dfrac{a_{23}}{d_2} \\ \dfrac{a_{31}}{d_3} & \dfrac{a_{32}}{d_3} & \dfrac{a_{33}}{d_3} \end{bmatrix} \tag{4.25}$$

左乘实现了矩阵按照行进行归一化。考查左乘和右乘，结果如式(4.26)所示，该方法确实能够保持连接信息的对称性。

$$\begin{bmatrix} d_1^{-\frac{1}{2}} & 0 & 0 \\ 0 & d_2^{-\frac{1}{2}} & 0 \\ 0 & 0 & d_3^{-\frac{1}{2}} \end{bmatrix} \begin{bmatrix} a_{11} & a_{12} & a_{13} \\ a_{21} & a_{22} & a_{23} \\ a_{31} & a_{32} & a_{33} \end{bmatrix} \begin{bmatrix} d_1^{-\frac{1}{2}} & 0 & 0 \\ 0 & d_2^{-\frac{1}{2}} & 0 \\ 0 & 0 & d_3^{-\frac{1}{2}} \end{bmatrix}$$

$$= \begin{bmatrix} a_{11}d_1^{-1} & a_{12}(d_1d_2)^{-\frac{1}{2}} & a_{13}(d_1d_3)^{-\frac{1}{2}} \\ a_{21}(d_1d_2)^{-\frac{1}{2}} & a_{22}d_2^{-1} & a_{23}(d_2d_3)^{-\frac{1}{2}} \\ a_{31}(d_1d_3)^{-\frac{1}{2}} & a_{32}(d_2d_3)^{-\frac{1}{2}} & a_{33}d_3^{-1} \end{bmatrix} \tag{4.26}$$

仔细观察图 4-4 可以发现，$\hat{\boldsymbol{D}}^{-1}\hat{\boldsymbol{A}}$ 与连接矩阵对照来看，A-C 与 C-A 节点相连的位置其值并不相同，A 与 C 相连，A 只有 C 一个邻居，权重为 1/2，而 C 有 5 个邻居，A 的权重只占到 1/6，即 $\hat{\boldsymbol{D}}^{-1}\hat{\boldsymbol{A}}\boldsymbol{X}$ 平均包括节点本身以及邻居的特征，连接矩阵 $\hat{\boldsymbol{A}}$ 按照行进行归一化。$\hat{\boldsymbol{D}}^{-\frac{1}{2}}\hat{\boldsymbol{A}}\hat{\boldsymbol{D}}^{-\frac{1}{2}}\boldsymbol{X}$：对邻居以及本身特征进行求和，然后同时按照行和列进行归一化。这两种方式都可以被视为迭代邻居聚合的方式，各有各的特点，分别对应拉普拉斯矩阵的两种归一化形式。可以归纳出一个简单的函数框架，即

$$\boldsymbol{H}^{l+1} = \sigma(\Psi(\boldsymbol{A}, \boldsymbol{H}^{(l)}), \boldsymbol{W}) \tag{4.27}$$

其中，$\Psi(\cdot)$表示聚合函数，$\boldsymbol{H}^{(l)}$是第 l 层特征表示矩阵。

4.4.2 GraphSAGE 模型

图卷积神经网络模型中，已经给出了根据邻居节点进行聚合的范式，有着较为坚实的数学推导，同时兼具空域和谱域的意义，为空域理解图的卷积神经网络打开了新的思路。当然，图卷积神经网络方法也存在不足之处，特别是在实际业务场景下的数据，通常其图规模巨大，直接采用图卷积神经网络模型计算时，全图矩阵的内存开销是不容小觑的，这使得图卷积神经网络在工业场景难以实行。

在图神经网络中，节点扮演着样本的角色。在传统的深度学习中，样本通常被默认为是独立同分布的，这使得损失函数可以拆分为独立的样本贡献，可采用小批次优化算法来并行处理总的损失函数的计算。在实际应用中，大规模深度神经网络都采用小批次进行训练。然而，在图数据中，节点与节点之间其实由边相互连接，而非孤立存在，这使得训练样本之间实际上建立了统计相关性。在谱域方法中，谱卷积神经网络、切比雪夫网络和图卷积神经网络模型都是采用全批次梯度下降方法进行训练。这种训练方式需要存储整个图的邻接矩阵，而工业界使用的图网络往往存在上亿节点，在存储上存在巨大障碍。具有实用性的大规模的图神经网络，必须找到能满足进行小批量(Mini-Batch)训练的策略。从这一角度思考图神经网络的训练，可见图神经网络训练的挑战性。

针对这一问题，2017 年，Hamilton 等人①提出了 GraphSAGE 算法，基于图卷积神经网

① Hamilton W, Ying Z, Leskovec J. Inductive representation learning on large graphs[J]. Advances in neural information processing systems, 2017, 30.

络中的邻居聚合的思想，但是并不把全部邻居聚合在内，而是聚合部分邻居，具体的方式为随机采样。

1. GraphSAGE 邻居采样

GraphSAGE 在图卷积神经网络的基础上做了邻居节点采样的优化。我们先回顾一下图卷积神经网络的邻居聚合方法，图卷积神经网络对节点的全部邻居进行聚合，我们选取图 4-3 中的顶点 F 和顶点 A 的 2 轮聚合，做一个简单的计算，来看一看节点参与的次数，如图 4-10 所示。

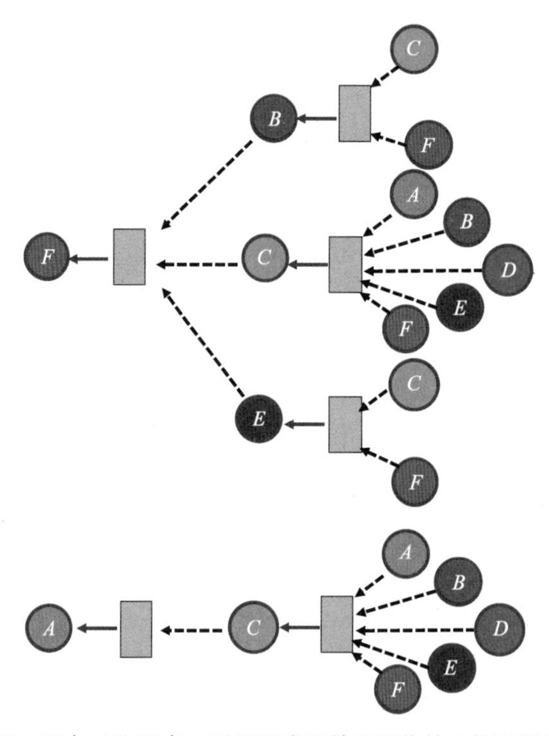

图 4-10　顶点 F 和顶点 A 采用图卷积神经网络的 2 轮更新示意图

假设聚合函数为 $\Psi(\cdot)$，$\boldsymbol{A}^{(0)}$ 表示 A 节点的初始特征向量，$\boldsymbol{A}^{(k)}$ 表示第 k 次迭代后 A 节点的特征向量，同理 $\boldsymbol{B}^{(k)}$、$\boldsymbol{C}^{(k)}$ 等表示该节点处 k 次迭代后的值。第一轮更新 $\boldsymbol{A}^{(1)}=\Psi(\boldsymbol{A}^{(0)},\boldsymbol{C}^{(0)})$，参与节点的个数为 2 个，第二轮更新后，$\boldsymbol{A}^{(2)}=\Psi(\boldsymbol{A}^{(1)},\boldsymbol{C}^{(1)})=\Psi(\Psi(\boldsymbol{A}^{(0)},\boldsymbol{C}^{(0)}),\Psi(\boldsymbol{A}^{(0)},\boldsymbol{B}^{(0)},\boldsymbol{C}^{(0)},\boldsymbol{D}^{(0)},\boldsymbol{E}^{(0)},\boldsymbol{F}^{(0)}))$，参入节点的个数达到 8 个。对于顶点 F，$\boldsymbol{F}^{(1)}=\Psi(\boldsymbol{F}^{(0)},\boldsymbol{B}^{(0)},\boldsymbol{C}^{(0)},\boldsymbol{E}^{(0)})$，第一轮有 4 个节点参与，第二轮聚合则达到 16 个节点。可以发现，两次迭代时，影响某节点特征向量更新的节点仅为该节点的一、二阶邻居节点初始特征向量，可以推测对于第 K 层迭代，只会用到 K 跳邻居，而图中较远的节点不参与计算。我们需要进一步思考两个问题：①更深层的网络，即更多轮的迭代，参与节点计算的个数如何预估，②对于更为复杂的网络，更大规模的网络又如何估计计算的复杂程度。

对于多层网络的聚合，我们归纳一下聚合的过程。一般而言，经过 K 次迭代后，影响 A 处特征向量表示的为 A 的 K 阶邻居。聚合过程中通用的递推关系如下：

$$\boldsymbol{A}^{(k)}=\Psi(\boldsymbol{A}^{(k-1)},\quad \boldsymbol{C}^{(k-1)})$$

若我们定义 $N(v)$ 为节点 v 的邻居，此时

$$N(\boldsymbol{A})=\{\boldsymbol{C}\}$$
$$N(\boldsymbol{A})^{(k)}=\{\boldsymbol{C}^{(k-1)}\}$$

上述公式可以改写为

$$\boldsymbol{A}^{(k)}=\boldsymbol{\Psi}(\boldsymbol{A}^{(k-1)},\quad N(\boldsymbol{A})^{(k-1)}) \tag{4.28}$$

可以发现，聚合过程中与节点的邻居信息密不可分，然而邻居节点的个数并不均一，那么如何估计邻居聚合的复杂度呢？整个图计算复杂度与图上节点度分布（Degree Distribution）密切相关。度分布定义为"对每个非负整数 m，度数是 m 的顶点在所有顶点中占的比例"。在图 4-3 中，图 G 是由 6 个顶点构成的无向图。其中度数是 1 的顶点为 A 和 D，度数为 2 的顶点有 B 和 E，度数是 3 的顶点为 F，度数为 5 的顶点为 C，所以度分布为

$$P(m)=\begin{cases}\dfrac{1}{3}, & m=1\\[2mm] \dfrac{1}{3}, & m=2\\[2mm] \dfrac{1}{6}, & m=3\\[2mm] \dfrac{1}{6}, & m=5\end{cases} \tag{4.29}$$

真实世界的复杂网络一般是无尺度特性，典型特征是在网络中的大部分节点只和很少节点连接，只有极少的节点与非常多的节点连接，例如因特网、金融系统网络、社会人际网络等。概率 $P(m)$ 随着 k 增大以多项式速度递减，也就是遵从所谓的幂律（Power Law Distribution）分布：

$$P(m)\propto m^{-\gamma}$$

其中，γ 是某个正实数。在社交网络中，一些用户的二阶邻居，可能是个大 V，会包含数百万个粉丝节点，这使得它太大而难以存储在内存中。虽然大 V 不多，却对图结构有深刻影响。

幂律分布的大规模图直接计算是难以处理的，在 GraphSAGE 模型中假设图中节点是均匀分布的。我们可以先对简单均匀分局的图做一些简单计算，假设第 k 跳的节点数量为 $\bar{d}_k$，则经过 K 轮迭代后，总的节点参与计算次数为

$$1+\bar{d}_1+\bar{d}_1\bar{d}_2+\cdots+\prod_{k=1}^{K}\bar{d}_k \tag{4.30}$$

特殊情况下，假设图上节点的各阶平均度为都为 d_{ave}，且经过 K 次迭代后，总的节点参与计算次数为

$$1+d_{\text{ave}}+d_{\text{ave}}^2+\cdots+d_{\text{ave}}^K=\frac{d_{\text{ave}}^{K+1}-1}{d_{\text{ave}}-1} \tag{4.31}$$

从计算结果中可以看到，节点参与计算的次数随迭代次数快速增长，当平均节点个数比较大，或者迭代次数比较多时，节点参数计算的复杂度较高。那么要怎样简化才能降低计算复杂度呢？在这里，可以对每层使用的邻居个数参数 $\{d_1,d_2,\cdots,d_K\}$ 进行约束，让参与计算的节点在可控范围之内，以部分解决这个问题。当然，从整个邻居中选取部分邻居需要思考一些问题：①某节点的邻居个数小于 d_1 该如何处理；②如何保证选取出的节点个数有

代表性。对于问题①，可以让采样过程中允许重复采样，并避免邻居节点个数小于采样节点的问题。GraphSAGE 中采用的策略为均匀采样(Uniform Sampling)，当然采样的方法也一直处在发展中，直接采用均匀采样已经可以避免烦杂的计算。

所谓小批量，即随机均匀采样多个样本组成一个小批量。在 GraphSAGE 的采样假设下，小批量采样过程又如何实现呢？如图 4-11 所示，全邻居采样中给出了节点抽取 1 跳和 2 跳的形式，而 GraphSAGE 中只用抽取固定个数的近邻。当然，需要构建一个节点与其邻居的索引表，至少是一阶的索引表。图 4-4 中，将节点$\{A,B,C,D,E,F\}$数字化为$\{0,1,2,3,4,5\}$，则一阶索引关系可以写为$\{(0:2),(1:2,5),(2:0,1,3,4,5),(3:2),(4:2,5),(5:1,2,4)\}$。二阶邻居索引参与的节点则包含一阶邻居本身的节点以及一阶邻居的邻居，如此递推到更远的邻居。

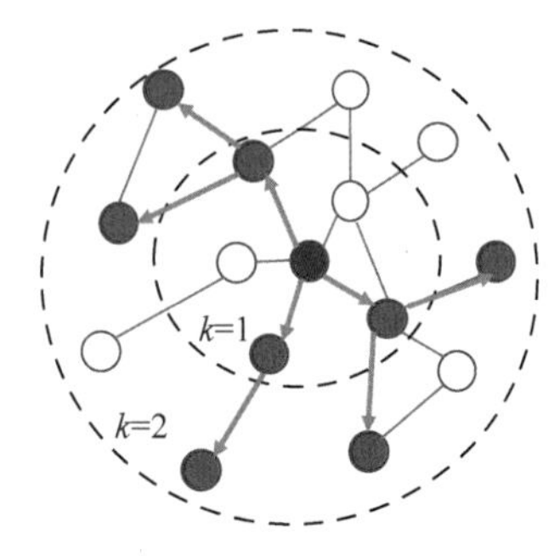

图 4-11 邻居采样过程

图 4-11 中，第一层采样个数为 3，即只从 5 个一阶邻居中采样 3 个，第二层采样个数为 2，即从二阶邻居中采样，不足两个邻居的，使用重复采样补齐。图中深红色的点即为一个样本，在整个图中，随机选择出一个集合作为小批量训练的样本，并依照此策略完成采样过程，以便后续的聚合过程使用。GraphSAGE 邻居节点采样算法流程如图 4-12 所示。

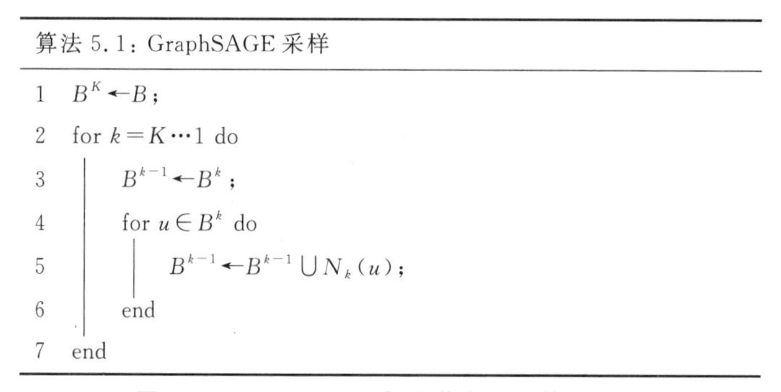

算法 5.1：GraphSAGE 采样

1 $B^K \leftarrow B$；
2 for $k=K\cdots1$ do
3 $\quad B^{k-1} \leftarrow B^k$；
4 $\quad$for $u \in B^k$ do
5 $\quad\quad B^{k-1} \leftarrow B^{k-1} \cup N_k(u)$；
6 $\quad$end
7 end

图 4-12 GraphSAGE 邻居节点采样算法流程

选取小批量中心节点集合 B(中心节点表示类似图 4-11 中心深红色点)，确定采样邻居阶数 K。采样过程从 K 到 1，采样时先从中心节点开始，逐渐采样到远一点的邻居，这个过程类似于图的深度优先搜索。采样过程中 k 的取值顺序是为了与聚合过程保持一致。聚合时，先从最远处的邻居开始聚合，最后在第 K 层聚合到目标节点上。需要指出的是，B^k 为一个集合，需要保持集合的无序性、唯一性，且集合之前的关系满足 $B^{(K)} \subseteq B^{(K-1)} \cdots \subseteq B^{(0)}$。

2. GraphSAGE 邻居聚合函数

图卷积神经网络模型给出的卷积函数是显式的 $\hat{\boldsymbol{D}}^{-\frac{1}{2}}\hat{\boldsymbol{A}}\hat{\boldsymbol{D}}^{-\frac{1}{2}}\boldsymbol{XW}$，而在 GraphSAGE 中，参与聚合的邻居不再是所有邻居，所以并不需要在聚合过程中出现全图的连接矩阵，或者全图的拉普拉斯矩阵。采样过程已经准备好了卷积的输入，卷积函数不像图卷积神经网络模型，兼具谱方法的数学推导。GraphSAGE 对于卷积的理解更加泛化为邻居的聚合过程，深度神经网络的使用者可以自行设计一些聚合函数，对于一般的图，设计的聚合函数 $\Psi(\cdot)$

需要满足一些限制。因为普通的图,邻居并没有一个天然的顺序,应当满足轮换对称性,即 $\Psi(x,y,z)=\Psi(y,x,z)=\Psi(z,x,y)$。GraphSAGE 模型可选聚合函数至少包括均值聚合、LSTM 聚合和池化聚合。

(1) 均值聚合。当直接对节点和其邻居节点直接求算术平均,即

$$h_v^k \leftarrow \sigma(W^k \cdot \mathrm{MEAN}(\{h_v^{k-1}\} \cup \{h_u^{k-1}, u \in N(v)\})) \tag{4.32}$$

若 $h_v^{k-1} \in \mathbb{R}^h$,则 $\mathrm{MEAN}(\{h_v^{k-1}\} \cup \{h_u^{k-1}, u \in N(v)\}) \in \mathbb{R}^h$,若存在完全共享邻居的两个节点,会导致多轮迭代后,二者输出的表征向量几乎相同。然而节点包含的初始值特征可能代表节点的独特性质。GraphSAGE 提出一种方法,差异对待节点本身与周围节点,即只有周围节点参与聚合过程,然后与节点本身的表示向量合并:

$$h_v^k \leftarrow \sigma(W^k \cdot \mathrm{CONCAT}(h_v^{k-1}, \mathrm{MEAN}(h_u^{k-1}, u \in N(v)))) \tag{4.33}$$

其中,σ 为激活函数,$\boldsymbol{W}^k$ 为权重矩阵,$N(v)$表示节点 v 的邻居集合,此时 $\mathrm{CONCAT}(h_v^{k-1}, \mathrm{MEAN}(h_u^{k-1}, u \in N(v))) \in \mathbb{R}^{2h}$ 具有很高的维度。

(2) LSTM 聚合。LSTM 本身具有学习顺序序列的能力,会导致输入有一定的顺序学习,为避免这个问题,输入前会将节点顺序做随机化处理。

(3) 池化聚合。先让所有邻居向量输入到一个全连接神经网络层,再对其做最大池化。

$$\Psi_k^{\text{pool}} = \max(\{\sigma(W_{\text{pool}} h_{u_i}^k + b), \quad \forall u_i \in N(u)\}) \tag{4.34}$$

具体聚合过程是从远处的邻居向近处的邻居进行汇聚的,如图 4-13 所示。先将绿色的节点特征向蓝色节点会聚,再将蓝色节点的特征向红色节点会聚。GraphSAGE 会聚算法的伪代码如图 4-14 所示。

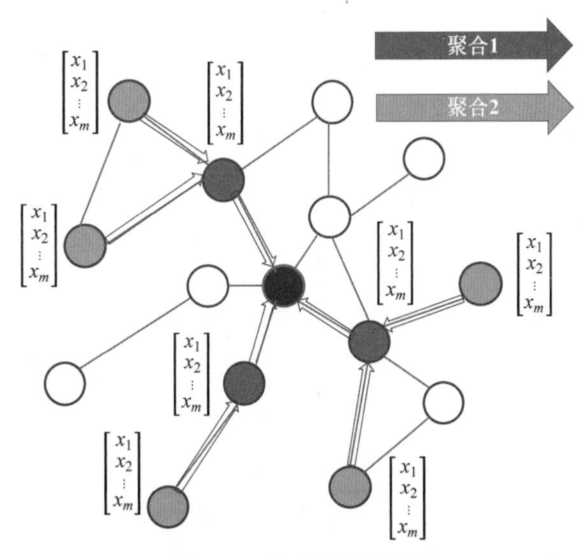

图 4-13　聚合过程示意图

代码第 2～7 行就是一个聚合过程,按照前面采样的结果,将对应的邻居信息聚合到目标节点上。第 6 行将节点特征向量做了归一化。

3. 空域图卷积小结

空域图卷积与卷积神经网络的设计理念相似,其核心在于聚合邻居节点的信息,受图卷

算法 5.2：GraphSAGE 聚合

```
1  h_u^0 ← x_v, ∀ v∈B^0;
2  for k=K…1 do
3      for u∈B^k do
4          h_{N(u)}^k ← AGGREGATE_k({h_{u'}^{k-1}, ∀ u'∈N_k(u)});
5          h_u^k ← σ(W^k · CONCAT(h_u^{k-1}, h_{N(u)}^k));
6          h_u^k ← h_u^k / ‖h_u^k‖_2;
7      end
8  end
9  z_u ← h_u^K, ∀ u∈B
```

图 4-14　GraphSAGE 聚合算法图

积神经网络聚合方式的启发，直接将卷积操作定义在每个节点的连接关系上。图卷积神经网络的图卷积具备坚实的数学基础，兼具谱域和空域的意义，但图卷积神经网络计算时，需要全图参与计算，对于大型的图数据可能会导致内存爆炸。同时，对于训练速度的需求，图神经网络的小批量计算亟待提出方案。GraphSAGE 模型则提出了小批量训练的邻居采样方法，以节点为中心而非全图。同时，GraphSAGE 可以对训练集中没有的数据进行预测，即可以适用于新增节点，适合做归纳学习(Inductive Learning)。

4.5　本章小结

本章首先介绍了图(Graph)与图像(Image)的区别，指出了直接沿用 CNN 中卷积的定义到图数据的困难。图中并不像图像中有着相对固定的邻居，即所谓的平移不变性。围绕图卷积定义，首先介绍了从图信号角度出发，基于傅里叶卷积定理推导出的谱卷积神经网络、切比雪夫网络和图卷积神经网络等谱域神经网络。但是谱域方法基本以全图进行计算，计算复杂度高，不能直接进行小批量训练，难以适应工业场景下的大规模网络。图卷积神经网络方法本身蕴含着邻居节点聚合的思想，受此启发，又介绍了基于邻居聚合定义图卷积的 GraphSAGE 模型。介绍了 GraphSAGE 模型中的小批量采样邻居策略，将全图样本拆分为小批量，以适应大规模工业图场景。该模型也提供了几个聚合函数，如均值聚合、LSTM 聚合和池化聚合等。

第5章 图注意力网络

注意力机制(Attention Mechanism)最初在机器翻译模型中被引入并使用,现在已经成为自然语言处理(Natural Language Processing,NLP)、计算机视觉(Computer Vision,CV)、语音识别(Speech Recognition,SR)领域中神经网络模型的重要组成部分。近年来,有些研究人员将注意力机制应用到图神经网络模型中,取得了很好的效果。本章聚焦于图注意力网络模型,依次介绍注意力机制的概念、图注意力网络的分类,以及四个典型的注意力模型:图注意力网络模型(Graph Attention Networks,GAT)、异质图注意力网络(Heterogeneous Graph Attention Networks,HAN)、门控注意力网络(Gated Attention Networks,GaAN)和层次图注意力网络(Hierarchical Graph Attention Networks,HGAT)。

5.1 注意力机制

在学习图注意力模型之前,需要先理解什么是注意力模型。考虑到有些读者之前没有接触过注意力模型,本节将从注意力模型的原理、变体、优势、应用场景四方面展开介绍,以帮助大家建立对注意力模型的全面认识。

注意力机制的原理可以通过类比人类生物系统的注意力功能来理解。注意力是人类一种极其重要和复杂的认知功能,具体表现为人类大脑处理信息时会重点关注有价值的信息。例如,关于听觉注意力的例子:在人山人海的火车站,尽管四周充满了噪声,我们依然可以清晰地听到家人的聊天内容;关于视觉注意力的例子:在高速路上驾驶小汽车时,我们会重点观察前方车辆的行驶情况,以及一些重要的路标信息,对于视野中的其他信息通常会忽略掉。

神经网络中的注意力机制是一种与人类生物系统注意力功能类似的信息处理机制。在处理大量的输入信息时,注意力机制会选择一些关键的输入信息进行处理,忽略与目标无关的噪声数据,从而提高神经网络模型的效果。

下面从数学原理角度进一步阐述什么是注意力机制。我们所说的注意力机制通常是指软性注意力机制(Soft Attention Mechanism),注意力机制涉及3个要素,即请求(Query)、键(Key)和值(Value),图5-1所示是软性注意力机制的计算过程,$(\boldsymbol{K},\boldsymbol{X})$是输入的键值对向量数据,包含$n$项信息,每一项信息的键用$K_i$表示,值用$X_i$表示,$Q$表示与任务目标相关的查询向量,Value是在给定$Q$的条件下,通过注意力机制从输入数据中提取的有用信息,即输出信息。注意力机制的计算过程可以归纳为三步:①计算 K_i 与 Q 的相关性得分;②将计算的相关性得分使用 Softmax 函数进行归一化处理,归一化后的值 $\alpha_i \in [0,1]$称为注意力分布,又称为注意力系数,其值越大,表明第 i 个输入信息与任务目标的相关性越高;③根据注意力系数 α 对输入数据 $\boldsymbol{X}$ 进行加权求和计算。

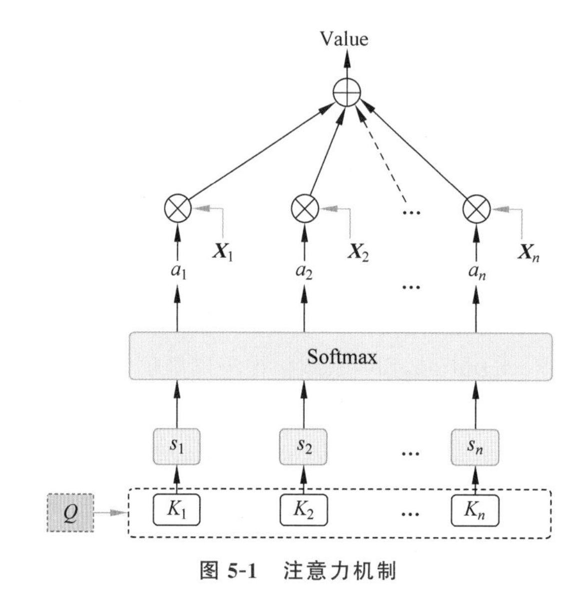

图 5-1 注意力机制

软性注意力机制的计算如式(5.1)所示。

$$\text{Value} = \sum_{i}^{n} \text{Softmax}(S(\boldsymbol{K}_i, \boldsymbol{Q})) \cdot \boldsymbol{K}_i \tag{5.1}$$

其中,$S(\boldsymbol{K}_i, \boldsymbol{Q})$为相似性度量函数,常见的计算方式有如下几种。

(1) 点积模型。

$$S(\boldsymbol{K}_i, \boldsymbol{Q}) = \boldsymbol{Q}^{\mathrm{T}} \boldsymbol{K}_i \tag{5.2}$$

(2) 缩放点积模型。

$$S(\boldsymbol{K}_i, \boldsymbol{Q}) = \frac{\boldsymbol{Q}^{\mathrm{T}} \boldsymbol{K}_i}{\sqrt{d}} \tag{5.3}$$

(3) 矩阵相乘模型。

$$S(\boldsymbol{K}_i, \boldsymbol{Q}) = \boldsymbol{Q}^{\mathrm{T}} \boldsymbol{W} \boldsymbol{K}_i \tag{5.4}$$

(4) 余弦相似度模型。

$$S(\boldsymbol{K}_i, \boldsymbol{Q}) = \frac{\boldsymbol{Q}^{\mathrm{T}} \boldsymbol{K}_i}{\| \boldsymbol{Q} \| \cdot \| \boldsymbol{K}_i \|} \tag{5.5}$$

(5) 加线性模型。

$$S(\boldsymbol{K}_i, \boldsymbol{Q}) = \boldsymbol{V}^{\mathrm{T}} \tanh(\boldsymbol{W}\boldsymbol{Q} + \boldsymbol{U}\boldsymbol{K}_i) \tag{5.6}$$

其中,$\boldsymbol{V}$、$\boldsymbol{W}$、$\boldsymbol{U}$ 都是可学习的网络参数,d 是输入数据的维度。最常用的两种计算方式是点积模型和加线性模型,理论上两者的复杂度相当,但在实践中,点积模型更快且更节省空间,因为它可以使用高效的矩阵乘法进行优化。当输入信息的维度 d 较大时,点积模型的值通常会出现比较大的方差,从而会使得 Softmax 函数的梯度比较小,在这种情况下,缩放点积模型是一种更好的选择。

5.1.1 注意力机制的变体

前面介绍了基本的注意力模型，即软性注意力模型，接下来将介绍注意力的一些变体模型。

1. 硬性注意力

软性注意力会考虑所有的输入信息，根据输入信息的重要性生成相应的关注权重。此外，还存在一种注意力，它只关注输入信息中某一个位置的信息，这种注意力机制称为硬性注意力机制(Hard Attention Mechanism)。

硬性注意力会选取最高概率的输入信息，或者在注意力分布上进行随机采样选取信息。这个计算过程可以理解为在输入信息中选择一个信息，将其注意力权重设置为1，其他的信息权重全部设置为0。硬性注意力选择信息的方式决定了其效果具有不稳定性；另外硬性注意力最终的损失函数与注意力分布之间的函数关系不可导，导致其无法使用反向传播算法进行训练，一般而言，硬性注意力模型需要采用强化学习的方法来训练。

2. 局部注意力

软性注意力需要计算所有输入信息，效果稳定，但计算量大；硬性注意力计算量小，但效果不稳定。局部注意力则是软性注意力和硬性注意力的一种折中方案，其思路是先使用硬性注意力定位到一个位置，然后以这个位置为中心点，设置一个窗口区域，在窗口区域内使用软性注意力进行计算。其优势是窗口内的计算效率和效果稳定性可以通过参数进行调节。

3. 多头注意力

多头注意力(Multi-Head Attention)使用多个任务目标$\boldsymbol{Q}=[q_1,q_2,\cdots,q_k]$独立地进行$k$次注意力计算，由于每次计算的$q$不同，所以每个注意力所关注的信息也不同，这样可以从输入信息中抽取k个不同的信息，最后将k个信息进行拼接操作。

4. 层次结构注意力

如果输入信息本身具有一定的层次结构，例如，文本可以划分为词、句子、段落、篇章等不同粒度的内容，我们可以使用层次结构注意力在每个层进行更好的信息选择，首先可以在词层面使用注意力机制生成一个句子的向量表达，然后在句子层面使用注意力机制生成一个段落的向量表达，最后在段落层面使用注意力机制生成整个文本的向量表达。

5. 自注意力

当使用神经网络对一个变长的序列数据建模时，通常可以使用卷积神经网络(Convolution Neural Networks，CNN)或者循环神经网络(Recurrent Nerual Networks，RNN)。基于卷积神经网络的序列建模可以看成一种局部建模方式，只能建模输入数据的局部依赖关系；循环神经网络虽然理论上可以建立长距离依赖关系，但是由于梯度消失和传递信息的容量问题，实际上对长距离依赖的建模能力较弱。

自注意力(Self-Attention)模型动态计算序列内部信息之间的权重，能够建模变长序列内部的依赖关系。相比卷积神经网络，自注意力模型能够将卷积核的固定长度感受野扩大到输入序列长度的范围；相比循环神经网络，自注意力模型对长距离依赖有更强的捕获能力，并且能够并行计算。基于以上优势，自注意力模型被广泛应用于序列数据建模领域，自然语言处理领域中著名的 Transformer 模型是自注意力模型的典型代表。

假设注意力模型的输入序列为 $\boldsymbol{X}=[x_1,x_2,\cdots,x_N]\in\mathbb{R}^{d_1\times N}$，输出序列为 $\boldsymbol{H}=[h_1,h_2,\cdots,h_N]\in\mathbb{R}^{d_2\times N}$，对输入数据 $\boldsymbol{X}$ 进行线性变换，得到以下三个向量。

$$\boldsymbol{Q}=\boldsymbol{W}_Q\boldsymbol{X}\in\mathbb{R}^{d_3\times N}$$

$$\boldsymbol{K}=\boldsymbol{W}_K\boldsymbol{X}\in\mathbb{R}^{d_3\times N}$$

$$\widetilde{\boldsymbol{X}}=\boldsymbol{W}_{\widetilde{X}}\boldsymbol{X}\in\mathbb{R}^{d_2\times N}$$

其中，$\boldsymbol{Q}$、$\boldsymbol{K}$、$\widetilde{\boldsymbol{X}}$分别为查询向量、键向量和值向量。利用式(5.1)，计算得到输出向量 $\boldsymbol{h}_i$：

$$\boldsymbol{h}_i=\sum_{j=1}^{N}\text{Softmax}(s(q_j,k_j))\widetilde{x}_j$$

自注意力模型在计算序列数据项之间的相关性时只考虑了数据本身的信息，而忽略了输入数据的位置信息，因此在单独使用自注意力模型时，需要加入位置编码信息来进行修正，具体做法可以参考 Transformer 模型。

5.1.2 注意力机制的优势

注意力机制的优势可以归纳为以下三点。

(1) 注意力机制能够有效地使模型忽略输入数据中的噪声部分，从而提升信噪比。

(2) 注意力机制可以为输入数据中不同元素分配不同的权重系数，以突出与任务最相关的信息元素。

(3) 注意力机制为模型结果带来了更好的解释性。例如，在翻译任务中，分析句子中不同单词的权重系数，可以找出句子中的关键词。

5.1.3 应用场景

注意力机制由于其效果优、可解释性好，已成为活跃的研究领域。鉴于注意力机制在一些领域取得了非常好的效果，并成为某些情况下最流行的技术选择。下面就注意力机制的应用场景做简单说明。

1. 自然语言处理

在 NLP 领域，注意力机制有助于聚焦输入序列的相关部分，对齐输入和输出序列，以及捕获长序列的长距离依赖性问题。

2. 计算机视觉

视觉注意力已经在很多主流 CV 任务中流行起来，用于关注图像内的相关区域，并捕获图像各部分之间的、结构性的、长期依赖关系。视觉注意力还为图像中的目标检测提供很大的好处，可以帮助定位和识别图像中的对象。

3. 图计算

现实世界的很多重要的数据集以图形或网络的形式存在，包括社交网络、知识图谱、蛋白质相互作用网络和万维网等。注意力机制在图数据上的应用主要在于突出显示与目标任务更相关的图元素，包括顶点、边和子图。图的注意力计算是高效的，因为它可以跨顶点邻居对进行并行计算，可以应用于具有不同度的顶点。目前注意力机制已经应用于顶点分类、链路预测、图分类、图序列生成等任务。

5.2　同质图注意力网络

本节主要介绍图注意力网络模型，该模型首次将注意力机制引入图的消息传播步骤中。图中每个顶点的隐藏层状态由自身特征以及其邻域中的邻居特征计算得到，假设目标顶点邻域中的每个顶点对于目标顶点的重要性是有差异的（这也符合大多数真实数据的分布），引入注意力机制后，模型能够捕获邻居顶点对于目标顶点的重要性差异，并将这种差异信息转化为权重参数用于邻居信息聚合，最终的效果为越重要的顶点，其信息在聚合过程中保留越多。该模型对于信息的聚合操作更符合数据分布，因而效果相对于 GCN 模型有所提升。

5.2.1　图注意力层

图注意力网络中定义了一个图注意力层，通过叠加不同的图注意力层，可以组成复杂结构的图注意力网络。一个图注意力层的结构如图 5-2 所示。图注意力层输入的是顶点特征向量的集合。

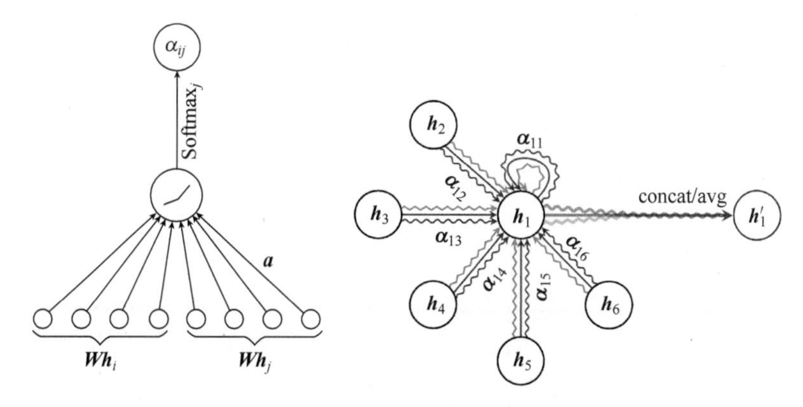

图 5-2　图注意力层

$$\boldsymbol{h}=\{\boldsymbol{h}_1,\boldsymbol{h}_2,\cdots,\boldsymbol{h}_N\} \tag{5.7}$$

其中，N 是顶点的数量，$\boldsymbol{h}_i \in \mathbb{R}^F$，$F$ 是顶点特征的维数。

一般来说，将输入特征转换为高阶特征可以获得更好的表达能力，为了达到这个目的，需要将原始特征经过一次可学习的线性变换，变换后的特征表示为

$$\boldsymbol{h}'=\{\boldsymbol{h}'_1,\boldsymbol{h}'_2,\cdots,\boldsymbol{h}'_N\} \tag{5.8}$$

其中，$\boldsymbol{h}'_i \in \mathbb{R}^{F'}$，$F'$是变换后特征的维数。得到变换后的特征后，应用自注意力机制(Self-Attention)计算权重系数：

$$e_{ij}=\mathrm{att}(\boldsymbol{W}\boldsymbol{h}_i,\boldsymbol{W}\boldsymbol{h}_j) \tag{5.9}$$

其中，e_{ij} 表示顶点 j 对顶点 i 的重要性，att(·)是一个共享的相关性函数：$\mathbb{R}^{F'}\times\mathbb{R}^{F'}\rightarrow\mathbb{R}$，由于两个顶点的重要性由一个数值来表示，所以由式(5.9)计算得到的权重系数是一个标量，即 $e_{ij}\in\mathbb{R}$。

为了尽量保留图数据中的结构信息，这里只在目标顶点 i 的邻域顶点中计算注意力，即 $j\in N_i$，N_i 是顶点 i 的一阶邻居，通过这种计算方式能够将图中结构信息编码到目标顶点的向量表示中。为了方便比较邻域中不同顶点之间的权重系数，使用 Softmax 函数对 e_{ij} 进行归一化处理：

$$\alpha_{ij}=\mathrm{Softmax}_j(e_{ij})=\frac{\exp(e_{ij})}{\sum\limits_{k\in N_i}\exp(e_{ik})} \tag{5.10}$$

在实践中，相关性度量函数 a 可以使用一个单层的前馈神经网络，其参数矩阵表示为 $\boldsymbol{a}\in\mathbb{R}^{2F'}$，具体做法是将顶点 i 和顶点 j 变换后的特征进行拼接操作，得到一个特征为 $2F$ 维的特征向量，然后输入到前馈神经网络中，并用 LeakyReLU 函数进行激活。因此权重系数的最终计算公式如下：

$$\alpha_{ij}=\frac{\exp(\mathrm{LeakyReLU}(\boldsymbol{a}^{\mathrm{T}}[\boldsymbol{W}\boldsymbol{h}_i \,||\, \boldsymbol{W}\boldsymbol{h}_j]))}{\sum\limits_{k\in N_i}\exp(\mathrm{LeakyReLU}(\boldsymbol{a}^{\mathrm{T}}[\boldsymbol{W}\boldsymbol{h}_i \,||\, \boldsymbol{W}\boldsymbol{h}_k]))} \tag{5.11}$$

其中，T 表示为矩阵的转秩操作，|| 表示特征向量的拼接操作，LeakyReLU 激活函数的公式如下：

$$\mathrm{LeakyReLU}(x)=\max(0.01x,x) \tag{5.12}$$

得到目标顶点 i 的各个邻居的权重系数后，就可以通过线性组合得到顶点 i 新的向量表示：

$$\boldsymbol{h}'_i=\sigma\Big(\sum_{j\in N_i}\alpha_{ij}\boldsymbol{W}\boldsymbol{h}_j\Big) \tag{5.13}$$

给定节点 i，设其邻居集合为$\{j_1,j_2,j_3,j_4\}$，则该节点的图注意力计算过程如图 5-3 所示。

对比图注意力层与第 4 章介绍的图卷积层的顶点更新公式，可以发现图注意力层多了一个自适应的边权重系数项。在图卷积神经网络中，这个权重值是图的拉普拉斯矩阵，而在图注意力模型中，这个权重系数是可以自适应学习的，从而使得图注意力模型具有更强的表达能力。另外，图注意力模型与 GraphSAGE 相同，保留了图的完整局部性，能够进行归纳式学习。

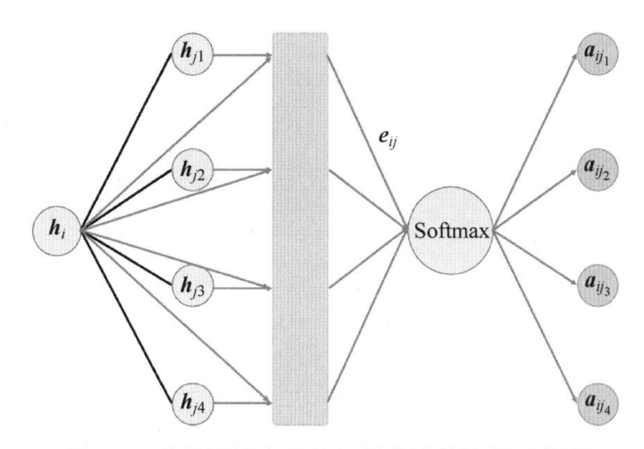

图 5-3 单层图注意力神经网络计算流程示意图

5.2.2 多头注意力

为了增强模型的表达能力和稳定性,可以使用多头注意力(Multi-Head Attention),具体的做法是对每个目标顶点执行 K 次独立的注意力计算,这样将得到目标顶点 i 的 K 个向量表示,然后可以对这 K 个向量进行拼接操作或者求平均计算,得到输出向量。

一般来说,如果多头注意力应用于模型的中间隐藏层,可以采用拼接向量的方式得到目标顶点的中间隐藏层向量表示,公式为

$$\boldsymbol{h}'_i = \|_{k=1}^{K} \sigma\left(\sum_{j \in N_i} \alpha_{ij}^k \boldsymbol{W}^k \boldsymbol{h}_j\right) \tag{5.14}$$

其中,α_{ij}^k 是第 k 个注意力机制的归一化系数,$\boldsymbol{W}^k$ 对应第 k 个线性变换的权重矩阵,拼接后的向量 $\boldsymbol{h}'_i \in \mathbb{R}^{KF'}$。如果多头注意力应用于神经网络模型的最后预测层,拼接操作已经不再敏感有效,取而代之的是使用平均计算,并且将非线性变换延迟到平均计算之后,公式为

$$\boldsymbol{h}'_i = \sigma\left(\frac{1}{K}\sum_{k=1}^{K}\sum_{j \in N_i} \alpha_{ij}^k \boldsymbol{W}^k \boldsymbol{h}_j\right) \tag{5.15}$$

其中,σ 在分类任务中通常为 Softmax 函数或者 Sigmoid 计算。

5.3 异质图注意力网络

目前大多数图神经网络,如 GraphSAGE、图注意力网络等模型主要针对同质图设计,但真实世界中的图大部分可以被自然地建模为异质图,如互联网电影数据库(Internet Movie Database,IMDB)的数据中包含三种类型的节点:Actor、Movie 和 Director,两种类型的边:Actor-Movie 和 Movie-Director。异质图神经网络具有更强的现实意义,可以更好地满足工业界需求,但是由于不同类型顶点的语义不同,顶点的特征维数也不尽相同,异质图的这些异质性给设计图神经网络带来了巨大的挑战。

图注意力网络取得了非常大的成功,但是其只能应用于同构图中。为了能够在异质图中应用注意力机制,Wang 等人提出了异质图注意力网络,利用语义级别注意力和顶点级别注意力来同时学习元路径与顶点邻居的重要性,并通过相应的聚合操作得到目标顶点的最

终向量表示。

异质图注意力网络模型整体架构如图 5-4 所示。模型可以拆分为 3 个模块：顶点级别注意力模块、语义级别注意力模块和预测模块。

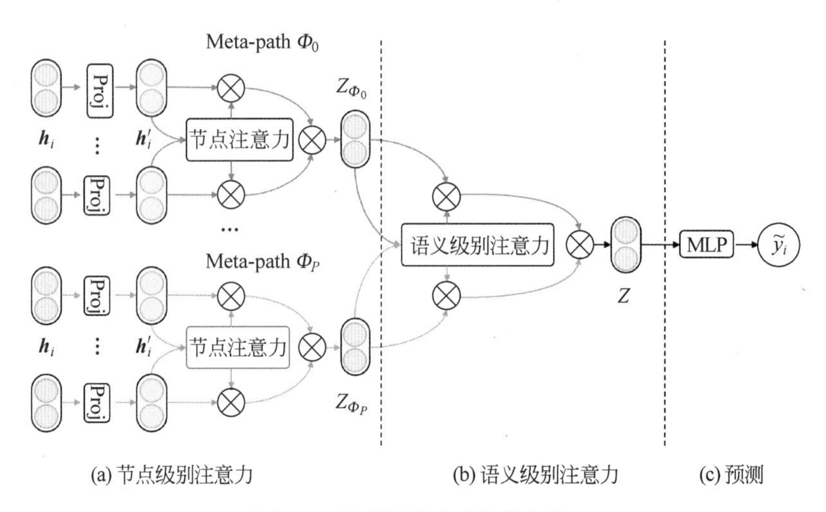

图 5-4 异质图注意力网络架构

5.3.1 顶点级别注意力

在异质图中，不同类型顶点的特征维度一般不同，为了能够统一处理不同类型顶点的特征，首先需要将不同类型的顶点特征通过转换矩阵变换到统一的特征空间。

$$\boldsymbol{h}'_i=\boldsymbol{M}_{\Phi_i}\cdot\boldsymbol{h}_i \tag{5.16}$$

其中，$\boldsymbol{M}_{\Phi_i}$ 是投影矩阵，$\boldsymbol{h}_i$ 和 $\boldsymbol{h}'_i$ 分别是投影变换前后的顶点特征。通过特定类型的投影转换操作，顶点级别注意力能够处理任意类型的顶点。完成了特征的转换后，可以利用自注意力机制(Self-Attention)学习多种类型顶点的权重。对于一个给定的元路径 Φ 的顶点对 (i,j)，顶点级别的注意力能够学习到顶点 j 对于顶点 i 的重要性。基于元路径顶点对 (i,j) 的重要性可以表示为

$$e_{ij}^{\Phi}=\mathrm{att}_{\mathrm{node}}(\boldsymbol{h}'_i,\boldsymbol{h}'_j;\Phi) \tag{5.17}$$

其中，$\mathrm{att}_{\mathrm{node}}$ 表示执行顶点级别注意力的深度神经网络，给定一个元路径 Φ，$\mathrm{att}_{\mathrm{node}}$ 层中的网络参数被该元路径下的所有顶点对共享，因为同一元路径下的顶点连接情况是相似的。分析式(5.17)可以发现，顶点 i 对顶点 j 的重要性和顶点 j 对顶点 i 的重要性可能会有所不同，表明顶点级别的注意力能够保留不对称性。具体计算注意力时，采用的是 Masked Attention，也就是计算 e_{ij}^{Φ} 时，仅考虑顶点 i 的邻居，即 $j\in N_i^{\Phi}$，这里的 N_i^{Φ} 表示的是顶点 i 在元路径 Φ 的邻居。这样就成功将目标顶点的结构信息编码到其向量表征中了。经过 Softmax 函数进行归一化后的权重系数计算公式如为

$$\alpha_{ij}^{\Phi}=\mathrm{Softmax}_j(e_{ij}^{\Phi})=\frac{\exp(\sigma(\boldsymbol{a}_{\Phi}^{\mathrm{T}}[\boldsymbol{h}'_i\,||\,\boldsymbol{h}'_j]))}{\sum\limits_{k\in N_i^{\Phi}}\exp(\sigma(\boldsymbol{a}_{\Phi}^{\mathrm{T}}[\boldsymbol{h}'_i\,||\,\boldsymbol{h}'_k]))} \tag{5.18}$$

其中，$[\boldsymbol{h}'_i||\boldsymbol{h}'_j]$ 表示将顶点 i 和顶点 j 变换后的特征进行拼接操作。每个顶点的表示由自

身特征和其邻居特征加权融合得到：

$$z_i^{\Phi}=\sigma\left(\sum_{j \in N_i^{\Phi}} \alpha_{ij}^{\Phi} \cdot \boldsymbol{h}_j'\right) \tag{5.19}$$

其中，z_i^{Φ} 是顶点在某个元路径下的表示。为了充分学习，可以将单头注意力扩展为多头注意力机制，如果有 K 头注意力机制，做 K 次学习，然后拼接得到多头的节点表达：

$$z_i^{\Phi}=||_{k=1}^{K}\sigma\left(\sum_{j \in N_i^{\Phi}} \alpha_{ij}^{\Phi} \cdot \boldsymbol{h}_j'\right)$$

5.3.2 语义级别注意力

给定某条元路径，顶点级别注意力可以学习到顶点在某个语义下的表示，然而在实际异质图中，往往存在多条不同语义的元路径，单条元路径只能反映顶点某一方面的信息。为了得到语义级别注意力，可以通过顶点级别的聚合操作来学习特定语义下(Semantic-specific)的顶点表示。

为了全面地表征顶点，需要利用语义级别注意力来学习语义的重要性，并融合多个语义下的顶点表示。若给定 P 组元路径 $\{\Phi_1,\Phi_2,\cdots,\Phi_p\}$，则可以得到相应的 p 组节点表示 $\{Z_{\Phi_1},Z_{\Phi_2},\cdots,Z_{\Phi_p}\}$。语义级别注意力的形式化描述如下：

$$(\beta_{\Phi_0},\beta_{\Phi_1},\cdots,\beta_{\Phi_p})=\mathrm{att}_{\mathrm{sem}}(Z_0^{\Phi},Z_1^{\Phi},\cdots,Z_p^{\Phi}) \tag{5.20}$$

其中，$\mathrm{att}_{\mathrm{sem}}$ 是语义级别注意力的深度神经网络，$(\beta_{\Phi_0},\beta_{\Phi_1},\cdots,\beta_{\Phi_p})$是各元路径的注意力权重。具体来说，利用单层神经网络和语义级别注意力向量来学习各个语义(元路径)的重要性，并通过 Softmax 函数进行归一化。通过对多个语义进行加权融合，可以得到最终的顶点向量表示。

为了得到语义级别注意力中不同元路径的重要性，首先采用非线性变换，将语义特定的节点表示转换到同一个特征空间。然后平均元路径 Φ_p 下每个节点表征与语义级别向量 $\boldsymbol{q}$ 的内积，得到每一条元路径的重要性：

$$w_{\Phi_p}=\frac{1}{|V|}\sum_{i \in V}\boldsymbol{q}^{\mathrm{T}} \cdot (\boldsymbol{W}Z_i^{\Phi_p}+\boldsymbol{b}) \tag{5.21}$$

其中，$\boldsymbol{W}$ 是共享权重，$\boldsymbol{b}$ 为偏置，$\boldsymbol{q}$ 是语义级注意力向量。需要注意的是，$\boldsymbol{W}$、$\boldsymbol{b}$ 和 $\boldsymbol{q}$ 对于不同的元路径是共享的。为了获得每条元路径的相对重要性，可以通过 Softmax 函数进行归一化，得到路径 Φ_p 的权重 β_{Φ_p}，公式如下：

$$\beta_{\Phi_p}=\frac{\exp(w_{\Phi_p})}{\sum_{p=1}^{P}\exp(w_{\Phi_p})} \tag{5.22}$$

通过加权求和可以得到节点的最终向量表征：

$$Z=\sum_{p=1}^{P}\beta_{\Phi_p}Z_{\Phi_p} \tag{5.23}$$

得到节点最终的表征后，可以做多种下游任务。需要指出的是，权重 β_{Φ_p} 表示路径 Φ_p 对于最终任务的重要性，β_{Φ_p} 越大越重要。

5.4 门控注意力网络

门控注意力网络不同于图注意力网络模型中同等地看待多头注意力的重要性，门控注意力网络使用一个卷积子网络来控制每个注意力头的重要性。门控注意力网络可以通过引入的门来调节参与内容的数量。得益于门的构造中只引入了一个简单的、轻量级的子网，使得计算开销可以忽略不计，而且模型易于训练。

一般形式的图聚合器(Graph Aggregators)函数可以表示为

$$\boldsymbol{y}_i = \gamma\Theta(\boldsymbol{x}_i, \{z_{N_i}\}) \tag{5.24}$$

其中，$\boldsymbol{x}_i$ 和 $\boldsymbol{y}_i$ 分别为目标顶点 $i \in V$ 的输入和输出向量，其邻域顶点集合为 N_i，$z_{N_i} = \{z_j \mid j \in N_i\}$是目标顶点的邻居顶点的向量集合，$\gamma$ 是聚合器可学习的参数，Θ 也是可学习参数。

那么注意力形式的卷积聚合器如何构造呢？需要将给定节点 i 的特征和其邻居节点的特征按照 5.1 节介绍的注意力机制的要素(Query、Key、Value)进行改造并聚合。此处将节点 i 的特征 x_i 做线性变换，得到 Query，即 $FC_{\theta_{xa}}(x_i)$；将邻居节点的特征经过线性变换得到 Key，即$\{FC_{\theta_{za}}(z_j), j \in N_i\}$；将邻居节点的特征经过非线性变换得到 Value，即$\{FC^h_{\theta_v}(z_j), j \in N_i\}$，其中，$FC^h_\theta(\cdot)$表示非线性变换，对应全连接神经网络 $FC^h_\theta = h(Wx + b)$，其激活函数 $h(\cdot)$为 LeakyReLU，可学习参数为 $\theta = \{W, b\}$，而 $FC_\theta(\cdot)$则表示不增加激活函数的线性变换。Query 与 Key 的相似度则采用内积的形式给出：

$$\phi_w(\boldsymbol{x}_i, z_j) = \langle FC_{\theta_{xa}}(\boldsymbol{x}_i), FC_{\theta_{za}}(z_j) \rangle \tag{5.25}$$

单头注意力的输出为 Value 值的权重求和，即 $\sum\limits_{j \in N_i} \boldsymbol{w}_{i,j} FC^h_{\theta_v}(z_j)$，其中权重 $\boldsymbol{w}_{i,j}$ 为

$$\boldsymbol{w}_{i,j} = \frac{\exp(\phi_w(\boldsymbol{x}_i, z_j))}{\sum\limits_{l \in N_i} \exp(\phi_w(\boldsymbol{x}_i, z_l))} \tag{5.26}$$

单头注意力卷积计算可以表示为

$$\boldsymbol{y}_i = FC_{\theta_o}(\boldsymbol{x}_i \oplus \sum_{j \in N_i} \boldsymbol{w}_{i,j} FC^h_{\theta_v}(z_j)) \tag{5.27}$$

类似地，多头注意力聚合器可以表示为

$$\boldsymbol{y}_i = FC_{\theta_0}\left(\boldsymbol{x}_i \oplus ||_{k=1}^{K} \sum_{j \in N_i} \boldsymbol{w}_{i,j}^{(k)} FC^h_{\theta_v^{(k)}}(z_j)\right) \tag{5.28}$$

K 是注意力头的数量。与图注意力网络模型相比，门控注意力网络模型在计算相似性时，将输入向量经过一个全连接层做了一次线性变换，并将 Key 向量经过一个全连接层得到一个新的向量。

每个头注意力聚合器具有探索目标顶点与其邻域顶点构建的表征子空间的能力，但是多头注意力聚合器生成的多个子空间的重要性是不同的，某些顶点甚至可能不存在于某些子空间中，使用某个注意力头捕获的无用顶点表征会误导模型最终的预测效果。为了解决这个问题，计算一个额外的门控给每个注意力头分配重要性，其值分布为 0～1(0 代表低重要性，1 代表高重要性)，门控注意力聚合器的计算示意图如图 5-5 所示。权重系数向量表示为

$$\boldsymbol{g}_i = [g_i^{(1)}, \cdots, g_i^{(K)}] = \psi_g(x_i, z_{N_i}) \tag{5.29}$$

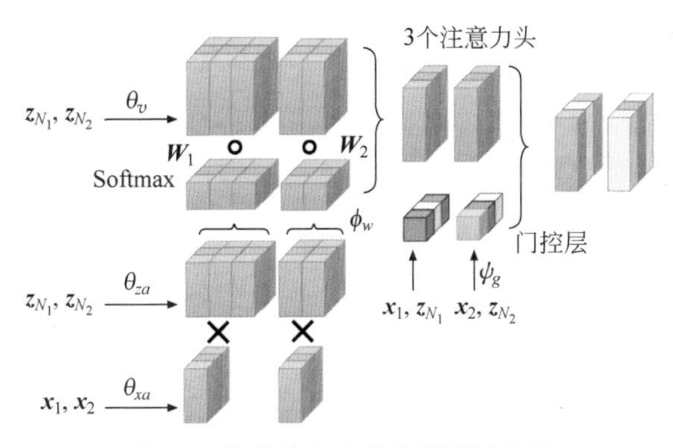

图 5-5　门控注意力网络模型示意图

其中，$\boldsymbol{g}_i \in \mathbb{R}^K$，为了避免因为加入门结构而引入过多的参数，这里使用一个卷积网络结构 ψ_g，该卷积使用目标顶点 i 和其邻居顶点的特征来生成门控值。加入门控的多头注意力聚合器的计算公式如下：

$$\boldsymbol{y}_i = FC_{\theta_0}\left(\boldsymbol{x}_i \oplus ||_{k=1}^{K}\left(g_i^{(k)} \cdot \sum_{j \in N_i} \boldsymbol{w}_{i,j}^{(k)} FC_{\theta_v^{(k)}}^{h}(z_j)\right)\right) \tag{5.30}$$

卷积网络 ψ_g 可以有多种实现方式，其中使用平均池化和最大池化结合的实现方式如下：

$$\boldsymbol{g}_i = FC_{\theta_g}^{\sigma}\left(\boldsymbol{x}_i \oplus \max_{j \in N_i}(\{FC_{\theta_m}(z_j)\}) \oplus \frac{\sum_{j \in N_i} z_j}{|N_i|}\right) \tag{5.31}$$

其中，θ_m 用于将邻居特征向量映射为 d_m 维向量，然后用于求最大值。θ_g 用于将拼接的特征向量映射为 K 个门控值。通过设置较小的 d_m，可以将计算门控值的开销降到忽略不计。

5.5　层次图注意力网络

图注意力网络也可应用于视觉关系检测任务上，因此提出了层次图注意力网络，将图像中的物体的空间相对关系抽象成图结构来处理。在图中引入先验知识和注意力机制，来减轻初始化图时的不准确引入带来不利影响。

5.5.1　视觉关系检测

对于给定的图像 I，视觉关系检测的目标是生成一些用来描述物体关系的三元组，其表示形式为＜主语、谓语、宾语＞。使用 O 和 P 分别表示物体集合和谓词集合，则关系集合可以表示为 $R=\{r(s,p,o) | s,o \in O, p \in P\}$，其中 s、p、o 分别表示关系三元组中的主语、谓语、宾语，则视觉关系检测的概率模型可以表示为

$$P(r) = P(p \mid s,o)P(s \mid b_s)P(o \mid b_o) \tag{5.32}$$

其中，b_s 和 b_o 分别表示主语和宾语对应的物体的边界框，$P(s|b_s)$和 $P(o|b_o)$分别表示主语和宾语对应物体边界框的置信度。

从视觉关系检测的定义可以看出，视觉关系检测不仅需要识别出图像中的物体及其位置，还需要识别物体之间关系。物体之间的相互关系使用三元组来表示，其中主语和宾语表

示物体,谓语用来描述两个物体的关系,这个关系可以是描述空间关系的介词、表达动作或状态的动词等,常见的介词有 on、under、above、near 等,动词有 wear、eat、take 等。

早期的工作中,将每一种关系三元组分配一个唯一的类别,但是这样带来了搜索空间的爆炸问题。假设有 N 个物体类别,K 个谓词类别,则对象检测的搜索空间为 N,将关系表示为三元组时的类别总数为 N^2K。

后来通过分离预测过程的方式解决了搜索空间爆炸的问题,与直接将关系三元组作为一个整体学习任务不同,该方法单独预测对象和谓词。在这种方式下,共享相同谓词的关系三元组被归为同一种类别,例如< truck,on,street >和< car,on,street >共享谓词 on,因而被划分为同一个类别,于是搜索空间大小变为 $N+K$。分离预测的代价是同一个谓词分类中样本差异很大。

为了更好地区分谓词,有些研究者引入视觉、空间和语义信息来表示物体,这极大地提高了模型的性能,这些方法可以捕获一对物体之间的交互关系,但是无法明确建模上下文信息。为了解决这个问题,有些研究引入图结构来探索物体之间的联系和约束。

层次图注意力网络模型通过显式地建模三元组之间的依赖关系,可以将更多上下文信息和全局约束纳入关系推理中。此外,先前工作中的图是基于对象的空间相关性构建的,可以通过考虑语义相关性来进行改进。

5.5.2 层次图注意力网络模型框架

层次图注意力网络模型的架构如图 5-6 所示,分为三个子模块:特征表示模块、层次图注意力网络和谓词预测模块。特征表示模块的输入是图像,生成带有边界框和标签的对象,并且会为每个对象提供视觉、空间、语义特征以及成对对象的关系特征。层次图注意力网络通过层次图结构进行对象级和三元组级的推理。谓词预测模块的输入是对象级别推理和三元组级别推理的特征,输出是多个关系三元组。由于本章聚焦于图注意力机制这个主题,所以接下来会重点介绍层次图注意力网络这个子模块。

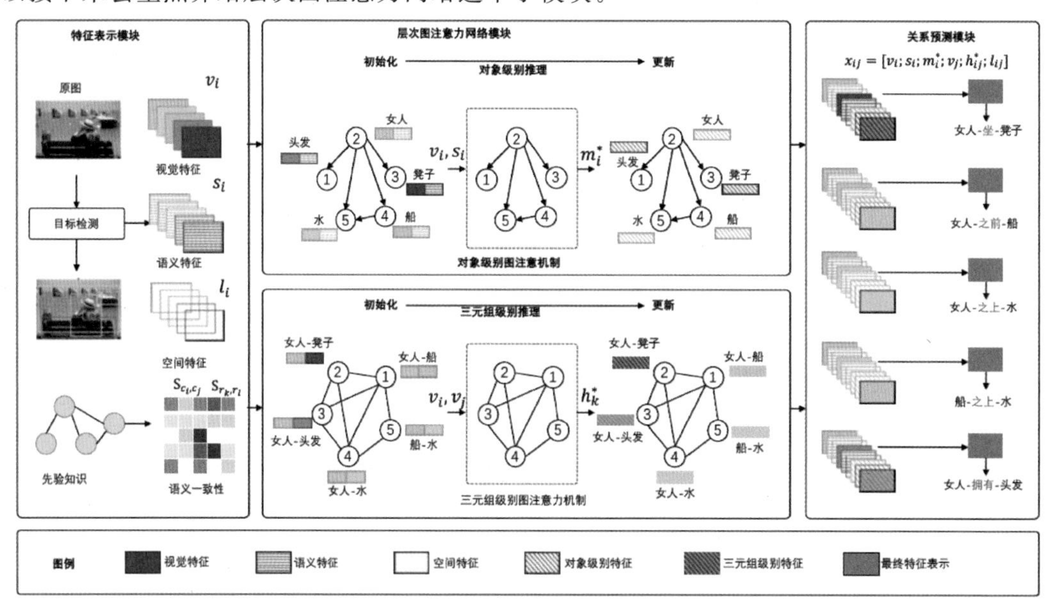

图 5-6 层次图注意力网络模型架构图

层次图注意力网络模块使用两种类型的图来建模。一种是对象级别的图，用来建模对象之间的交互并进行对象级别的推理；一种是三元组级别的图，它由三元组之间的交互关系构建，用于三元组级别的推理。这两种图都使用了注意力机制。

1. 对象级推理

一个对象级别的图表示为 $G_0=\{V_0,E_0\}$，包含顶点集合 V_0 和边集合 E_0，每个顶点 $n_i\in V_0$ 表示一个由边界框和对应的属性嵌入组成的对象，每条边 $e_{ij}^o\in E_0$ 表示为对象 n_i 和对象 n_j 之间的谓词关系。图 G_0 是一个有向图，即三元关系组(n_i,e_{ij}^o,n_j) 和(n_j,e_{ij}^o,n_i)表示两个不同的实例。

在构建对象级别的图 G_0 时，需要考虑两个因素，一个是空间相关性，一个是语义相关性。使用归一化相对距离 $\mathrm{dis}(b_i,b_j)$和归一化交并比 $\mathrm{iou}(b_i,b_j)$评估两个对象物体的空间相关性，则空间图可以定义为

$$e_{ij}^{\mathrm{sp}}=\begin{cases}1, & \mathrm{dis}(b_i,b_j)<t_1 \text{ 或者 } \mathrm{iou}(b_i,b_j)>t_2\\ 0, & \text{其他}\end{cases} \tag{5.33}$$

其中，t_1 和 t_2 是两个阈值，默认设置的值为 0.5。为了评估一对对象的语义相关性，基于语义一致性建立语义图公式如下：

$$e_{ij}^{\mathrm{se}}=\begin{cases}1, & S_{c_i,c_j}>t_3\\ 0, & \text{其他}\end{cases} \tag{5.34}$$

其中，t_3 是阈值，默认为 0。S_{c_i,c_j} 指语义一致性函数，度量 c_i 和 c_j 在语义上的一致性公式如下：

$$S_{c_i,c_j}=\max\left(\ln\frac{n(c_i,c_j)N}{n(c_i)n(c_j)},0\right)$$

其中，$n(c_i,c_j)$是词 c_i 与 c_j 的共现概率，$n(c_i)$和 $n(c_j)$分别表示词 c_i 和 c_j 出现的频率。有了以上空间图和语义图的定义，则对象级别的图可以表示为

$$e_{ij}^o=e_{ij}^{\mathrm{sp}}\oplus e_{ij}^{\mathrm{se}} \tag{5.35}$$

其中，$\oplus$表示或操作。对象级别注意力机制可以表示为

$$m_i^*=\sigma\Big(\sum_{j\in N_i}\alpha_{ij}\cdot(W_{\mathrm{dir}(i,j)}^o\boldsymbol{m}_j+\boldsymbol{b})\Big) \tag{5.36}$$

其中，m_i^* 表示使用注意力后生成的隐特征，m_j 表示顶点的属性向量，由顶点的视觉和语义特征联合表达，即 $\boldsymbol{m}_j=\mathrm{concat}(v_j,s_j)$，注意力系数 α_{ij} 的计算公式为

$$\alpha_{ij}=\frac{\exp((\boldsymbol{U}^o\boldsymbol{m}_i)^{\mathrm{T}}\cdot\boldsymbol{V}_{\mathrm{dir}(i,j)}^o\boldsymbol{m}_j+\boldsymbol{c})}{\sum_{j=1}^{K}\exp((\boldsymbol{U}^o\boldsymbol{m}_i)^{\mathrm{T}}\cdot\boldsymbol{V}_{\mathrm{dir}(i,j)}^o\boldsymbol{m}_j+\boldsymbol{c})} \tag{5.37}$$

其中，$\boldsymbol{U}^o$、$\boldsymbol{V}^o\in\mathbb{R}^{d_m\times(d_v+d_s)}$ 是投影矩阵，$\boldsymbol{b}$、$\boldsymbol{c}$ 是偏置项。$\mathrm{dir}(i,j)$根据每个边的方向性选择变换矩阵。

2. 三元组级推理

某种关系更可能同时出现，基于这种假设，构建一个三元组级别的图，用于捕获关系实

例之间的这种依赖关系。将所有可能的关系三元组当成顶点集合 V_t，三元组之间的交互当成边集合 E_o，则三元组级别的图 $G_t=\{V_t, E_t\}$ 可以表示为

$$e_{kl}^{t}=\begin{cases}1, & S_{r_k, r_l}>t_4 \\ 0, & \text{其他}\end{cases} \tag{5.38}$$

在实验中，t_4 设置为 0，三元组级别的图是一个无向图。三元组图上的注意力机制可以表示为

$$\boldsymbol{h}_k^{*}=\sigma\left(\sum_{l \in N_k} \alpha_{kl} \cdot \boldsymbol{W}^t \boldsymbol{h}_l\right) \tag{5.39}$$

其中，$\boldsymbol{h}_k^{*}$ 表示三元组实例 k 使用注意力机制之后得到的新特征表示，$\boldsymbol{h}_l$ 表示顶点 l 的属性特征，也就是三元组实例 l 的视觉特征。注意力权重系数 α_{kl} 的计算公式如下：

$$\alpha_{kl}=\frac{\exp((\boldsymbol{U}^t \boldsymbol{h}_k)^{\mathrm{T}} \cdot \boldsymbol{V}^t \boldsymbol{h}_l)}{\sum_{l \in N_k} \exp((\boldsymbol{U}^t \boldsymbol{h}_k)^{\mathrm{T}} \cdot \boldsymbol{V}^t \boldsymbol{h}_l)} \tag{5.40}$$

其中，$\boldsymbol{U}^t$、$\boldsymbol{V}^t \in \mathbb{R}^{d_h \times (d_v+d_v)}$ 是投影矩阵。

5.6 本章小结

本章聚焦于注意力机制在图神经网络模型中的应用，首先介绍了注意力模型的相关知识，然后引出注意力机制在图计算领域的应用，并对注意力机制的应用场景做了一个简单的分类。最后详细介绍了四个典型的图注意力网络模型：图注意力网络、异质图注意力网络、门控注意力网络和层次图注意力网络，其中，图注意力网络模型是将注意力应用于同构图中邻居顶点信息的聚合过程，并且使用多头注意力来提升模型效果的稳定性；异质图注意力网络模型针对异质图的特点，设计了顶点级别注意力和语义级别的注意力；门控注意力网络则在图注意力网络的基础上，引入了一个注意力门控，用于多个头注意力的聚合；层次图注意力网络模型是将图神经网络应用到视觉检测任务上的一个很好尝试，模型引入了层次注意力建模实体之间的关系。

第 6 章 图序列神经网络

循环神经网络对具有记忆序列形式数据中的过去一段时间数据的功能，因此循环神经网络通常是建模时间序列数据的首选方法，因此，我们也想到利用循环神经网络来提取图结构数据的序列特性。现实生活中，很多数据呈现序列特征，如在电商领域中，用户对商品进行点击，其点击商品的次序会构成一个时间序列，按照商品出现的次序可构成一个有向图，用来研究用户的长短期兴趣爱好。自然语言是一种非常有代表性的有序数据，很多序列神经网络是在处理自然语言问题时提出的。近些年，自然语言处理在算法和语言建模上都有着快速发展，在实际生活中也有一些应用，例如，法律文书的整合，中医问答等。随着语料数据的日益丰富，跨语句、跨文档的挖掘也成为现实需求，对语言模型的建模方式提出了新的挑战。为此，可以将自然语言的数据建模成图，来进行多文档和多句子中关系的学习。

本章首先介绍循环神经网络、门控神经网络和长短期记忆网络等基础序列神经网络，最后介绍门控神经网络和长短期记忆网络在图数据上的推广应用。

6.1 传统序列神经网络

循环神经网络是一类用于处理序列数据的神经网络模型，其特点是对当前输入之前的信息有一定的记忆能力，这使其成为深度学习领域中非常重要的一类模型，常用于处理有序列特点的数据场景，如语言模型、文本分类、机器翻译和语音识别等。

6.1.1 循环神经网络

循环神经网络(Recurrent Neural Network，RNN)是最基础的递归神经网络之一，是为了更好地处理时序信息而设计的深度学习网络。与全连接网络不同，循环神经网络引入一个隐藏状态存储历史时间的信息，综合历史信息和当前输入共同决定当前的输出。循环神经网络不一定要刚性地记忆所有固定长度信息，而是通过隐藏状态来存储历史时刻的信息。

假设 t 时刻输入数据为 $x^{(t)} \in \mathbb{R}^d$，表示一个序列长度为 n 的序列信号$\{x^{(0)}, x^{(1)}, \cdots, x^{(n)}\}$，$\boldsymbol{h}^{(t)} \in \mathbb{R}^h$ 是该时刻对应的隐藏状态，权重参数 $\boldsymbol{W}_{hh} \in \mathbb{R}^{h \times h}$ 用于描述上个时刻的隐藏层状态的保留程度，循环神经网络结构在三个相邻时刻的计算逻辑如图 6-1 所示。

每个时刻 t 的隐藏层状态 $\boldsymbol{h}^{(t)}$ 由当前时刻的输入和上一时刻的隐藏层状态共同决定，

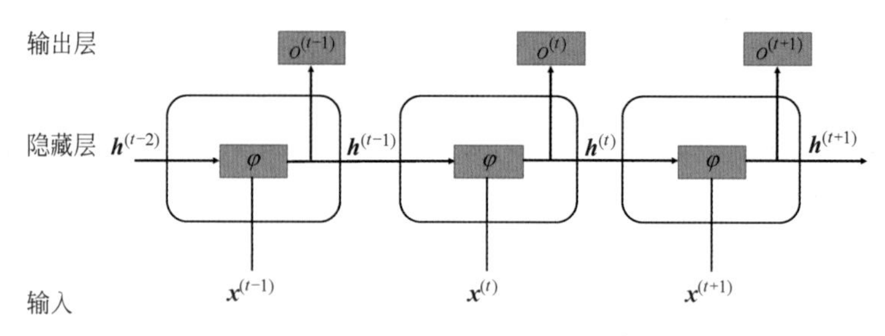

图 6-1　循环神经网络结构图

输出信息记为 $O_t \in \mathbb{R}^q$。迭代过程为

$$\boldsymbol{h}^{(t)} = \phi_1(\boldsymbol{W}_{hh}\boldsymbol{h}^{(t-1)} + \boldsymbol{W}_{xh}\boldsymbol{x}^{(t-1)} + \boldsymbol{b}^h) \tag{6.1}$$

时刻 t 的输出的结果为

$$O^{(t)} = \phi_2(\boldsymbol{W}_{ho}\boldsymbol{h}^{(t)} + \boldsymbol{b}^o) = \phi_2(\boldsymbol{W}_{ho}\phi_1(\boldsymbol{W}_{hh}\boldsymbol{h}^{(t-1)} + \boldsymbol{W}_{xh}\boldsymbol{x}^{(t-1)} + \boldsymbol{b}^h) + \boldsymbol{b}^o) \tag{6.2}$$

其中，$\boldsymbol{W}_{hh} \in \mathbb{R}^{h \times h}$，$\boldsymbol{W}_{xh} \in \mathbb{R}^{h \times d}$，$\boldsymbol{W}_{ho} \in \mathbb{R}^{q \times h}$ 为学习参数，$\boldsymbol{b}_h \in \mathbb{R}^h$，$\boldsymbol{b}_o \in \mathbb{R}^q$ 为偏置参数，ϕ_1 和 ϕ_2 为激活函数。可以看出，循环神经网络的输出值 $O^{(t)}$ 受前面历史输入值影响，因此有一定时间记忆的功能。

循环神经网络的优点：①从计算形式上，循环神经网络可以处理任意长度的序列；②由于共享学习权重，故模型内存消耗不会随输入序列的长短发生变化；③能够考虑历史信息。

循环神经网络的缺点：①不能很好地处理较长的序列，序列太长会造成梯度爆炸或梯度消失，导致训练时梯度不能在较长序列中一直传递下去，从而无法捕获序列中长距离的依赖；②循环神经网络在计算 t 时刻隐藏向量时，并未考虑 t 时刻的输入；③与全连接神经网络相比，循环神经网络参数更多，计算更耗时。

6.1.2　长短期记忆神经网络

为了解决循环神经网络模型中梯度消失的问题和长时间间隔元素关联弱的问题，Hochreiter 和 Schmidhuber 于 1997 年提出了改进循环神经网络的长短期记忆（Long Short-Term Memory，LSTM）。LSTM 神经网络模型强化了历史信息的记忆，加入了记忆单元，同时引入了门控制机制，对历史信息做存留的取舍，其计算设计思路如图 6-2 所示。从图中可以直观地发现从左到右遗忘门、输入门、候选记忆单元和输出门，四者为并联关系，均为以当前输入信号 $\boldsymbol{x}^{(t)}$ 和前一时刻隐藏层 $\boldsymbol{h}^{(t-1)}$ 为输入的全连接层。

LSTM 神经网络将每个单元时间 t 的参数分别定义为遗忘门 $f^{(t)}$、输入门 $i^{(t)}$、输出门 $o^{(t)}$、记忆细胞 $C^{(t-1)}$ 和隐藏层状态 $h^{(t)}$。遗忘门 $f^{(t)}$ 决定了从记忆单元中舍弃历史信息的比例，控制对前一时刻信息的遗忘程度；输入门 $i^{(t)}$ 决定何种信息存储于记忆单元中，控制候选记忆单元 $\widetilde{C}^{(t)}$ 用来更新 $C^{(t)}$ 的比重；输出门 $o^{(t)}$ 控制记忆单元 $C^{(t)}$ 对隐藏层状态 $h^{(t)}$ 的影响程度；$f^{(t)}$、$i^{(t)}$ 和 $o^{(t)}$ 的值域均为(0,1)。LSTM 状态转移方程如下：

$$f^{(t)} = \sigma(\boldsymbol{W}^f\boldsymbol{h}^{(t-1)} + \boldsymbol{U}^f\boldsymbol{x}^{(t)} + \boldsymbol{b}^f)$$

$$i^{(t)} = \sigma(\boldsymbol{W}^i\boldsymbol{h}^{(t-1)} + \boldsymbol{U}^i\boldsymbol{x}^{(t)} + \boldsymbol{b}^i)$$

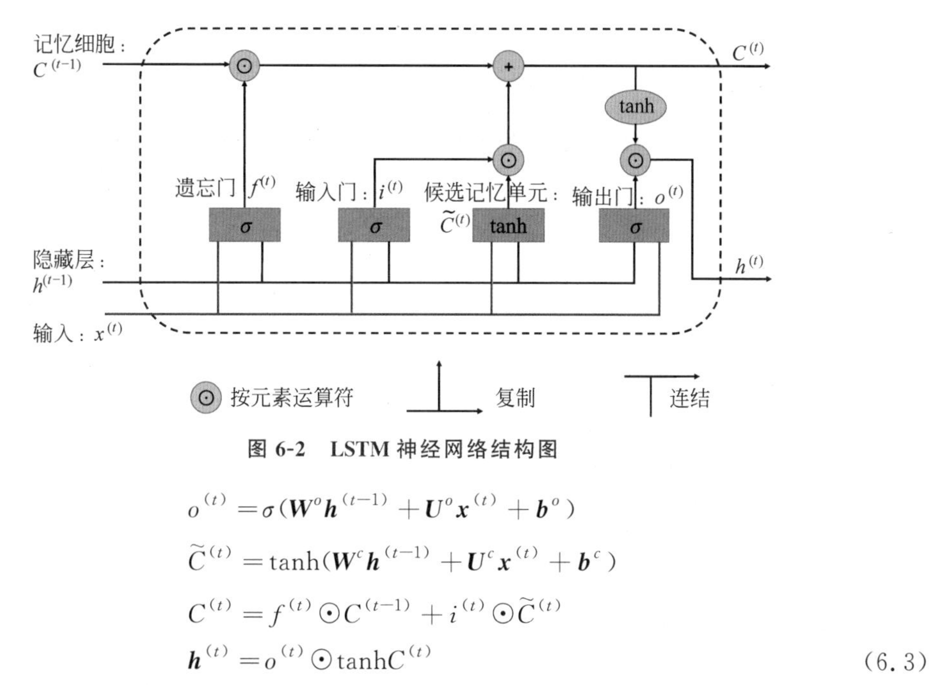

图 6-2　LSTM 神经网络结构图

$$
\begin{aligned}
o^{(t)} &= \sigma(\boldsymbol{W}^o \boldsymbol{h}^{(t-1)} + \boldsymbol{U}^o \boldsymbol{x}^{(t)} + \boldsymbol{b}^o) \\
\widetilde{C}^{(t)} &= \tanh(\boldsymbol{W}^c \boldsymbol{h}^{(t-1)} + \boldsymbol{U}^c \boldsymbol{x}^{(t)} + \boldsymbol{b}^c) \\
C^{(t)} &= f^{(t)} \odot C^{(t-1)} + i^{(t)} \odot \widetilde{C}^{(t)} \\
\boldsymbol{h}^{(t)} &= o^{(t)} \odot \tanh C^{(t)}
\end{aligned} \tag{6.3}
$$

其中，$\boldsymbol{W}$、$\boldsymbol{U}$ 和 $\boldsymbol{b}$ 为学习参数，$\odot$是元素积，σ 为 sigmoid 激活函数。可以看出，当前时刻的隐藏层状态只依赖于当前的输入以及前一个时刻的隐藏层状态。

6.1.3　门控循环神经网络

门控循环神经网络是 LSTM 神经网络的一个变体，旨在解决标准循环神经网络中出现的梯度消失问题。该模型中引入了重置门和更新门的概念，门控循环单元(Gated Recurrent Unit，GRU)结构如图 6-3 所示。

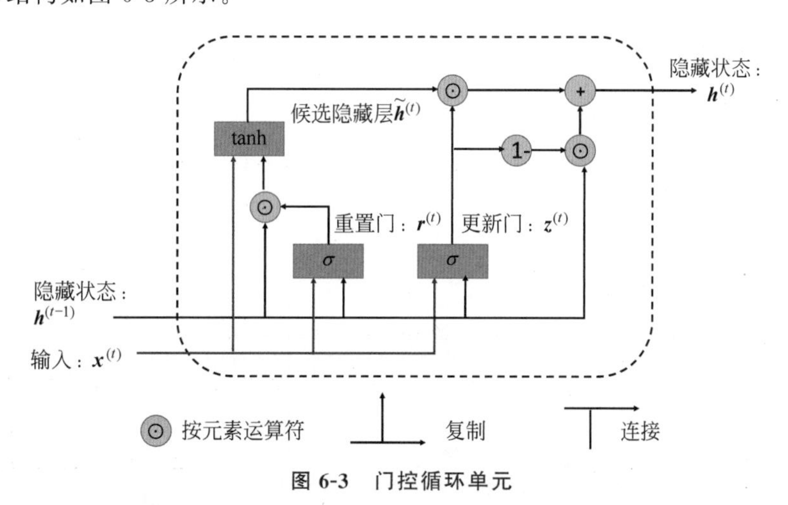

图 6-3　门控循环单元

图 6-3 中的计算过程可以表述为

$$
\begin{aligned}
\boldsymbol{z}^{(t)} &= \sigma(\boldsymbol{W}^z \boldsymbol{x}^{(t)} + \boldsymbol{U}^z \boldsymbol{h}^{(t-1)} + \boldsymbol{b}^z) \\
\boldsymbol{r}^{(t)} &= \sigma(\boldsymbol{W}^r \boldsymbol{x}^{(t)} + \boldsymbol{U}^r \boldsymbol{h}^{(t-1)} + \boldsymbol{b}^r)
\end{aligned}
$$

$$\tilde{\boldsymbol{h}}^{(t)}=\tanh(W^h\boldsymbol{x}^{(t)}+\boldsymbol{U}^h(r^{(t)}\odot\boldsymbol{h}^{(t-1)})+\boldsymbol{b}^h)$$
$$\boldsymbol{h}^{(t)}=(1-\boldsymbol{z}^{(t)})\odot\boldsymbol{h}^{(t-1)}+\boldsymbol{z}^{(t)}\odot\tilde{\boldsymbol{h}}^{(t)} \tag{6.4}$$

其中，$\boldsymbol{W}$、$\boldsymbol{U}$ 和 $\boldsymbol{b}$ 为可学习的参数。

在图 6-3 中，$\boldsymbol{z}^{(t)}$ 表示更新门，$\boldsymbol{r}^{(t)}$ 表示重置门。重置门决定如何将新的输入信息与前面的记忆相结合，更新门定义了前面记忆保存到当前时间的量。上述过程可以进一步概括为

$$\boldsymbol{h}^{(t)}=\mathrm{GRU}(\boldsymbol{x}^{(t)},\boldsymbol{h}^{(t-1)}) \tag{6.5}$$

如果我们将重置门设置为 1，更新门设置为 0，那么将再次获得标准循环神经网络模型。与 LSTM 神经网络相比，GRU 只含有两种门控机制，计算参数相对 LSTM 神经网络也较少。一般而言，当数据集较小时推荐使用 GRU，数据集较大时推荐使用 LSTM。

6.2 门控序列图神经网络

2016 年，Li 等将门控序列网络（GRU）应用于图数据上，提出了门控序列图神经网络（Gated Graph Neural Networks，GGNN）。在此之前，图神经网络模型的工作主要集中在单输出模型上，GGNN 模型用于解决序列生成问题。GGNN 包含对边和顶点的学习，因此既可以处理与顶点相关的任务（如节点分类任务等），也能处理与边相关的任务（如关系分类、链路预测等）。

GGNN 模型采用维度为$\mathbb{R}^D$ 的隐向量对顶点进行学习，对于边的学习则采用维度为$\mathbb{R}^{D\times D}$ 的可学习矩阵。图 6-4(a)是一个 4 节点的示意图，其中按颜色或者虚实表示不同类型的边，图 6-4(b)是展开为二部图的信息传递过程。GGNN 模型考虑了边的有向性，对于无向图而言，邻接矩阵是对称矩阵，而对于有向图的边 e_{ij}，表示节点 i 指向节点 j 的边，需要注意 $e_{ij}\neq e_{ji}$，二者并不等价，如图 6-4(c)所示，图中 B 和 C 表示边的类型。假设以节点 i 为起始节点，若存在一条指向 j 节点的边，则记出边邻接矩阵 $\boldsymbol{M}_{ij}^{\mathrm{out}}=1$，对应边的传播矩阵 $\boldsymbol{A}_{ij}^{(\mathrm{out})}\in\mathbb{R}^{D\times D}$。反之，若存在以节点 i 为终点的边，其起始节点 j，则记入边邻接矩阵 $\boldsymbol{M}_{ij}^{\mathrm{in}}=1$，对应边的传播矩阵为 $\boldsymbol{A}_{ij}^{(\mathrm{in})}\in\mathbb{R}^{D\times D}$。$\boldsymbol{A}_{ij}^{(\mathrm{out})}$ 和 $\boldsymbol{A}_{ij}^{(\mathrm{in})}$ 包含是否有边、边的方向以及边的类型，也可视为边的特征，若边的类型相同，则参数是共享的。$\boldsymbol{A}=[\boldsymbol{A}^{(\mathrm{out})},\boldsymbol{A}^{(\mathrm{in})}]\in\mathbb{R}^{D|V|\times 2D|V|}$ 表

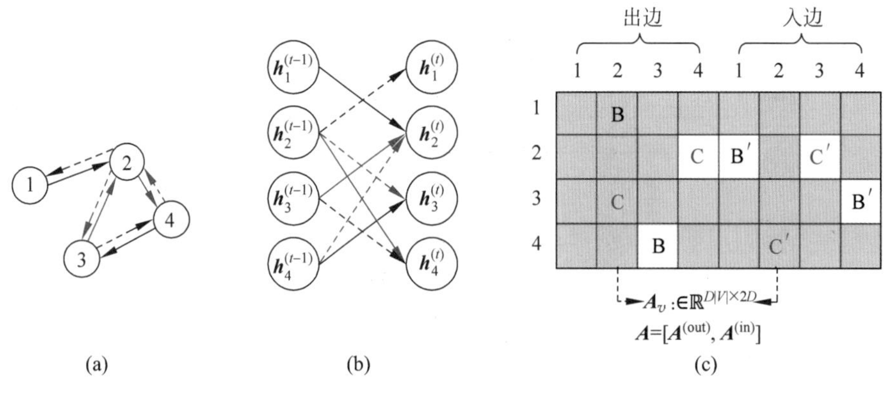

图 6-4 GGNN 模型示例图

示图中节点与其他节点的连接关系，**A** 是比较稀疏的矩阵。

GGNN 模型允许信息在节点间以固定 T 个步的门控序列网络传播，多个循环可以让各个节点的信息在子图结构上充分流动交互，同时采用依时反向传播算法(Back Propagation Through Time，BPTT)来更新梯度，学习模型参数，其设计思想如图 6-5 所示。从图中可以看到，该算法继承了门控循环神经网络的更新机制，同时通过边来汇聚邻居节点的信息。

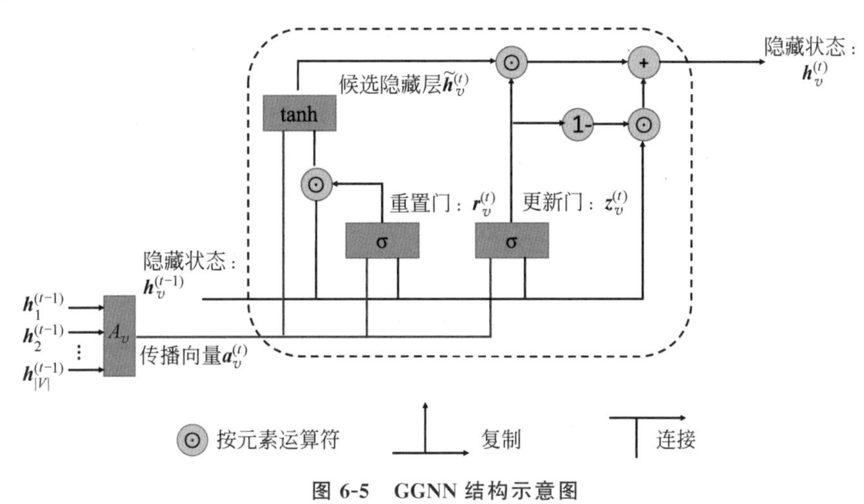

图 6-5　GGNN 结构示意图

图 6-5 中，$A_{v:}\in\mathbb{R}^{D|V|\times 2D}$ 表示有向图的邻接矩阵 **A** 中抽取与节点 v 相关的两列，如图 6-4(b)所示。$\boldsymbol{a}_v^{(t)}\in\mathbb{R}^{2D}$ 表示上一时刻传播生成的向量，包含双向传播，是节点和其邻居通过边进行的相互作用；$\boldsymbol{z}_v^{(t)}$ 是遗忘门，控制上一节点信息 $\boldsymbol{h}_v^{(t-1)}$ 的遗忘程度；$\boldsymbol{r}_v^{(t)}$ 是更新门，控制当前状态的保留程度；$\tilde{\boldsymbol{h}}_v^{(t)}$ 是过更新门后的候选隐藏向量。$\boldsymbol{h}_v^{(t)}$ 是最终的 GGNN 单元的输出。具体而言，给定图中的节点 v，其递归方程如下：

$$
\begin{aligned}
\boldsymbol{a}_v^{(t)} &= \boldsymbol{A}_{v:}^{\mathrm{T}}[\boldsymbol{h}_1^{(t-1)\mathrm{T}},\cdots,\boldsymbol{h}_{|V|}^{(t-1)\mathrm{T}}]^{\mathrm{T}}+\boldsymbol{b}^v\\
\boldsymbol{z}_v^t &= \sigma(\boldsymbol{W}^z\boldsymbol{a}_v^{(t)}+\boldsymbol{U}^z\boldsymbol{h}_v^{(t-1)})\\
\boldsymbol{r}_v^t &= \sigma(\boldsymbol{W}^r\boldsymbol{a}_v^{(t)}+\boldsymbol{U}^r\boldsymbol{h}_v^{(t-1)})\\
\tilde{\boldsymbol{h}}_v^{(t)} &= \tanh(\boldsymbol{W}^h\boldsymbol{a}_v^{(t)}+\boldsymbol{U}^h(\boldsymbol{r}_v^t\odot\boldsymbol{h}_v^{(t-1)}))\\
\boldsymbol{h}_v^{(t)} &= (1-\boldsymbol{z}_v^t)\odot\boldsymbol{h}_v^{(t-1)}+\boldsymbol{z}_v^t\odot\tilde{\boldsymbol{h}}_v^t
\end{aligned}
\tag{6.6}
$$

其中，**W** 和 **U** 表示可学习的参数，值得注意的是，**A** 也是需要学习参数，$b^v\in\mathbb{R}^{2D}$ 是待学习偏置。$[\boldsymbol{h}_1^{(t-1)\mathrm{T}},\cdots,\boldsymbol{h}_{|V|}^{(t-1)\mathrm{T}}]^{\mathrm{T}}\in\mathbb{R}^{D|V|}$ 为所有节点的状态拼接(Append)构成的长向量。式(6.7)可以概括为

$$
\begin{aligned}
\boldsymbol{a}_v^{(t)} &= \boldsymbol{A}_{v:}^{\mathrm{T}}[\boldsymbol{h}_1^{(t-1)\mathrm{T}},\cdots,\boldsymbol{h}_{|V|}^{(t-1)\mathrm{T}}]^{\mathrm{T}}+b^v\\
\boldsymbol{h}_v^{(t)} &= \mathrm{GRU}(\boldsymbol{h}_v^{(t-1)},\boldsymbol{a}_v^{(t)})
\end{aligned}
\tag{6.7}
$$

节点 v 的起始状态表示为 $\boldsymbol{h}_v^{(1)}\in\mathbb{R}^D$，当初始节点批注(Node Annotations)$\boldsymbol{x}_v^{\mathrm{T}}$ 的维度小于 D 时，填充 0。节点表征中首先将节点批注复制到隐藏状态的第一部分，其余部分用零填充，即 $\boldsymbol{h}_v^{(1)}=[\boldsymbol{x}_v^{\mathrm{T}},\boldsymbol{0}]^{\mathrm{T}}$。

GGNN 模型既可以单步预测，也可以多步预测，进而输出序列，如图 6-6 所示。图中 $\boldsymbol{x}_v^{(k)} \in \mathbb{R}^{L_v}$ 表示节点 v 的第 k 次输入的批注；$\boldsymbol{h}_v^{(k,t)} \in \mathbb{R}^D$ 表示第 t 次传播的第 k 个输出步的节点隐向量，我们采用 $\boldsymbol{x}_v^{(k)}$ 来初始化 $\boldsymbol{h}_v^{(k,1)}$。MLP 表示多层感知机，从图 6-6(b)中可以观察到，$\boldsymbol{h}^{(k,1)}$ 经过传播，得到 $\boldsymbol{h}^{(k,T)}$ 后分为两支预测，一支用来供输出模型做预测 $o^{(k)}$，另外一支用来预测新的批注 $\boldsymbol{x}^{(k+1)}$，因此 $\boldsymbol{h}^{(k,1)}$ 到 $\boldsymbol{h}^{(k,T)}$ 的传播过程是共享的，可以提高计算效率。在实际设计网络时，这两支预测也可以不共享传播过程，采用各自的传播过程。

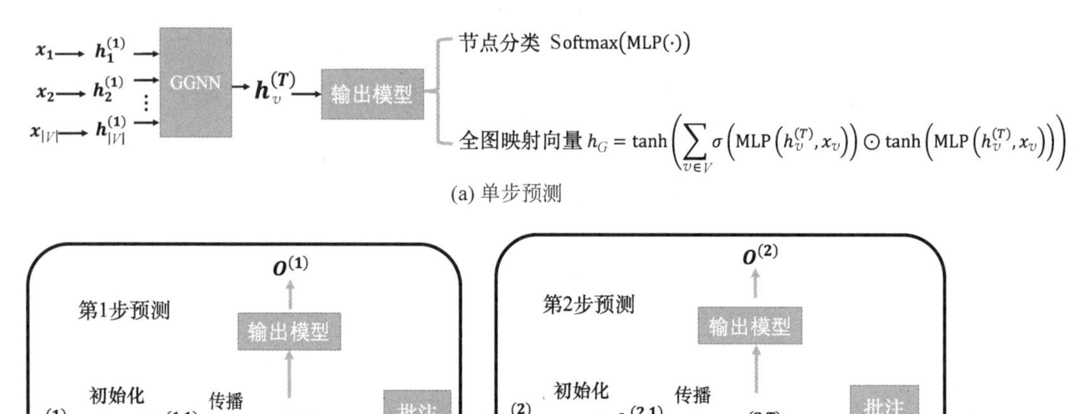

(a) 单步预测

(b) 多步序列预测

图 6-6　预测

单步预测有两种方式。第一种可以用于节点分类等任务。例如，将经过 T 次传播生成的图嵌入向量 $\boldsymbol{h}_v^{(T)}$，通过全连接层(MLP)或者 CNN 等其他神经网络进行转换后，最终使用 Softmax 激活函数打分，对节点做分类任务。第二种可用于图粒度的输出，得到一个图粒度的表征向量：

$$\boldsymbol{h}_G = \tanh\left(\sum_{v\in V}\sigma(\mathrm{MLP}(\boldsymbol{h}_v^{(T)},\boldsymbol{x}_v))\odot\tanh(\mathrm{MLP}(\boldsymbol{h}_v^{(T)},\boldsymbol{x}_v))\right) \tag{6.8}$$

其中，$\sigma(\mathrm{MLP}(\boldsymbol{h}_v^{(T)},\boldsymbol{x}_v))$实现了软注意力机制神经网络的作用，该输出模式将图上的嵌入映射到一个向量 $\boldsymbol{h}_G$ 上，用以表示全图的特征。

图 6-6(b)展示了多步预测模型的过程，经历 k 次输出后，可得到 $o^{(1)},o^{(2)},\cdots,o^{(k)}$。值得注意的是，该模型可以支持批注 $\boldsymbol{x}_v^{(1)}$ 是被原始数据初始化的，剩下的批注 $\boldsymbol{x}_v^{(k)}$ 均为被预测，以完成整个预测过程，$\boldsymbol{x}_v^{(k+1)}$ 可由 $\boldsymbol{h}_v^{(k,T)}$ 和 $\boldsymbol{x}_v^{(k)}$ 通过一种神经变换得到，例如，

$$\boldsymbol{x}_v^{(k+1)} = \sigma(\mathrm{MLP}(\boldsymbol{h}_v^{(k,T)},\boldsymbol{x}_v^{(k)})) \tag{6.9}$$

当然，中间的每一步批注也可以由数据集来提供，以提高模型性能。

GGNN 模型能处理与图相关的诸多问题，该模型对边和节点的表征进行学习，可以用来完成边上的任务，也可以做序列预测。GGNN 模型也存在一些缺点，它需要在所有节点上多次运行传播过程，这需要将所有节点的中间状态存储在内存中，对于大图而言，其内存消耗是难以接受的。

6.3　树与图结构的 LSTM 神经网络

本节首先介绍用于线性序列信息的 LSTM 模型，随后衍生至树形结构数据上，具体介绍两种树形结构序列神经网络模型：Child-Sum Tree-LSTM 和 N 叉树 LSTM，最后介绍 Graph-LSTM 模型。

6.3.1　非线性结构的 LSTM 模型

LSTM 模型的不足在于它只能对严格意义上的线性序列信息进行计算，但是随着各种复杂应用中非结构化的数据(图形、树形数据)越来越多，学者们也开始考虑 LSTM 模型的不同变体，将 LSTM 模型拓展到树形、图形结构中，当然树(Tree)也可视作一种特殊的图。Tree-LSTM 模型继承了普通 LSTM 模型的设计思想，包含输入门、输出门、遗忘门和记忆细胞，但是与 LSTM 模型不同的是，Tree-LSTM 模型每个单元的遗忘门和记忆细胞的更新都依赖于其可能存在的孩子节点的 LSTM 单元。给定一个树，假设 N_v 是节点 v 的孩子节点集合，子节点到父节点的关系为多对一的关系，对应的遗忘门、输入门、记忆单元和输出门则可能存在多对多或者多对一的关系，因此设计 Tree-LSTM 模型的方式并不唯一。Tai 等人[①]提出，将 LSTM 衍生到树形拓扑结构，包括两种典型模型：Child-Sum Tree-LSTM 和 N 叉树 LSTM。

1. Child-Sum Tree-LSTM 模型

Child-Sum Tree-LSTM 模型通过对子节点传入父节点的隐藏层向量进行求和来降低维度，即 $\tilde{\boldsymbol{h}}_v^{(t-1)} = \sum_{k \in N_v} \boldsymbol{h}_{vk}^{(t-1)}$。该设计可以近似于标准的 LSTM 模型，具体设计思路如图 6-7 所示。从设计图中可以直观地发现，从左到右输入门、候选单元和输出门三者为并联关系，均为以当前输入信号 $\boldsymbol{x}^{(t)}$ 和前一时刻隐藏层 $\tilde{\boldsymbol{h}}_v^{(t-1)}$ 为输入的全连接层，几乎与标准的 LSTM 一致。

图 6-7 中，$\boldsymbol{x}_v^{(t)}$ 表示节点 v 在 t 时刻的输入，$\boldsymbol{h}_v^{(t)}$ 是其隐藏层状态，$\tilde{\boldsymbol{h}}_v^{(t-1)}$ 是邻居节点之和。$\boldsymbol{i}_v^{(t)}$ 表示输入门，$\boldsymbol{f}_{vk}^{(t)}$ 是遗忘门对应节点 v 传入的第 k 支节点的遗忘门；$\boldsymbol{o}_v^{(t)}$ 是输出门，$\tilde{\boldsymbol{C}}_v^{(t)}$ 是候选记忆单元，$\boldsymbol{C}_v^{(t)}$ 是记忆单元。$\boldsymbol{C}_{vk}^{(t-1)}$ 和 $\boldsymbol{h}_{vk}^{(t-1)}$ 为节点 v 的第 k 个孩子节点的记忆单元和隐藏层向量。具体地，Child-Sum Tree-LSTM 的递归方程可表示为

$$\tilde{\boldsymbol{h}}_v^{(t-1)} = \sum_{k \in N_v} \boldsymbol{h}_{vk}^{(t-1)}$$

$$\boldsymbol{i}_v^{(t)} = \sigma(\boldsymbol{W}^i \boldsymbol{x}_v^{(t)} + \boldsymbol{U}^i \tilde{\boldsymbol{h}}_v^{(t-1)} + \boldsymbol{b}^i)$$

$$\boldsymbol{f}_{vk}^{(t)} = \sigma(\boldsymbol{W}^f \boldsymbol{x}_v^{(t)} + \boldsymbol{U}^f \boldsymbol{h}_k^{(t-1)} + \boldsymbol{b}^f)$$

① TAI K S, SOCHER R, MANNING C D. Improved Semantic Representations From Tree-Structured Long Short-Term Memory Networks[C]//Proceedings of the 53rd Annual Meeting of the Association for Computational Linguistics and the 7th International Joint Conference on Natural Language Processing.

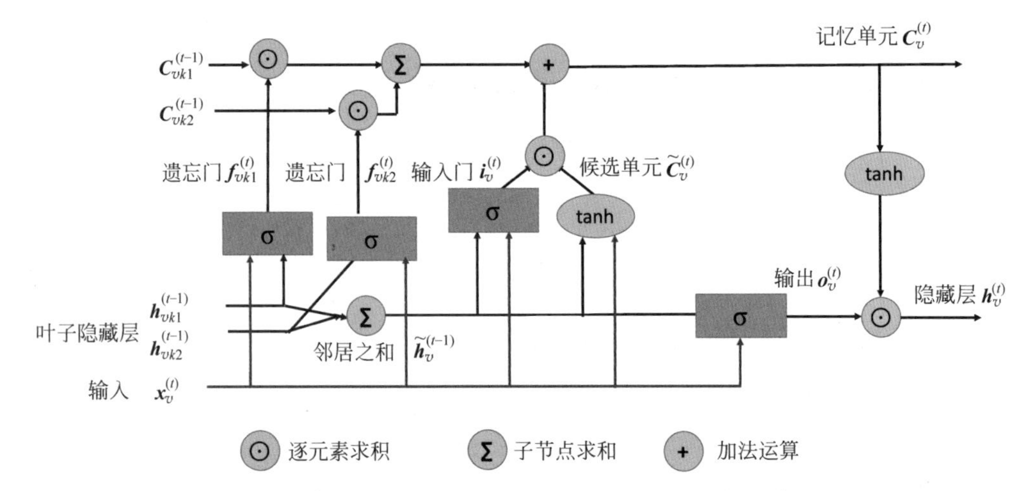

图 6-7 叶子节点为 2 的 Child-Sum Tree LSTM 结构示意图

$$
\begin{aligned}
\boldsymbol{o}_v^{(t)} &= \sigma(\boldsymbol{W}^o \boldsymbol{x}_v^{(t)} + \boldsymbol{U}^o \widetilde{\boldsymbol{h}}_v^{(t-1)} + \boldsymbol{b}^o) \\
\widetilde{\boldsymbol{C}}_v^{(t)} &= \tanh(\boldsymbol{W}^c \boldsymbol{x}_v^{(t-1)} + \boldsymbol{U}^c \widetilde{\boldsymbol{h}}_v^{(t-1)} + \boldsymbol{b}^c) \\
\boldsymbol{C}_v^{(t)} &= i_v^{(t)} \odot \widetilde{\boldsymbol{C}}_v^{(t)} + \sum_{k \in N_v} \boldsymbol{f}_{vk}^{(t)} \odot \boldsymbol{C}_{vk}^{(t-1)} \\
\boldsymbol{h}_v^{(t)} &= \boldsymbol{o}_v^{(t)} \odot \tanh(\boldsymbol{C}_v^{(t)})
\end{aligned} \tag{6.10}
$$

其中，$\boldsymbol{W}$、$\boldsymbol{U}$ 和 $\boldsymbol{b}$ 均为待学习的权重参数，N_v 是节点 v 的邻居节点集合。值得注意的是，对于不同分支的遗忘门的权重矩阵 $\boldsymbol{W}^f$ 和 $\boldsymbol{U}^f$ 是共享的，不做区分。Child-Sum Tree-LSTM 将其子节点的状态 $\widetilde{\boldsymbol{h}}_v^{(t-1)} = \sum_{k \in N_v} \boldsymbol{h}_k^{(t-1)}$ 进行算术累加，并无权重区分，因此适合多分支、子节点无序的树，或者说节点特征均匀分布的树。此外，对子节点隐藏向量求和，相对于不求和的设计则会降低计算复杂度，可以加速计算，故 Child-Sum Tree-LSTM 也适用于子节点较多的场景。

2. *N* 叉树 LSTM

Child-Sum Tree-LSTM 模型中，对于子节点各自的特点并不作区分。当子节点是有序的，或者说子节点的差异性很大时，则需要考虑子节点间的差异性。例如，一个句法分析树(Syntactic Parsing Tree)，其中一个节点的左孩子可能是一个名词短语，右孩子是一个动词短语，在这种情况下，在树的表示中强调动词短语是有利的。当给定的数据可以按照顺序给子节点编号，则可以设计更为精细的模型。假设子节点数目的最大值为 N，此时节点与其子节点可以视为一棵 N 叉树，最常见的 N 叉树为二叉树，设计思路如图 6-8 所示。直观上看，遗忘门、输入门、候选单元和输出门是并联的，均为以当前输入信号 $\boldsymbol{x}^{(t)}$ 和前一时刻叶子隐藏层 $\boldsymbol{h}_{vk}^{(t-1)}$ 为输入的全连接层，这一点与标准 LSTM 一致。

图 6-8 中 $\boldsymbol{h}_{vk}^{(t-1)}$ 和 $\boldsymbol{C}_{vk}^{(t-1)}$ 分别为节点 v 第 k 个子节点的隐藏层向量和记忆细胞。$\boldsymbol{i}_v^{(t)}$ 表示输入门，$\boldsymbol{f}_{vk}^{(t)}$ 是节点 v 的第 k 支子节点的遗忘门。给定树中的节点 v，其递归方程如下：

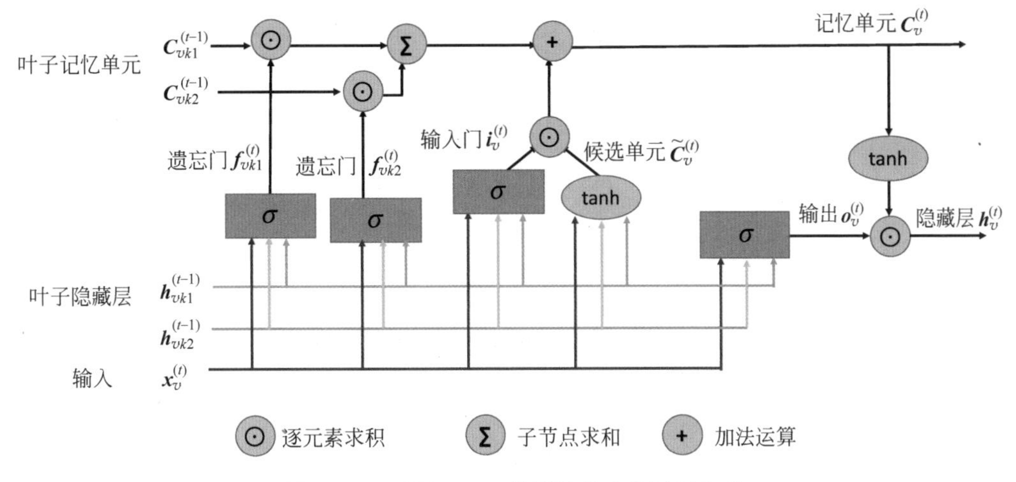

图 6-8 二叉树 LSTM 模型的基本单元示意图

$$
\begin{aligned}
\boldsymbol{i}_v^{(t)} &= \sigma\left(\boldsymbol{W}^i \boldsymbol{x}_v^{(t)} + \sum_{k=1}^{N} \boldsymbol{U}_k^i \boldsymbol{h}_{vk}^{(t-1)} + \boldsymbol{b}^i\right) \\
\boldsymbol{f}_{vk}^{(t)} &= \sigma\left(\boldsymbol{W}^f \boldsymbol{x}_v^{(t)} + \sum_{l=1}^{N} \boldsymbol{U}_{kl}^f \boldsymbol{h}_{kl}^{(t-1)} + \boldsymbol{b}^f\right) \\
\boldsymbol{o}_v^{(t)} &= \sigma\left(\boldsymbol{W}^o \boldsymbol{x}_v^{(t)} + \sum_{k=1}^{N} \boldsymbol{U}_k^o \boldsymbol{h}_{vk}^{(t-1)} + \boldsymbol{b}^o\right) \\
\widetilde{\boldsymbol{C}}_v^{(t)} &= \tanh\left(\boldsymbol{W}^c \boldsymbol{x}_v^{(t)} + \sum_{k=1}^{N} \boldsymbol{U}_k^c \boldsymbol{h}_{vk}^{(t-1)} + \boldsymbol{b}^c\right) \\
\boldsymbol{C}_v^{(t)} &= \boldsymbol{i}_v^{(t)} \odot \widetilde{\boldsymbol{C}}_v^{(t)} + \sum_{l=1}^{N} \boldsymbol{f}_{vk}^{(t)} \odot \boldsymbol{C}_{vk}^{(t-1)} \\
\boldsymbol{h}_v^{(t)} &= \boldsymbol{o}_v^{(t)} \odot \tanh(\boldsymbol{C}_v^{(t)})
\end{aligned}
\tag{6.11}
$$

其中，$\boldsymbol{W}$、$\boldsymbol{U}$ 和 $\boldsymbol{b}$ 均为待学习的权重参数。可以观察到 $\boldsymbol{U}_k^i$、$\boldsymbol{U}_k^o$、$\boldsymbol{U}_{kl}^f$ 和 $\boldsymbol{U}_k^c$ 与第 k 个分支相关，每个分支不再共享权重系数。对于遗忘门 $\boldsymbol{f}_{vk}^{(t)}$，不再单一考虑第 k 个孩子节点的隐藏层，这一点也与 Child-Sum Tree-LSTM 不同，每个遗忘门都考虑所有子节点的隐藏层向量，对应的可学习参数为 $\boldsymbol{U}_{kl}^f$。因此相对于 Child-Sum Tree-LSTM 模型，N 叉树 LSTM 模型能提取到各子节点更细粒度的状态信息。

6.3.2 GraphLSTM 模型

传统自然语言处理方法以单一句子中二元实体关系为研究对象，不能充分挖掘句子的前后语境，并且传统方法通常以语句中二元实体间的关系判定为基准，常用的方法是找到两个元素间的最短依赖路径，将这个思路扩展到 n 元关系时，将存在 C_n^2 种可能性组合。此外，从关系提取的词汇和句法特征通常是稀疏的，传统的特征工程方法需要大量的计算，在实际应用中，这种开销往往是无法接受的。LSTM 算法是自然语言处理领域内算法模型的一个重要分支，但是其处理数据时，前后信息的传递是线性的。Peng 等人[1]将 LSTM 算法推广到文档图谱(Document Graph)结构上，提出 GraphLSTM 模型，以跨语句的实体关系为分析对象，适应语料中复杂实体关系的提取。

文档图谱由语句中的实体和实体之间的关系构建，是构建 GraphLSTM 模型的基础。图 6-9 是一个典型的文档图谱结构示意图。在自然语言中，语句中的实体与实体之间的关系类型的确认，学术界有一个斯坦福大学给出的句法分析标准。表 6-1 是这种标准的简单叙述，图 6-9 中的边包含了单词之间的语法、指代消解(Coreference Resolution)和论述相关性，其中，指代消解指识别一段文本中指示相同实体的内容。

表 6-1　依存句法中关系类型中、英文对照表

句法依赖关系符	中 文 含 义
AMOD	形客词修饰语
AUXPASS	被动词
ADVCL	状语从句修饰词
CONJ_AND	并列关系
COP	系动词
DET	限定词
DEP	决定词，如冠词等
DOBJ	直接宾语
MARK	复句引导词
NUM	数值修饰
PREP	介词
PREP_ON	介词 ON
PREP_IN	介词 IN
PREP_OF	介词 OF
PREP_WITH	介词 WITH
ROOT	中心词，通常是动词

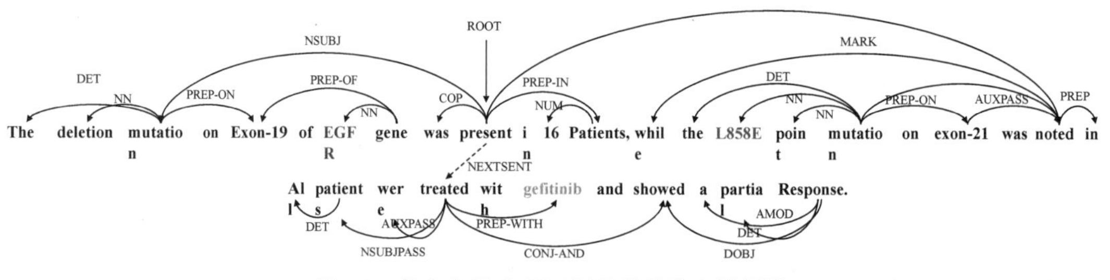

图 6-9　依存句法分析三元组表示的文档图谱

从文本中抽取实体间所具有的语义关系称为关系抽取(Relation Extraction)。语义关系常以三元组(e_1,r,e_2)的形式表述，其中 e_1 和 e_2 表示实体，r 表示实体间所具有的语义关系。进一步，文本中关系抽取的问题可以抽象为：给出一个文档 T，假定 $e_1,e_2,\cdots,e_m$ 为

① Peng N, Poon H, Quirk C, et al. Cross-sentence n-ary relation extraction with graph istms[J]. Transactions of the Association for Computational Linguistics, 2017, 5: 101-115.

文本中的实体,则关系提取任务可以归纳为文本 T 中的 $e_1,e_2,\cdots,e_m$ 是否存在某种关系 r 的分类问题。图 6-10 是 GraphLSTM 模型实现文档图关系抽取的结构图,数据流从下向上。首先,将稀疏的语料数据转换为连续的词向量;然后,通过 LSTM 算法对每个单词学习一个上下文表示,其中几个实体的上下文向量被拼接起来,最后,将学习到的关系对表示输入到关系分类器中,做关系类别的判断。

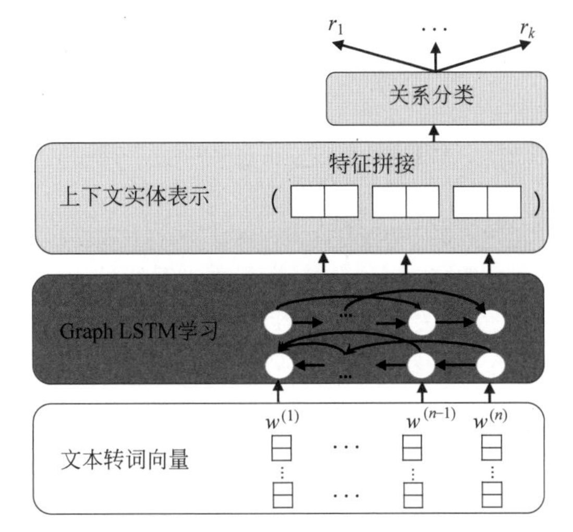

图 6-10　GraphLSTM 模型实现文档图关系抽取的结构图

随机抽取图中一个节点和其邻居时,可以等价视为一个树结构。因此,Child-Sum Tree-LSTM 和 N 叉树 LSTM 均可以推广到图结构数据。Peng 等人设计的 GraphLSTM 是 N 叉树 LSTM 的一个简化版本,其设计思路如图 6-11 所示。

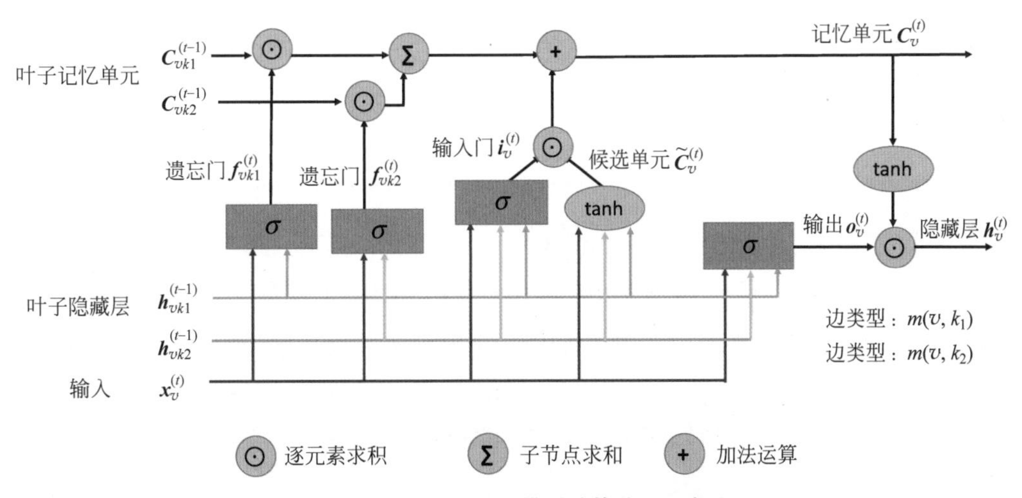

图 6-11　GraphLSTM 模型计算单元示意图

在 GraphLSTM 中,节点 v 的第 k 个遗忘门 $\boldsymbol{f}_{vk}^{(t)}$ 只考虑第 k 个节点的隐藏向量 $\boldsymbol{h}_{vk}^{(t-1)}$,且边是有类型的,权重按照边的类型共享权重。图 6-11 中,$\boldsymbol{x}_v^{(t)}$ 是节点 v 在 t 时刻的信息输入,$\boldsymbol{i}_v^{(t)}$ 是节点 v 的输入门,$\boldsymbol{f}_{vk}^{(t)}$ 是第 k 个邻居的遗忘门。$\boldsymbol{h}_{vk}^{(t-1)}$ 和 $\boldsymbol{C}_{vk}^{(t-1)}$ 分别为节点 v 第 k 个子节点的隐藏层向量和记忆细胞。$\boldsymbol{o}_v^{(t)}$ 为输出门,$\widetilde{\boldsymbol{C}}_v^{(t)}$ 为候选单元。给定图 6-11 中的

节点 v，其递归方程如下：

$$
\begin{aligned}
\boldsymbol{f}_{vk}^{(t)} &= \sigma(\boldsymbol{W}^f \boldsymbol{x}_v^{(t)} + \boldsymbol{U}_{m(v,k)}^f \boldsymbol{h}_{vk}^{(t-1)} + \boldsymbol{b}^f) \\
\boldsymbol{i}_v^{(t)} &= \sigma\left(\boldsymbol{W}^i \boldsymbol{x}_v^{(t)} + \sum_{k \in N_v} \boldsymbol{U}_{m(v,k)}^i \boldsymbol{h}_{vk}^{(t-1)} + \boldsymbol{b}^i\right) \\
\boldsymbol{o}_v^{(t)} &= \sigma\left(\boldsymbol{W}^o \boldsymbol{x}_v^{(t)} + \sum_{k \in N_v} \boldsymbol{U}_{m(v,k)}^o \boldsymbol{h}_{vk}^{(t-1)} + \boldsymbol{b}^o\right) \\
\widetilde{\boldsymbol{C}}_v^{(t)} &= \tanh\left(\boldsymbol{W}^c \boldsymbol{x}_v^{(t)} + \sum_{k \in N_v} \boldsymbol{U}_{m(v,k)}^c \boldsymbol{h}_{vk}^{(t-1)} + \boldsymbol{b}^c\right) \\
\boldsymbol{C}_v^{(t)} &= i_v^{(t)} \odot \widetilde{\boldsymbol{C}}_v^{(t)} + \sum_{k \in N_v} \boldsymbol{f}_{vk}^{(t)} \odot \boldsymbol{C}_k^{(t-1)} \\
\boldsymbol{h}_v^{(t)} &= \boldsymbol{o}_v^{(t)} \odot \tanh(\boldsymbol{C}_v^{(t)})
\end{aligned} \tag{6.12}
$$

其中，$\boldsymbol{U}_{m(v,k)}^f$、$\boldsymbol{U}_{m(v,k)}^i$、$\boldsymbol{U}_{m(v,k)}^o$ 和 $\boldsymbol{U}_{m(v,k)}^c$ 为待学习的权重矩阵，$\boldsymbol{b}^f$、$\boldsymbol{b}^i$、$\boldsymbol{b}^o$ 和 $\boldsymbol{b}^c$ 为待学习偏置，$m(v,k)$表示节点 v、k 之间的关系类型标签，N_v 是节点 v 的邻居集合。

在复杂的语境中，一个句子中多个词的前后关系错综复杂。举一个例子："这只狗脏得不行，没有你家的干净"，这里的"不行"是对"脏"的程度的一种修饰，是后置的，需要从后到前进行学习。如图 6-12 所示，由于前后关系的关联，在构图时容易形成环状结构。这种带环的结构会让 LSTM 模型的学习过程变得困难。传统的 LSTM 结构延伸到有环的图中需要将递归的步骤展开，做反向传播可能需要更多次的迭代才能达到稳定，使得梯度下降难以进行。在 GraphLSTM 中，采取拆解有环图为两个有向无环图(Directed Acyclic Graph, DAG)的方式解决该问题。一个左向 DAG 包含从左到右的线形链式结构，另一个右向 DAG 包含从右到左的线形链式结构以及反向依赖关系。图 6-12 中，箭头表示叶子节点向父节点的信息流向。原始图将被划分为从左到右的前向过程和从右到左的反向过程，然后构造 GraphLSTM 模型。当然，若文档图谱只存在最近邻词的前后关系时，GraphLSTM 模型将退化为双向 LSTM 模型(BiLSTM)。

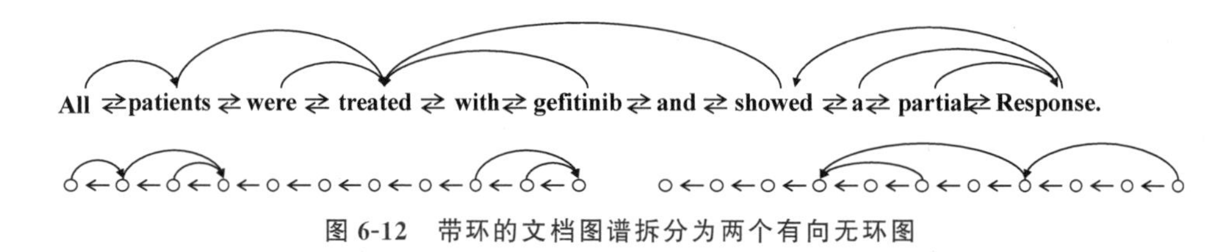

图 6-12 带环的文档图谱拆分为两个有向无环图

GraphLSTM 模型专注图谱中关系的挖掘，可以视为 LSTM 模型在图谱应用上的统一模式，LSTM 模型和 Tree-LSTM 模型均为 GraphLSTM 的特例。但是，在依存关系有很多时，需要有大量的参数去赋予不同的关系，参数开销巨大。

6.4 本章小结

序列神经网络是为序列型数据量身定制的神经网络模型，可以应用于推荐场景中的长短期兴趣的挖掘和自然语言处理文本中关系的提取。本章围绕序列神经网络，首先介绍了线性序列神经网络模型 RNN、LSTM 和 GRU，然后介绍了面向更为复杂数据结构的序列神经网络模型 GGNN、Tree-LSTM 和 GraphLSTM。RNN 作为序列神经网络早期的神经网络，提出权重共享的计算机制，解决了网络模型大小随输入序列数据长度变化的问题，但是 RNN 并不能很好地处理长时间序列间的依赖关系，存在梯度消失或者爆炸的问题，为此提出了更为复杂的 LSTM 神经网络。LSTM 神经网络模型中提出了门控的概念，使用记忆单元控制历史信息的存留，改善了 RNN 的梯度问题。GRU 神经网络则是 LSTM 神经网络的一个变体，其学习参数较 LSTM 神经网络更少，计算复杂度更低。GGNN 模型对图的边和顶点都进行学习，首先采用边的特征矩阵作为子矩阵，取代邻接矩阵中的矩阵元来构建传播矩阵，用传播矩阵会聚邻居特征后，将会聚后的传播向量和节点的隐向量传入 GRU 单元中。值得注意的是，GGNN 处理图数据是通过传播矩阵而非 GRU 网络部分完成的。GGNN 模型可以处理节点、全图和序列任务，是比较全面的图神经网络模型，但也存在计算复杂度较高的缺点。为了适应非线性的序列数据结构，Tree-LSTM 和 GraphLSTM 相继被提出，Tree-LSTM 能直接应用在图数据上，GraphLSTM 则是其简化版本。GraphLSTM 改造了 LSTM 模型结构，设计了多个遗忘门，同时也优化了图结构信息的传递过程。

第 7 章

图卷积神经网络扩展模型

图卷积神经网络作为具备良好数学基础的经典模型，适用于无向图，但是 GCN 模型存在诸多问题：①计算过程中需要加载整个图的邻接矩阵，导致 GCN 难以应用在大规模模图上；②GCN 模型叠加多层时会由于过平滑问题降低模型效果；③在异质图场景下，GCN 模型并不能直接使用。针对这些不足，本章首先介绍 GCN 模型过平滑(Over-Smooth)的缘由以及定量衡量过平滑的方法，并介绍为解决过平滑问题而提出的 PPNP 模型，该模型在 GCN 中引入个性化的 PageRank 算法。然后介绍基于层采样模式的 FastGCN 模型，FastGCN 模型缓解了 GCN 模型对内存的需求，能适应大规模的图。最后介绍能够应用在多样关系场景中的 R-GCN 模型，例如知识图谱。

7.1 GCN 模型的过平滑问题

在第 4 章，我们详细介绍了 GCN 模型，该模型有非常严谨的数学推导过程，使其成为图神经网络的经典模型之一。但是 GCN 模型存在过平滑问题，即随着 GCN 模型的多层叠加，节点特征趋同，使得多层叠加卷积层并不能带来更高的预测精度，甚至会随着叠加模型的数量增加，预测效果下降，这使得 GCN 的泛化能力受限，在应用时一般只需要叠加两层或三层就达到了最优效果。

如何从数学上论证过平滑问题呢？首先回顾 GCN 模型给出的节点表征更新方式：

$$\boldsymbol{H}^{(l+1)}=\sigma(\hat{\boldsymbol{D}}^{-\frac{1}{2}}\hat{\boldsymbol{A}}\hat{\boldsymbol{D}}^{-\frac{1}{2}}\boldsymbol{H}^{(l)}\boldsymbol{W}^{(l)}) \tag{7.1}$$

其中，$\sigma(\cdot)$为激活函数，$\hat{\boldsymbol{D}}$ 表示包含节点自环的度矩阵，$\hat{\boldsymbol{A}}$ 为包含节点自环的邻接矩阵，$\boldsymbol{H}^{(l)}$ 和 $\boldsymbol{H}^{(l+1)}$ 分别表示第 l 和 $l+1$ 层的表征，$\boldsymbol{W}^{(l)}$ 为第 l 层的可学习参数，细节参见第 4 章。若不考虑激活函数的作用，可将聚合函数拆分为左乘 $\hat{\boldsymbol{D}}^{-\frac{1}{2}}\hat{\boldsymbol{A}}\hat{\boldsymbol{D}}^{-\frac{1}{2}}$ 和右乘 $\boldsymbol{W}^{(l)}$ 两个步骤。假设现在叠加 M 层，上式可重写为以下形式：

$$\boldsymbol{H}^{(M)}=(\hat{\boldsymbol{D}}^{-\frac{1}{2}}\hat{\boldsymbol{A}}\hat{\boldsymbol{D}}^{-\frac{1}{2}})^{M}\boldsymbol{H}^{(0)}\boldsymbol{W}^{(0)}\boldsymbol{W}^{(1)}\cdots\boldsymbol{W}^{(M-1)} \tag{7.2}$$

首先对 $\boldsymbol{H}^{(l)}$ 做图卷积来汇聚周边节点的特征，做 M 次矩阵左乘，亦可理解为 M 次传播得到 $\boldsymbol{H}_{\text{temp}}^{(M)}$：

$$\boldsymbol{H}_{\text{temp}}^{(M)}=(\hat{\boldsymbol{D}}^{-\frac{1}{2}}\hat{\boldsymbol{A}}\hat{\boldsymbol{D}}^{-\frac{1}{2}})^{M}\boldsymbol{H}^{(0)} \tag{7.3}$$

然后做 M 次参数矩阵 $\boldsymbol{W}$，相当于加多层全连接层网络：

$$\boldsymbol{H}^{(M)}=\boldsymbol{H}_{\text{temp}}^{(M)}\boldsymbol{W}^{(0)}\boldsymbol{W}^{(1)}\cdots\boldsymbol{W}^{(M-1)} \tag{7.4}$$

多层全连接层的参数矩阵是在训练过程中学习得到的，而$(\hat{\boldsymbol{D}}^{-\frac{1}{2}}\hat{\boldsymbol{A}}\hat{\boldsymbol{D}}^{-\frac{1}{2}})^M$ 则由图自身特征决定。我们先看这部分的影响，以第 4 章中图 4-4 的结构来演算$(\hat{\boldsymbol{D}}^{-\frac{1}{2}}\hat{\boldsymbol{A}}\hat{\boldsymbol{D}}^{-\frac{1}{2}})^M$ 的特性，以输入的特征 $f^{(0)}$ 考查 $M=5$、10、100 时，$(\hat{\boldsymbol{D}}^{-\frac{1}{2}}\hat{\boldsymbol{A}}\hat{\boldsymbol{D}}^{-\frac{1}{2}})^M f^{(0)}$ 的变化，可以明显发现计算结果的收敛。如图 7-1 所示为多层图卷积算子作用收敛验证。

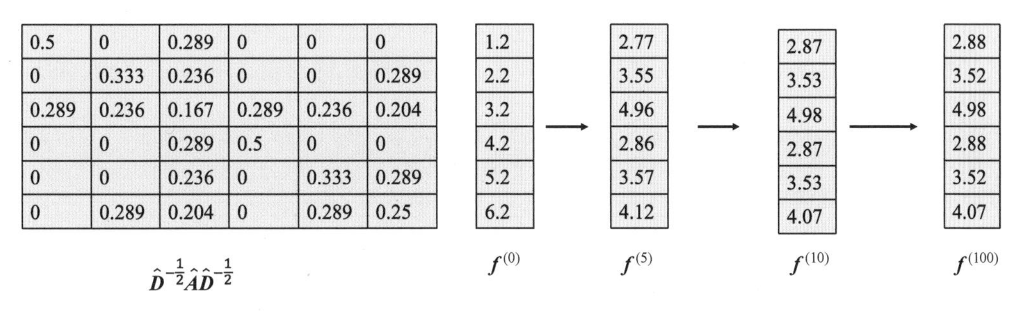

图 7-1　多层图卷积算子作用收敛验证

进一步分析$(\hat{\boldsymbol{D}}^{-\frac{1}{2}}\hat{\boldsymbol{A}}\hat{\boldsymbol{D}}^{-\frac{1}{2}})^M f^{(0)}$ 的收敛性。给定图 G 的邻接矩阵 $\boldsymbol{A}$，$\hat{\boldsymbol{A}}=\boldsymbol{A}+\boldsymbol{I}$ 可以视为图 G 的各顶点带一个自环的图 $\hat{G}$，其对称归一化拉普拉斯矩阵为$\widetilde{\boldsymbol{L}}^{\text{sym}}=\boldsymbol{I}-\hat{\boldsymbol{D}}^{-\frac{1}{2}}\hat{\boldsymbol{A}}\hat{\boldsymbol{D}}^{-\frac{1}{2}}\in\mathbb{R}^{n\times n}$，拉普拉斯矩阵可以做特征分解$\widetilde{\boldsymbol{L}}^{\text{sym}}=\boldsymbol{U}\boldsymbol{\Lambda}\boldsymbol{U}^{\mathrm{T}}$，其中，$\boldsymbol{I}=\boldsymbol{U}\boldsymbol{U}^{\mathrm{T}}$，$\boldsymbol{\Lambda}=\operatorname{diag}(\lambda_1,\lambda_2,\cdots,\lambda_n)\in\mathbb{R}^{n\times n}$ 为$\widetilde{\boldsymbol{L}}^{\text{sym}}$ 的特征值对角矩阵，特征值按照升序排列：

$$0=\lambda_1<\lambda_2,\cdots,<\lambda_n<1$$

$$\hat{\boldsymbol{D}}^{-\frac{1}{2}}\hat{\boldsymbol{A}}\hat{\boldsymbol{D}}^{-\frac{1}{2}}=\boldsymbol{I}-\widetilde{\boldsymbol{L}}^{\text{sym}}=\boldsymbol{U}\boldsymbol{U}^{\mathrm{T}}-\boldsymbol{U}\boldsymbol{\Lambda}\boldsymbol{U}^{\mathrm{T}}=\boldsymbol{U}(\boldsymbol{I}-\boldsymbol{\Lambda})\boldsymbol{U}^{\mathrm{T}} \tag{7.5}$$

$$(\hat{\boldsymbol{D}}^{-\frac{1}{2}}\hat{\boldsymbol{A}}\hat{\boldsymbol{D}}^{-\frac{1}{2}})^M f^{(0)}=\boldsymbol{U}(\boldsymbol{I}-\boldsymbol{\Lambda})^M\boldsymbol{U}^{\mathrm{T}}f^{(0)} \tag{7.6}$$

当叠加层数 M 取极限时：

$$\lim_{M\to\infty}\boldsymbol{U}(\boldsymbol{I}-\boldsymbol{\Lambda})^M\boldsymbol{U}^{\mathrm{T}}f^{(0)}=\boldsymbol{U}\operatorname{diag}([1,0,\cdots,0])\boldsymbol{U}^{\mathrm{T}}f^{(0)}=\boldsymbol{v}_1(\boldsymbol{v}_1^{\mathrm{T}}f^{(0)}) \tag{7.7}$$

式(7.5)中，$\boldsymbol{I}-\boldsymbol{\Lambda}$ 也是对角矩阵，只有对角元，且对角元的值域为$(0,1]$，故$(\boldsymbol{I}-\boldsymbol{\Lambda})^M$ 可收敛，导致叠层增加不能增强分类效果。$\boldsymbol{v}_1$ 是矩阵$\widetilde{\boldsymbol{L}}^{\text{sym}}$ 对应特征值 $\lambda_1=0$ 的特征向量。由于过平滑问题，GCN 一般只会叠加两层或三层。

过平滑又如何定量度量呢？过平滑是叠加后节点特征趋同的问题，从扩散的角度看，即某节点 y 在多层网络叠加后，其特征会扩散到其他节点 x 中，使节点特征趋近。如何度量节点 y 对节点 x 的影响呢？设节点 y 的初始输入向量为 $\boldsymbol{h}_y^{(0)}\in\mathbb{R}^{d_0}$，节点 x 输出向量为 $\boldsymbol{h}_x^{(L)}\in\mathbb{R}^{d_L}$，二者的关联度量可以用$\dfrac{\partial\boldsymbol{h}_x^{(L)}}{\partial\boldsymbol{h}_y^{(0)}}$来计算。这里涉及向量对向量求导，$\dfrac{\partial\boldsymbol{h}_x^{(L)}}{\partial\boldsymbol{h}_y^{(0)}}\in\mathbb{R}^{d_0\times d_L}$，用雅可比矩阵表示：

$$\boldsymbol{J}(x,y)=\frac{\partial \boldsymbol{h}_x^{(L)}}{\partial \boldsymbol{h}_y^{(0)}}=\begin{pmatrix} \frac{\partial \boldsymbol{h}_{x,1}^{(L)}}{\partial \boldsymbol{h}_{y,1}^{(0)}} & \frac{\partial \boldsymbol{h}_{x,2}^{(L)}}{\partial \boldsymbol{h}_{y,1}^{(0)}} & \cdots & \frac{\partial \boldsymbol{h}_{x,d_L}^{(L)}}{\partial \boldsymbol{h}_{y,1}^{(0)}} \\ \frac{\partial \boldsymbol{h}_{x,1}^{(L)}}{\partial \boldsymbol{h}_{y,2}^{(0)}} & \frac{\partial \boldsymbol{h}_{x,2}^{(L)}}{\partial \boldsymbol{h}_{y,2}^{(0)}} & \cdots & \frac{\partial \boldsymbol{h}_{x,d_L}^{(L)}}{\partial \boldsymbol{h}_{y,2}^{(0)}} \\ \vdots & \vdots & \ddots & \vdots \\ \frac{\partial \boldsymbol{h}_{x,1}^{(L)}}{\partial \boldsymbol{h}_{y,d_0}^{(0)}} & \frac{\partial \boldsymbol{h}_{x,2}^{(L)}}{\partial \boldsymbol{h}_{y,d_0}^{(0)}} & \cdots & \frac{\partial \boldsymbol{h}_{x,d_L}^{(L)}}{\partial \boldsymbol{h}_{y,d_0}^{(0)}} \end{pmatrix} \tag{7.8}$$

顶点 y 的输入对顶点 x 的影响强度可以用 $\boldsymbol{J}(x,y)$ 的矩阵元绝对值之和表示，公式如下：

$$\boldsymbol{I}(x,y)=\sum_{s=1}^{d_0}\sum_{t=1}^{d_L}|\boldsymbol{J}(x,y)_{s,t}| \tag{7.9}$$

顶点 y 的输入对顶点 x 的相对影响力可以用以下公式计算：

$$\boldsymbol{I}_x(y)=\frac{\boldsymbol{I}(x,y)}{\sum_{v\in V}\boldsymbol{I}(x,v)} \tag{7.10}$$

$\boldsymbol{I}_x(y)$ 可以用来描述影响力的分布。

针对 GCN 模型的过平滑问题，Klicpera 等人[①]于 2019 年提出了基于个性化 PageRank 的聚合方式的 PPNP(Personalized Propagation of Neural Predictions)模型。首先从最原始的 PageRank 模型开始，它旨在解决搜索网页结果重要性的排序问题。网页关系中以网页为节点，网页之间的指向关系为有向边，是一种典型的图结构。假设存在四个网址(A,B,C,D)，其中，A 可到达的网址为 $N_A=\{B,C,D\}$，B 可到达的网址为 $N_B=\{A,D\}$，C 可到达的网址为 $N_C=\{A\}$，D 可到达的网址为 $N_D=\{B,C\}$，如图 7-2 所示。

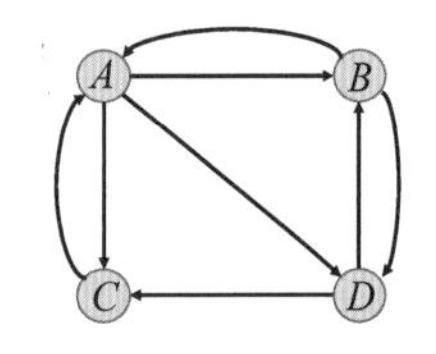

图 7-2　网址关系示意图

假设从 x 节点出发，可以达到的节点个数为 k 个，或者说有 $\|N_x\|=k$ 个邻居，以随机游走的方式跳到指向的任意网址 y 的概率为 $1/\|N_x\|$，构建起的概率跳转矩阵 $\boldsymbol{M}_{yx}=1/\|N_x\|$，则跳转矩阵可以为以下形式：

$$\boldsymbol{M}_{\text{pr}}=\begin{pmatrix} 0 & 1/2 & 1 & 0 \\ 1/3 & 0 & 0 & 1/2 \\ 1/3 & 0 & 0 & 1/2 \\ 1/3 & 1/2 & 0 & 0 \end{pmatrix} \tag{7.11}$$

在没有任何先验知识的情况下，假设跳转到每一个网址的概率都是相等的，访问四个节点的初始概率为 $V_0=(1/4,1/4,1/4,1/4)$。上网者反复尝试后感受到的重要性概率则由迭代关系 $V^{(l+1)}=MV^{(l)}$ 决定。当节点概率可以收敛时，若 $l\to\infty$，$V^{(l+1)}=V^{(l)}$，得到 $V^{(l+1)}=MV^{(l)}$，得到跳转到下一个网址的概率，这里取极限分布 $\pi_{\text{pr}}=V^{(\infty)}$，满足 $\pi_{\text{pr}}=M\pi_{\text{pr}}$。

PageRank 与 GCN 模型的相似之处在于状态转移矩阵，或者说传播矩阵。对于无向

---

① KLICPERA J, BOJCHEVSKI A, GÜNNEMANN S. Predict then propagate: Graph neural networks meet personalized pagerank[J]. arXiv preprint arXiv: 1810.05997,2017.

图,状态转移矩阵 $\boldsymbol{M}=\boldsymbol{A}\boldsymbol{D}^{-1}\in\mathbb{R}^{n\times n}$,即节点的平均聚合方式。当然,直接使用 $\boldsymbol{A}\boldsymbol{D}^{-1}$ 没有考虑节点本身,当需要考虑节点本身时,可以对 PageRank 模型做一些改进,增加消息回传根节点的机会,具体而言,对于节点 x 做如下修正:

$$\pi_{\text{ppr,new}}^{(x)}=(1-\alpha)\boldsymbol{M}\pi_{\text{ppr,old}}^{(x)}+\alpha\boldsymbol{I}_x \tag{7.12}$$

其中,$\alpha\in(0,1]$是回传概率,$\boldsymbol{I}_x$ 是独热向量,节点为 x 时为 1,其他情况为 0。当迭代收敛时,$\pi_{\text{ppr,new}}^{(x)}=\pi_{\text{ppr,old}}^{(x)}$,求此迭代方程,得到

$$\pi_{\text{ppr}}^{(x)}=\alpha(\boldsymbol{I}_n-(1-\alpha)\boldsymbol{M})^{-1}\boldsymbol{I}_x \tag{7.13}$$

可以看到最终结果仍然能保存节点的信息 $\boldsymbol{I}_x$,因此有利于缓解过平滑问题。

PPNP 模型的前馈网络分为两个模块:预测和个性化 PageRank,如图 7-3 所示。预测模块用 $f_\theta(\cdot)$函数表示,可以是多层全连接神经网络(MLP)、卷积神经网络和 RNN 等。首先使用预测网络将输入的特征向量 $\boldsymbol{X}\in\mathbb{R}^{n\times d}$ 进行转换,得到节点预测隐藏向量 $\boldsymbol{H}\in\mathbb{R}^{n\times d}$

$$\boldsymbol{H}=f_\theta(\boldsymbol{X}) \tag{7.14}$$

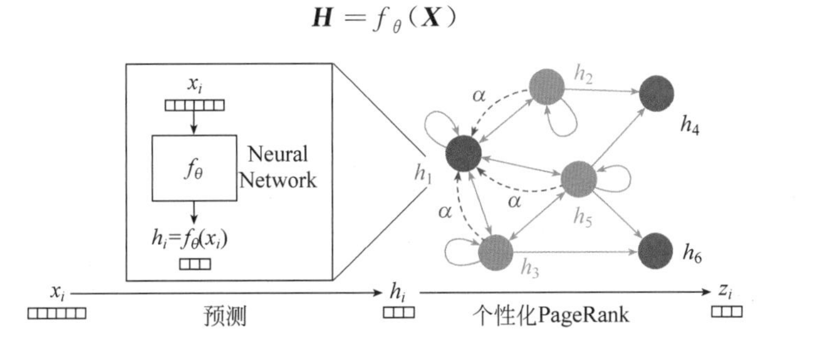

图 7-3 PPNP 和 APPNP 结构图

其中,θ 表示参数集合,$f_\theta(\cdot)$是神经网络。然后,使用个性化 PageRank 进行传播,然后增加一层激活函数 Softmax,得到

$$Z=\text{Softmax}(\alpha(\boldsymbol{I}_n-(1-\alpha)\hat{\boldsymbol{A}})^{-1}\boldsymbol{H}) \tag{7.15}$$

此处传播矩阵采用 $\hat{\boldsymbol{A}}$,当然也能使用其他邻接矩阵作为传播矩阵。然而,直接采用 PPNP 方法计算时,涉及计算矩阵的逆$(\boldsymbol{I}_n-(1-\alpha)\hat{\boldsymbol{A}})^{-1}$。对于一个维度较大的矩阵,直接求逆复杂度比较高,在计算数学中一般会转换为迭代的方法进行逼近,此处也不例外,类似于式(7.12),进行多轮迭代

$$\begin{aligned}&\boldsymbol{Z}^{(0)}=\boldsymbol{H}=f_\theta(\boldsymbol{X})\\&\boldsymbol{Z}^{(k+1)}=(1-\alpha)\hat{\boldsymbol{A}}\boldsymbol{Z}^{(k)}+\alpha\boldsymbol{H},\quad k=0,\cdots,K-1\\&\boldsymbol{Z}^{(K)}=\text{Softmax}((1-\alpha)\hat{\boldsymbol{A}}\boldsymbol{Z}^{(k)}+\alpha\boldsymbol{H})\end{aligned} \tag{7.16}$$

其中,K 表示迭代的次数,$\boldsymbol{H}$ 一方面作为预测网络 $f_\theta(\boldsymbol{X})$的输出,另一方面,$\boldsymbol{H}$ 也作为个性化 PageRank 的传播向量,此迭代近似方法称为 APPNP(Approximated PPNP)。

从训练的模式上看,PPNP 采用一步到位的层设计,在实际训练中不用叠加多个层来实现多跳邻居聚合,而 APPNP 和图卷积神经网络一样需要预设聚合的 k 跳邻居,并通过迭代叠加实现信息聚合。PPNP 和 APPNP 可以通过调整转移概率 α 来控制每个节点关联的邻居数,提供了更大的建模自由度。相对于图卷积神经网络类的消息传递网络,PPNP 和

APPNP 模型只在预测模块存在学习的参数，而个性化 PageRank 模块并无新增的学习参数，因此其能用相对少的参数完成更大范围的邻居信息聚合，且能缓解过平滑问题。

7.2 层采样加速 GCN

图卷积神经网络需要加载全图矩阵信息，在大规模图计算场景中需要很大的内存，这阻碍了 GCN 在大规模图中的应用。为此，Hamilton 等人[①]提出了点采样的 GraphSAGE 算法，即按照固定节点个数的采样方法，具体可以参见第 4 章的 GraphSAGE 部分。假设第 l 层的节点采样节点数量为 S_l，则采样复杂度函数为 $O\left(\prod S_l\right)$，可见当网络叠加层数较多时，也可能导致“邻居爆炸”的问题。2018 年，Chen 等人[②]提出一种新的策略，每一层只采样一次的层采样模型 FastGCN，以缓解“邻居爆炸”的问题。

这里仍然从 GCN 的层间递推关系入手，式(7.1)按照单个顶点特征的形式展开，其第 i 个顶点的隐藏向量更新方程式为

$$h_i^{(l+1)}=\sigma\left(\sum_{j\in N_i}\bar{A}_{ij}h_j^{(l)}W^{(l)}\right) \tag{7.17}$$

其中，$h_i^{(l+1)}$ 是 $\boldsymbol{H}^{(l+1)}$ 的第 i 行，$\sigma(\cdot)$ 为激活函数，$\bar{\boldsymbol{A}}=\hat{\boldsymbol{D}}^{-\frac{1}{2}}\hat{\boldsymbol{A}}\hat{\boldsymbol{D}}^{-\frac{1}{2}}$ 表示对称归一化的邻接矩阵，当 $j\in N_i$ 时，矩阵元 $\hat{A}_{ij}\neq 0$，$W^{(l)}$ 为第 l 层可学习参数，也可写为

$$h_i^{(l+1)}=\sigma\left(\frac{n}{n}\sum_{j=1}^{n}\bar{A}_{ij}h_j^{(l)}W^{(l)}\right) \tag{7.18}$$

现在只抽取部分节点做聚合来逼近 $h_i^{(l+1)}$，以降低整体计算量，对 $\tilde{h}_i^{(l+1)}$ 做近似计算。设在 l 层中抽取的节点集合为 $N_i^{(l)}=\{u_1^{(l)},u_2^{(l)},\cdots\}\subseteq N_i$。对于第 l 层，任意选择 i 节点的隐藏层向量，逼近计算方式为

$$\tilde{h}_i^{(l+1)}\approx\sigma\left(\frac{n}{|N_i^{(l)}|}\sum_{j=1}^{n}\bar{A}_{ij}h_j^{(l)}W^{(l)}\right)=\bar{h}_i^{(l)} \tag{7.19}$$

类似地，为了逼近节点 $h_k^{(l+1)}$，则需要在 l 层中抽取的节点集合为 $N_k^{(l)}=\{s_1^{(l)},s_2^{(l)},\cdots\}\subseteq N_k$，与之对应的近似关系为

$$\tilde{h}_k^{(l+1)}\approx\sigma\left(\frac{n}{|N_k^{(l)}|}\sum_{j=1}^{n}\bar{A}_{ij}h_j^{(l)}W^{(l)}\right)=\bar{h}_k^{(l)} \tag{7.20}$$

当 l 层中各节点独自采样时，这种方式称为逐点采样，即 $N_i^{(l)}$ 与 $N_k^{(l)}$ 分开进行，GraphSAGE 的采样策略就是一种典型的逐点采样方式。逐点采样方式并不完美，当计算 $\tilde{h}_i^{(l+1)}$ 时，需要采样节点的集合为 $N_i^{(l)}$ 和对应 l 层的节点表征 $\{h_j^{(l)},j\in N_i^{(l)}\}$，如此递推到 $l=0$，当网络层数较多时，依然可能会导致“邻域爆炸”。GraphSAGE 模型中，使用固定邻

① Hamilton W, Ying Z, Leskovec J. Inductive representation learning on large graphs[J]. Advances in neural information processing systems, 2017, 30.

② Chen J, Ma T, Xiao C. FastGCN: Fast learning with graph convolutional networks via importance sampling[C], ICLR, 2018.

居个数采样方式，在一定程度上缓解了“邻域爆炸”，GraphSAGE一般只用两层或三层搭建。

FastGCN模型提出了一种新的采样策略，对于每一层只采样一次，每层所有节点共享这次采样集合，这种策略称为层采样，此时各顶点采样集合为 $N_i^{(l)}=N_k^{(l)}=N^{(l)}$，采样复杂度则可描述为 $\sum_l |N^{(l)}|$。由于所有节点共享一次采样，不再以某一个节点的邻居作为标准，所以 $N_i^{(l)} \subseteq N_i$ 未必成立，$N^{(l)}$ 需要在全图的顶点域上考虑，而非某个特定节点的邻居集合。下面以图7-4为例说明FastGCN的采样过程。

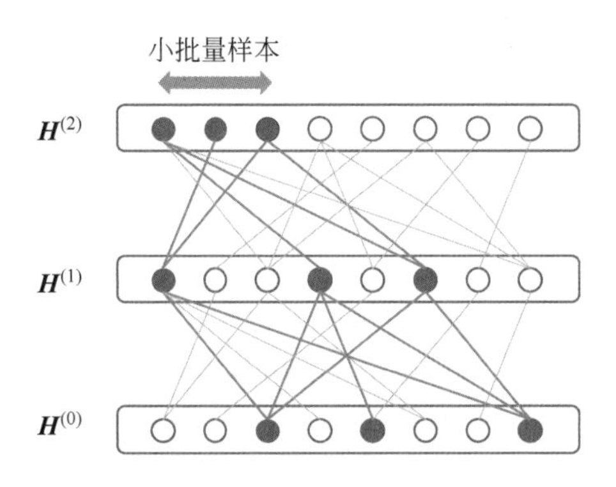

图7-4 FastGCN层采样示意图

图中采样部分用蓝色圆圈表示，邻居关系用橙线表示，输出层 $\boldsymbol{H}^{(2)}$ 的一个小批量样本包含三个顶点，第一层有放回地随机采样三个顶点，通过这三个顶点来求解输出层的 $\boldsymbol{H}^{(2)}$，第零层有放回地随机采样三个顶点，通过这三个顶点来求解第一层三个顶点的 $\boldsymbol{H}^{(1)}$。从这个过程中可以看出，这个小批量样本中参与计算的总节点个数为 $3+3+3=9$ 个，是加法原则，而非GraphSAGE的乘法原则，因此可以大大降低内存占用，缓解“邻居爆炸”问题。

FastGCN只采样部分节点，该方法是否能够很好地逼近GCN的计算结果需要进一步论证。现在假设在第 l 层中采样节点序列为 $u_1^{(l)}, u_2^{(l)}, \cdots, u_{t_l}^{(l)}$。如果每个节点之间是独立同分布的，采样的节点序列满足均匀分布，那么根据大数定律，可以近似计算第 $l+1$ 层中节点 i 的隐向量：

$$\boldsymbol{h}^{(l+1)}(i) \approx \bar{\boldsymbol{h}}^{(l+1)}(i)=\sigma\left(\frac{n}{t_l}\sum_{j=1}^{t_l}\bar{A}(i,u_j^{(l)})\bar{\boldsymbol{h}}^{(l)}(u_j)W^{(l)}\right) \tag{7.21}$$

其中，$\bar{\boldsymbol{h}}^{(l)}(u_j)$ 表示第 l 层对节点 u_j 隐藏向量的近似，$\bar{\boldsymbol{h}}^{(0)}(i)=\boldsymbol{h}_i^{(0)}$，$\sigma$ 为激活函数。

若为均匀采样，则认为各节点的重要性是相近的。然而现实场景中的图，如网络节点中的热门网页和冷门网页，显然二者的重要性有差异。此时，需要对节点的重要性进行度量，FastGCN模型中的节点概率密度定义为

$$q(u)=\frac{\|\bar{A}(:,u)\|^2}{\sum_{u'\in V}\|\bar{A}(:,u')\|^2} \tag{7.22}$$

其中，$\bar{A}(:,u)$ 表示矩阵 $\bar{\mathbf{A}}$ 的第 u 列。可以看到 $q(u)$ 只取决于 $\bar{\mathbf{A}}$，而与层数无关，因此节点重要性分布对于每一层都一样。然后根据这个概率分布来采样 t_l 个顶点 $u_1^{(l)}, u_2^{(l)}, \cdots,$

$u_{t_l}^{(l)}$。迭代关系可以写为

$$\boldsymbol{h}^{(l+1)}(i) \approx \bar{\boldsymbol{h}}^{(l+1)}(i) = \sigma\left(\frac{1}{t_l}\sum_{j=1}^{t_l}\frac{\bar{A}(i,u_j^{(l)})\bar{\boldsymbol{h}}^{(l)}(u_j)W^{(l)}}{q(u_j^{(l)})}\right) \tag{7.23}$$

就计算速度而言,GraphSAGE 对 GCN 是“线性”的改进,FastGCN 是数量级的改进。

7.3 关系图卷积神经网络

GCN 模型中并不区分各节点之间的关系的不同,即仅适用于同质图场景。而现实场景中的图往往是异构的,如应用于知识问答以及信息检索的知识图谱。知识图谱包含实体和实体之间的关系,并以三元组的形式存储,即<头实体,关系,尾实体>,例如,实体可以是人名、地点和职业等,苏格拉底与柏拉图是师徒关系,柏拉图与雅典是出生地关系,如图 7-5 所示。当把图中节点之间的关系的差异性考虑在内时,GCN 模型需要做一些改进。Schlichtkrull 等人①提出将 GCN 拓展至大规模关系型数据场景,引入了关系图卷积神经网络(Relational Graph Convolutional Networks,R-GCN),用于知识图谱的补全,本节将具体进行介绍。

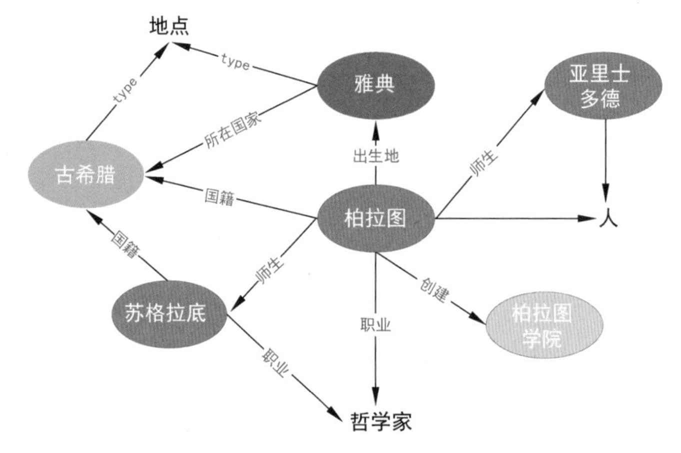

图 7-5 知识图谱示意图

7.3.1 R-GCN 迭代关系

定义包含关系的图为 $G=(V,E,R)$,节点 $v_i \in V$,边为 $(v_i,r,v_j)\in E$,$r\in R$ 是关系的类型。R-GCN 模型对邻居关系做区分处理,不再共享同一个权重系数,只允许相同关系类型的邻居共享权重系数 $\boldsymbol{W}_r^{(l)} \in \mathbb{R}^{d_{l+1}\times d_l}$。另外,自环关系被认为是同一种关系类型,共享权重系数为 $\boldsymbol{W}_0^{(l)} \in \mathbb{R}^{d_{l+1}\times d_l}$,则第 $l+1$ 的隐藏层表征可以写为

$$h_i^{(l+1)} = \sigma\left(\boldsymbol{W}_0^{(l)} h_i^{(l)} + \sum_{r\in R}\sum_{j\in N_i^r}\frac{1}{c_{ij,r}}h_j^{(l)}\boldsymbol{W}_r^{(l)}\right) \tag{7.24}$$

① Huang J, Guan L, Su Y, et al. Recurrent graph convolutional network-based multi-task transient stability assessment framework in power system[J]. IEEE Access, 2020, 8: 93283-93296.

其中，N_i^r 代表节点 i 在关系类型 r 中的邻居集合的索引，$c_{ij,r}$ 是针对不同问题的正则化常数，可以通过学习得到或者预先设置，如 $c_{ij,r}=|N_i^r|$ 表示邻居类型为 r 的数量。当所有关系类型相同时，R-GCN 模型可以退化为 GCN 模型。如果边是有向的，则其聚合过程如图 7-6 所示，图中列举了边的关系，从 1 到 n，按照关系种类做聚合，除了边的种类外，边的方向也可做区分来聚合。

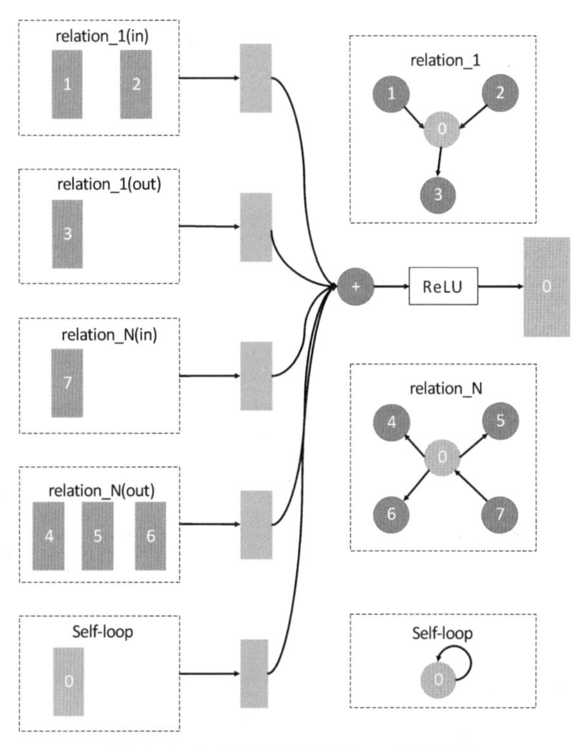

图 7-6　R-GCN 模型聚合方式示意图

7.3.2　R-GCN 可学习参数正则化

采用式(7.23)直接学习不同类型边的权重时，需要学习的权重矩阵为 $|R|$ 组 $\boldsymbol{W}_r^{(l)}\in\mathbb{R}^{d_{l+1}\times d_l}$ 和一个自环矩阵 $\boldsymbol{W}_0\in\mathbb{R}^{d_{l+1}\times d_l}$。对于知识图谱数据，如果关系类型多元，$|R|$ 将会比较大，模型的参数量将会变得十分庞大，同时，不同关系类型的数据可能并不均匀，部分关系类型数据较少。这不仅会增加计算耗时，同时还增大过拟合的风险，为了降低过拟合风险和降低计算复杂度，R-GCN 模型进一步提出了两种正则化方法，即基底分解（Basis Decomposition）和块对角矩阵分解（Block Diagonal Decomposition）。

1. 基底分解

假设 $\boldsymbol{W}_r^{(l)}$ 可以在一组基底 $\{V_1^{(l)},V_2^{(l)},\cdots,V_b^{(l)},\cdots,V_B^{(l)}\}$ 上展开，其中 $V_b^{(l)}\in\mathbb{R}^{d_{l+1}\times d_l}$，$B$ 为基底的个数，为超参数，具体形式为

$$\boldsymbol{W}_r^{(l)}=\sum_{b=1}^{B}a_{r,b}^{(l)}V_b^{(l)} \tag{7.25}$$

其中，$a_{r,b}^{(l)} \in \mathbb{R}$ 为线性组合系数，或者说是基底上的投影系数，也是待学习参数。值得注意的是，$V_b^{(l)}$ 对于各种关系类型的数据是相同的，即实现不同关系类型间的参数共享。此时，待学习参数为 B 组 $V_b^{(l)} \in \mathbb{R}^{d_{l+1} \times d_l}$ 和对应的系数 $a_{r,b}^{(l)} \in \mathbb{R}$。

2. 基于块对角矩阵的子空间分解

若存在 B 组正交的子空间，则可以用子空间求直和得到全空间。这里子空间对应矩阵为 $\boldsymbol{Q}_{b,r}^{(l)} \in \mathbb{R}^{\frac{d_{l+1}}{B} \times \frac{d_l}{B}}$，全空间对应的矩阵可以通过矩阵的分块对角得到，该理论可以参考矩阵论相关书籍。具体来说，$\boldsymbol{W}_r^{(l)} = \mathrm{diag}(Q_{1,r}^{(l)}, Q_{2,r}^{(l)}, \cdots, Q_{b,r}^{(l)})$，即

$$\boldsymbol{W}_r^{(l)} = \begin{pmatrix} Q_{1,r}^{(l)} & 0 & 0 & \cdots & 0 \\ 0 & Q_{2,r}^{(l)} & 0 & \cdots & 0 \\ \vdots & \vdots & \vdots & \ddots & \vdots \\ 0 & 0 & 0 & \cdots & Q_{B,r}^{(l)} \end{pmatrix} \tag{7.26}$$

从中可以观察到，对于分块对角化的权重矩阵 $\boldsymbol{W}_r^{(l)}$，只需要学习对角块部分的参数，参数在总量上大大减少，在一定程度上可以缓解过拟合的问题。

7.3.3 R-GCN 应用场景

整个 R-GCN 模型由 M 层网络堆叠而成。下面介绍两个 R-GCN 的应用场景：实体分类和链路预测。

1. 实体分类

实体分类通常采用有监督或者半监督的学习形式，如图 7-7 所示，这通过 R-GCN 提取节点的嵌入表征向量，在最后一层通过 Softmax 激活函数来对所有节点进行分类。损失函数是对已标注节点的交叉熵损失：

$$L = -\sum_{i \in Y} \sum_{k=1}^{K} t_{ik} \ln h_{ik}^{(M)} \tag{7.27}$$

其中，Y 为标记顶点集合，$h_{ik}^{(M)}$ 是神经网络对第 i 个节点的第 k 个输出，t_{ik} 则是相应的真实标签。定义好损失函数后，我们以随机梯度下降的方式训练模型。

2. 连边关系预测

一般来说，一方面人工构建的知识图谱不是很完善，另一方面知识图谱需要不断更新，有新的实体加入，所以预测知识图谱两个实体之间是否存在关联，是知识图谱补全的重要任务。给定一个潜在的三元组，记为(s,r,o)，通过计算其可能存在的概率 $f(s,r,o)$来评估实体间是否存在关联。

如图 7-8 所示，先采用 R-GCN 学习图数据的节点表征，然后通过 DistMult 模块学习节点之间的关联性，最后通过半监督的方式学习模型参数。

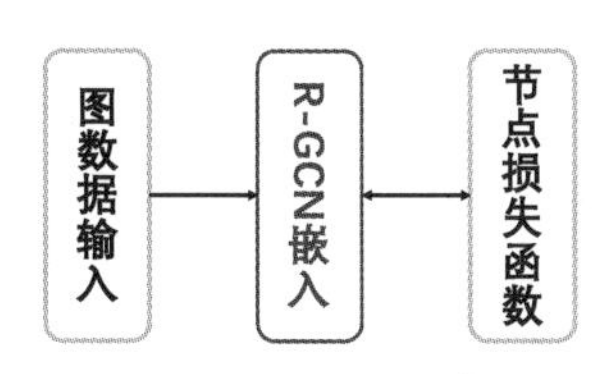

图 7-7 R-GCN 做实体分类的任务流程图

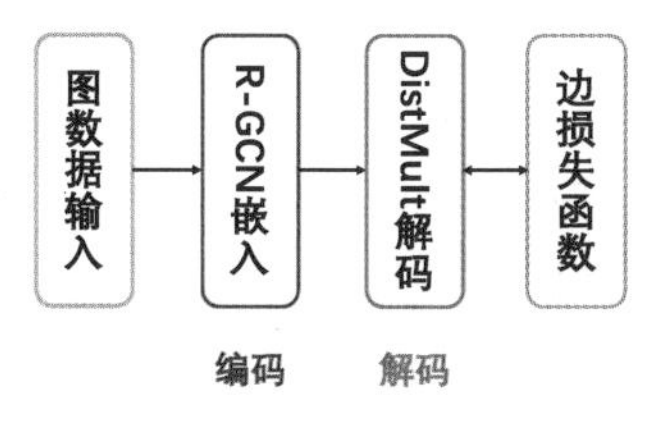

图 7-8 R-GCN 任务流程图

在 DistMult 方法中，每个关系 r 关联一个对角矩阵 $\boldsymbol{R}_r = \text{diag}(R_{r,1}, \cdots, R_{r,d}) \in \mathbb{R}^{d \times d}$，三元组$(s, r, o)$的评分函数的具体计算过程如下：

$$f(s, r, o) = \boldsymbol{h}_s^{\mathrm{T}} \boldsymbol{R}_r \boldsymbol{h}_o \tag{7.28}$$

其中，$\boldsymbol{h}_s$ 和 $\boldsymbol{h}_o$ 表示实体节点 s 和实体节点 o 的隐藏向量，$\boldsymbol{R}_r$ 是可学习矩阵。训练过程使用负样本来训练模型，对于每个观察到的"正边"，随机采样 ω 条"负边"。对于每个"正边"代表的三元组（subject，predicate，object），可以通过随机选择不同的 subject 或者不同的 object 进行采样。"正边"和"负边"的二分类过程可表示为以交叉熵为损失函数，以最大化"正边"概率、最小化"负边"概率为目标的训练任务，其形式如下：

$$L = -\frac{1}{(1+\omega)\,|\hat{E}\,|} \sum_{(s,r,o,y) \in T} y \times \ln l(f(r,s,o)) + (1-y) \times \ln(1 - l(f(r,s,o))) \tag{7.29}$$

其中，T 表示所有可能的三元组的集合，y 为二分类标签，$y=1$ 表示"正边"，$y=0$ 表示"负边"，$|\hat{E}|$为边集合，$l(\cdot)$为逻辑回归函数。

7.4 本章小结

经典 GCN 模型在大规模工业级大图中并不能直接应用，存在过平滑、"邻居爆炸"以及难以适用于异质图等问题。针对过平滑问题，讲解了邻居汇聚矩阵($\hat{\boldsymbol{D}}^{-\frac{1}{2}} \hat{\boldsymbol{A}} \hat{\boldsymbol{D}}^{-\frac{1}{2}}$)对 GCN 过平滑问题的重要影响，然后介绍了引入个性化 PageRank 的 PPNP 和 APPNP 模型，通过强化节点自身的特征来缓解过平滑问题。上亿节点的工业级大图的邻接矩阵难以直接加载到计算机内存中，采用层采样策略的 FastGCN 模型来改进 GCN 模型，每层共享一次采样，大幅减弱了"邻居爆炸"问题。此外，实际应用的图大多为异质图，而 GCN 没有考虑顶点之间的关系异同，R-GCN 则考虑到边的不同类型，将 GCN 模型扩展到了异质图中。

第 8 章

图深度学习框架

图神经网络是当前深度学习领域最热门的方向之一，在学术界、工业界都有广泛的研究与应用。如何快速探索、验证及使用图模型，框架的重要性日益凸显。图深度学习框架主要解决的问题是如何在不规则的图域数据上进行高效的学习与推理，是否易用、扩展能力如何、前沿算法的快速支持等往往作为框架的评判标准被人们所重视。本章主要聚焦图深度学习框架，首先介绍当前业界主流的图模型实现编程范式，其次介绍一些开源框架解决方案，最后着重讲述京东针对零售场景开发的大规模工业级图深度学习框架 Galileo（Galileo 开源地址为 https://github.com/JDGalileo/galileo，欢迎点赞和试用，也欢迎贡献代码）。

8.1 统一编程范式

为了把不同的图模型集成到一个单一的框架中，便于统一实现现有模型，以及方便快速集成新的模型，学术界针对图模型的实现原理提出了三种统一的编程范式，基本上可以概括和扩展目前图领域的相关研究工作。其中消息传递神经网络（Message Passing Neural Network，MPNN）是基于在图上进行消息传递，以处理图神经网络和图卷积网络等模型；非局部神经网络（Non-Local Neural Network，NLNN）是针对注意力类型相关模型的泛化总结；图网络（Graph Network，GN）统一了 MPNN、NLNN 并支持许多其他变体，如 GGNN、Structure2Vec、关系网络、CommNet 等。

8.1.1 MPNN

MPNN 是 Gilmer 等人[①]提出的一种图神经网络通用计算框架，对几种常见图模型的消息传递机制做了泛化与总结，从聚合与更新的角度抽象了 GNN 模型的统一实现。整体上将图模型的前向传播计算定义为两个阶段：Message Passing（消息传递）阶段和 Readout（读出）阶段。

消息传递阶段由消息函数 $M_t()$和节点更新函数 $U_t()$定义，整个过程执行 T 轮消息传递，T 等同于模型实现时的网络层数。消息函数 $M_t()$根据边特征与其两端节点上一轮的

---

① Gilmer J，Schoenholz S S，Riley P F，et al. Neural message passing for quantum chemistry[C]//International conference on machine learning. PMLR，2017：1263-1272.

特征信息计算生成邻居的消息，通过汇聚收到的邻居消息生成目标节点聚合后的消息 m_v^{t+1}。更新函数 $U_t()$根据目标节点汇聚后的邻居消息和节点上一轮的特征信息来更新节点当前的特征信息。消息传递阶段公式定义如下：

$$m_v^{t+1}=\sum_{w\in N_v} M_t(h_v^t,h_w^t,e_{vw}) \tag{8.1}$$

$$h_v^{t+1}=\boldsymbol{U}_t(h_v^t,m_v^{t+1}) \tag{8.2}$$

式(8.1)中，e_{vw} 表示节点 v 到节点 w 的边特征，h_v^t、h_w^t 分别表示第 t 轮节点 v、w 的特征信息，N_v 是节点 v 的邻居节点集合，m_v^{t+1} 表示 $t+1$ 轮目标节点所接收到的邻居消息。上述公式中汇聚邻居信息用的是累加，也支持其他聚合方式，如最大值、最小值、平均等。在式(8.2)中，h_v^t 表示 t 轮节点 v 的状态信息；m_v^{t+1} 表示节点 v 在 $t+1$ 轮接收的邻居消息；h_v^{t+1} 表示 $t+1$ 轮节点 v 更新后的状态信息。

读出阶段使用读出函数 R 计算基于全图的特征向量，通过将一张图中的节点或边特征等信息聚合，生成整张图的图表示。常见的聚合方式包括对所有节点或边特征求和、取平均值、逐元素求最大值或最小值，而节点特征或边特征即在上述消息传递阶段生成。读出阶段公式定义如下：

$$\hat{\boldsymbol{y}}=R(\{h_v^T, \mid v\in G\}) \tag{8.3}$$

式(8.3)基于节点特征计算图特征向量，其中 $\hat{\boldsymbol{y}}$ 是最终输出的图特征向量，h_v^T 表示所有 T 轮次下节点 v 的特征信息。R 是读出函数，函数 R 需满足两个要求：①可以求导；②满足交换不变性(节点的输入顺序不改变最终结果，这也是为了保证 MPNN 对同构图有不变性)。

在完整的消息传递过程中，图中所有节点和边的信息传递同时发生。每个节点会发出自己的消息，也会接收其他节点传来的消息，然后节点将得到的所有信息做聚合，计算生成节点新的表示。消息传递过程本质上是沿着图结构迭代式的消息传递过程，如图 8-1 所示，粗线边表示信息有可能穿过的边，阴影节点表示在消息传递的 m 步中，消息从原始节点传播到了的节点。

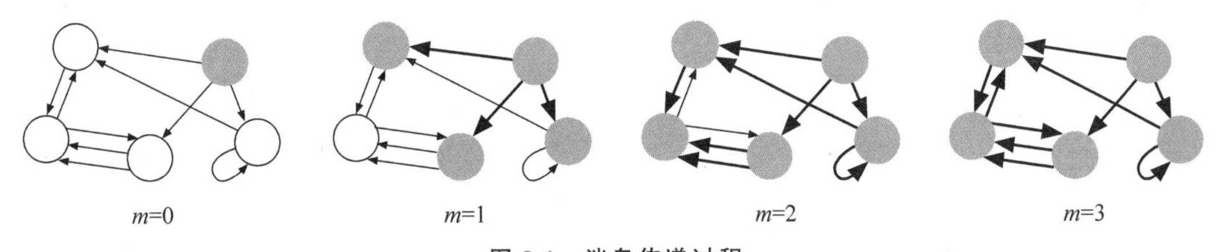

图 8-1　消息传递过程

基于 MPNN 实现模型时，用户可通过定义具体的消息函数 M_t、更新函数 U_t、读出函数 R 来实现具体的模型，如 GCN、GraphSAGE、GGNN、Interaction Networks 等模型。

8.1.2 NLNN

NLNN 是 Wang 等人[①]提出的针对注意力方法的一般化表示。受计算机视觉中经典的

---

① Wang X, Girshick R, Gupta A, et al. Non-local neural networks[C]//Proceedings of the IEEE conference on computer vision and pattern recognition. 2018: 7794-7803.

非局部均值的启发,NLNN 用于捕获长距离依赖。在计算某一位置的表示时,需要考虑所有位置特征的加权。而位置可以是空间的、时间的甚至时空的,如可以是图片的空间某一点或序列数据中的某一时间点。对应到图数据中,位置可以表达为图中的节点。通用的非局部操作的公式定义如下:

$$y_i = \frac{1}{C(x)} \sum_{\forall j} f(x_i, y_j) g(x_j) \tag{8.4}$$

其中,i 表示输出位置的索引,j 是枚举所有可能和位置 i 关联的位置的索引,x 表示节点的输入特征,y 表示节点的输出特征。$f(x_i, y_j)$用来计算位置 i 和所有可能关联的位置 j 之间的成对的关系,计算结果是一个标量,用于表示节点之间的关系度,$g(x_j)$用于计算输入在 j 位置的节点表示,$C(x)$负责对最后结果进行归一化。从式(8.4)可以看出考虑了所有位置,所以称为非局部。非局部操作是一个灵活的构建块,可以很容易地与卷积层、循环层一起使用,它可以添加到深度神经网络的浅层位置,而不像全连接层那样通常被用在最后。这允许用户结合非本地信息和本地信息构建一个更丰富的层次结构。

接下来讲解实例化 f 和 g 的几种方式。简单起见,考虑 g 是线性函数。这意味着 $g(x_j) = \boldsymbol{W}_g x_j$,其中 $\boldsymbol{W}_g$ 是一个可学习的权重矩阵。下面是函数 f 的一些可用选项。

(1) Gaussian(高斯)近似。在非局部均值和双边滤波器之后,函数 f 的一个自然选择是高斯函数,考虑如下形式的高斯函数:

$$f(x_i, x_j) = \mathrm{e}^{x_i^{\mathrm{T}} x_j} \tag{8.5}$$

其中,$x_i^{\mathrm{T}} x_j$ 是点积相似度,也可以用欧氏距离,但点积在深度学习平台中更易于实现。归一化因子定义为 $C(x) = \sum_{\forall j} f(x_i, x_j)$。

(2) Embedded Gaussian(高斯嵌入)近似。高斯函数的一个简单变种就是在一个嵌入空间中计算相似度,可以考虑以下形式:

$$f(x_i, x_j) = \mathrm{e}^{\boldsymbol{\theta}(x_i)^{\mathrm{T}} \boldsymbol{\phi}(x_j)} \tag{8.6}$$

其中,$\theta(x_i) = W_\theta x_i$、$\phi(x_j) = W_\theta x_j$ 是两个向量表示,归一化因子设为 $C(x) = \sum_{\forall j} f(x_i, x_j)$。可以看到,自注意力机制(self-attention)其实就是非局部网络的 Embedded Gaussian 版本的一种特例。对于给定的 i,$\frac{1}{C(x)} f(X_i, X_j)$就变成了沿着维度 j 计算 Softmax 函数,而这就是自注意力机制的表达形式。

(3) Dot Product(内积)。f 也可以简单地定义为点积相似度,定义如下:

$$f(x_i, x_j) = \boldsymbol{\theta}(x_i)^{\mathrm{T}} \boldsymbol{\phi}(x_j) \tag{8.7}$$

其中,θ、ϕ 均表示对输入的线性变化。归一化因子 $C(x) = N$,其中 N 为 x 的位置数量,而不是 f 的和,这样可以简化梯度的计算。这种形式的归一化是有必要的,因为输入的大小可能是可变的。

(4) Concatenation(拼接)。f 的连接形式采用了 ReLU 函数,定义如下:

$$f(x_i, x_j) = \mathrm{ReLU}(\boldsymbol{w}_f^{\mathrm{T}} [\boldsymbol{\theta}(x_i), \boldsymbol{\phi}(x_j)]) \tag{8.8}$$

其中[·,·]表示连接操作,$\boldsymbol{w}_f$ 是一个权重向量,负责将拼接后的向量投射到一个标量上。归一化因子设为 $C(x) = N$,其中 N 为 X 的位置数量。

8.1.3 GN

GN 是 Battalion 等人[①]提出的图网络框架,统一和扩展了多种现有图神经网络,相较于 MPNN、NLNN 做了更一般化的总结。GN 可以灵活表达各种结构,支持从简单 GN 块构建复杂而具有强大表达能力的计算结构。GN 块是主要的计算单元,以图作为输入,基于整个图结构进行计算,返回的结果也是一个图。

在 GN 中,图被定义为一个三元组 $G=(u,V,E)$。u 表示图的全局属性;$V=\{v_i\}_{i=1:N^v}$ 表示顶点集,v_i 表示顶点 i 的属性;$E=\{(e_k,r_k,s_k)\}_{k=1:N^e}$ 表示边集,e_k 表示边的属性,r_k 表示入点,s_k 表示出点。围绕上述变量,每个 GN 块包括了三个更新函数 ϕ 和三个聚合函数 ρ,具体函数定义如下:

$$e'_k=\phi^e(e_k,v_{r_k},v_{s_k},u) \qquad \bar{e}'_i=\rho^{e\to v}(E'_i)$$

$$v'_i=\phi^v(\bar{e}'_i,v_i,u) \qquad \bar{e}'=\rho^{e\to u}(E')$$

$$u'=\phi^u(\bar{e}',\bar{v}',u) \qquad \bar{v}'=\rho^{v\to u}(V')$$

其中,$E'_i=\{(e'_k,r_k,s_k)\}_{r_k=i,k=1:N^e}$ 表示节点 i 更新状态后的所有入边的集合;$V'=\{v'_i\}_{i=1:N^v}$ 表示所有更新后的节点集;$E'=U_iE'_i=\{(e'_k,r_k,s_k)\}_{k=1:N^e}$ 表示所有更新后的边集。ϕ^e 函数对所有边进行映射,计算更新每个边;ϕ^v 函数对所有节点进行映射,计算更新每个节点;ϕ^u 仅映射一次,计算更新整个图的表示。ρ 函数接受一个集合作为输入;生成一个标量以表示聚合后的状态信息。ρ 函数需要满足对输入的不同排列顺序保持输出不变,并且支持使用可变数量的输入参数。

GN 的更新过程如图 8-2 所示,其中蓝色表示正在被更新的元素,黑色表示参与更新计算的元素。图 8-2(a)表示边更新过程,由点计算边;图 8-2(b)表示节点更新过程,聚合入边以更新点;图 8-2(c)表示图更新过程,聚合节点信息及边信息生成图的表示。每一个更新过程,全局图属性及对应的上一轮状态信息都参与计算。

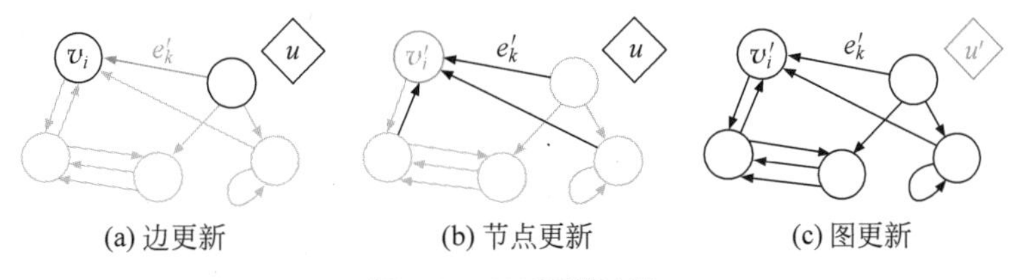

图 8-2 GN 更新过程

GN 块提供了强大的表达能力,其结构和函数可以配置成不同的方式,包括哪些信息可作为其函数的输入,以及如何更新边缘、节点和全局属性。图 8-3(a)表示一个完整的 GN 块,计算过程包括所有的更新函数和聚合函数,输入信息包括节点、边、全局图属性,计算顺序是从边开始,然后是节点,最后是图,输出是对应的节点、边、全局图属性。通过选择不同的输入参数或者块内结构,GN 同样可以表达不同的变体结构,如图 8-3(b)、图 8-3(c)所示,通

① Battaglia P W, Hamrick J B, Bapst V, et al. Relational inductive biases, deep learning, and graph networks[J]. arXiv preprint arXiv: 1806.01261, 2018.

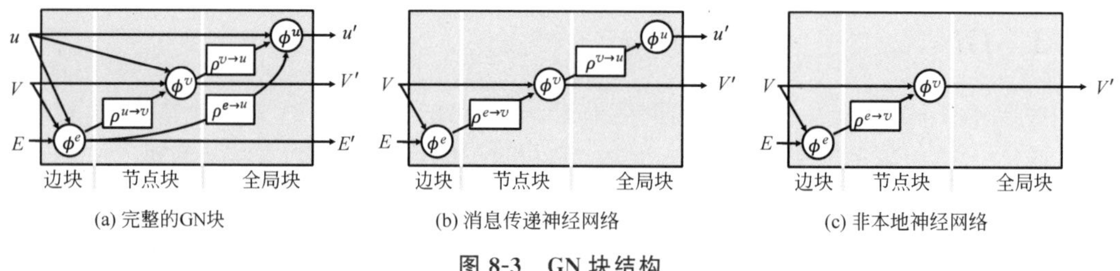

(a) 完整的GN块　　(b) 消息传递神经网络　　(c) 非本地神经网络

图 8-3　GN 块结构

过精简 GN 计算过程分别表达 MPNN 和 NLNN 结构。

由于 GN 块的输入输出都是完整的图，基于这种图到图的设计，可以叠加多个 GN 块来表达更复杂的计算，实际使用中可以根据模型实现需求具体灵活设计。

8.2 主流框架简介

目前，主流的深度学习框架（TensorFlow、PyTorch 等）主要用于欧氏空间，如文本、语音、图像等领域，而图是一种非欧氏空间中的数据，并不能直接应用现有的深度学习框架，因此需要设计专门的图深度学习框架。深度学习框架已经提供了高性能的可微稠密张量算子、丰富的神经网络模块和优化器等，为了能利用这些既有的框架能力，基于现有的深度学习框架构建图深度学习框架是目前常见的解决方案，如现在比较流行的 PyG（PyTorch Geometric）、DGL（Deep Graph Learning）、AliGraph 等。

8.2.1 PyG

PyG 是由德国多特蒙德工业大学研究者开发的、构建于 PyTorch 上的几何深度学习扩展库，可以直接应用在诸如图、点云和流体等不规则结构数据上。由于包含了对图和其他不规则结构进行深度学习的各种方法，因此也被称为几何深度学习。

设计上，所有面向用户的接口，如数据加载、多 GPU 支持、数据增强及模型实现等都深受 PyTorch 的启发，提供了相似的用户接口。同时基于 MPNN 编程范式实现了一个通用的消息传递 API，将最近提出的大多数卷积层和池化层捆绑到了一个统一的框架中。另外所有的方法都同时支持 CPU 和 GPU 计算，并遵循一个不变的数据流范式，图结构可以随时间动态变化。实现上，基于后端框架 PyTorch 的 Module 模块抽象封装了 MessagePassing 接口，用于表达消息传播过程。使用时仅需继承 MessagePassing，实现对应的 message 和 update 接口，即可实现生成对应节点的消息及节点状态的更新操作，消息聚合方式以配置参数的方式提供用户支持。同时也提供基于算子融合思想的 message_and_aggregate 接口，接口实现上依赖于 PyTorch 扩展库 torch_sparse 提供的优化稀疏矩阵操作。PyG 内部大量使用了聚集（gather）算子和分散（scatter）算子，将节点信息和边缘信息分别映射到边缘空间和节点空间，利用算子在所有元素上的并行化来提高计算效率。通过利用稀疏 GPU 加速，提供专用的 CUDA 内核，以及为不同大小的输入样本引入高效的小批量处理，性能上 PyG 实现了很高的数据吞吐量。此外，还提供了易于使用的 mini-batch 加载器、多 GPU、

PyTorch Jit、大量通用基准数据集和常用图数据转换等功能，方便用户使用。

目前 PyG 仅支持单机训练，不适合在大规模图数据上使用，主要用于学术研究等领域。但内置集成了丰富的图模型算法及公开基准数据集，对于用户而言可以快速验证模型原型，使用成本低，应用性较强。

8.2.2 DGL

DGL 是纽约大学和亚马逊公司等共同开发的图深度学习框架，先后集成了 PyTorch、MXNet 和 TensorFlow 三个主流的深度学习框架，使用时用户可以灵活选择自己熟悉的框架作为 DGL 的训练后端。

设计上，采用了学习框架中立的设计原则，同时支持多个主流的深度学习框架，实现最大限度的框架无关。内置了 DGLGraph 用于表达图，通过抽象、扩展后端框架张量操作，提供以图为中心的统一编程抽象；提供统一的稀疏张量存储、管理等操作，允许用户使用与后端框架无关的接口来操纵图。基于 MPNN 编程范式将 GNN 抽象为 message、reduce、update 三个用户可配置的消息传递原语。实现图采样以及批量处理图的接口，允许用户完全控制图数据底层接口来简化编程复杂度。将消息传递（Message Passing）抽象为适合并行化的稀疏张量操作，包括 SpMM（Sparse-Dense Matrix Multiplication）和 SDDMM（Sampled Dense-Dense Matrix Multiplication），这些优化后的算子可以用在前向传播和反向梯度计算中。其中，SpMM 规避了为消息生成临时的中间存储，SDDMM 规避了将节点表示复制到边。所有涉及节点及边特征的算子都是可微分的，简化了编程复杂度的同时，提供了较好的灵活性。为了避免消息传递过程中额外的存储开销，DGL 框架内置了丰富的融合 message 和 reduce 的常见算子操作，用户在写模型代码时可以直接拿来使用，用户易用性较强；同时也支持用户自定义 message 及 reduce 算子操作，在一定程度上增强了框架的扩展性。通过使用后端框架原生支持的 DLPack 开源组件技术，在处理和返回 Tensor 数据时实现内存零复制。此外，DGL 还探索了多种并行化策略，从而提高了训练速度和内存使用效率。

由于 DGL 整体实现上并非完全与框架无关，因此模型在跨后端框架使用时，用户仍需要修改较小的模型代码。功能上同时支持全图训练和基于采样的小批量训练，支持单机和有限的分布式两种部署模式。DGL 集成大量的公开数据集，实现多种采样方法，内置一些开箱即用的模型，整体上提供较强的灵活性和出色的训练性能，但相比其他框架，支持的模型相对较少，需要用户自己开发。此外，基于 DGL 发布的 DGL-KE、DGL-LifeSci 两个 Python 包，用于将图神经网络应用于化学、生物学和知识图谱等领域。

8.2.3 AliGraph

AliGraph 是阿里巴巴内部开发的图深度学习框架，是面向大规模图神经网络开发和应用而设计的分布式框架。将 GNN 实现泛化为采样、汇聚邻居、节点更新三个阶段，其中采样过程内置为 GNN 实现的一个步骤，提供集分布式图数据存储、高效采样接口、统一编程范式于一体的工业级解决方案。

设计上，框架整体可以分为系统层、算法层、应用层三部分。系统层提供了图数据的统一抽象及操作，在系统层之上的算法层负责实现 GNN 算法，用来服务于应用层中具体的实际任务。系统层具体可以分为存储层、采样层、算子层。存储层负责对不同类型的原始数据进行组织和存储，满足上层算子和算法的图数据访问需求。实现上有以下特点：图拓扑结构信息和图属性信息分别存储，节点/边属性信息基于索引存储；内置了 METIS、顶点/边分割、2D 划分、流式划分等图分区算法，并且支持插件化扩展；针对一些高访问频率的顶点，基于可度量的指标缓存邻居信息，以减少网络消耗。图采样是处理超大规模图的有效手段，采样层负责访问存储的图数据，以便将度数不一致的顶点生成大小统一的训练样本。采样层包含顶点/边采样、邻居采样、负采样三种类型，基于分组的无锁方法实现分布式图服务的采样操作。算子层提供实现 GNN 算法的另外两个算子：Aggregate 和 Combine 算子。Aggregate 算子作为卷积操作负责从顶点的邻居收集邻域信息，Combine 算子使用邻域信息来更新当前顶点的表示。在每个小批量训练过程中，通过共享邻居表征状态来加速计算过程。基于上述提供的算子，用户可以快速构建一个 GNN 算法。

目前 AliGraph 已在阿里巴巴的搜推、网络安全、知识图谱等众多商业化场景成功落地，而且已经作为阿里云的产品在售卖。整个系统注重可移植和可扩展，多个内部模块都支持插件化编程，允许根据具体需求自定义实现，用户体验友好。

8.3 京东图深度学习框架 Galileo

图是关联关系数据的有效表达方式，在零售场景中，人、货、场之间的关系都可以用图结构来表达，这些图结构中隐含了大量可解释和可挖掘的知识，具有极高的商业价值。在面向工业界复杂场景时，当下主流的图深度学习框架均稍显不足，这也在某种程度上限制了图神经网络在工业界的落地。而图与深度学习的结合将带来巨大的商业价值，因此，京东零售内部沉淀及孵化了图深度学习框架 Galileo。

8.3.1 设计概要

Galileo 是一个通用可扩展的分布式图深度学习框架，提供数据处理、数据加载、模型构建、模型训练、模型评估等整个流程的支持。同时支持 TensorFlow 和 PyTorch 双训练后端，也支持快速接入其他深度学习框架。设计上，考虑到完全做到与后端框架无关，需要抽象适配不同框架间的大量算子，工作量异常巨大，并且存在后端框架版本升级困难、使用灵活性差等问题，因此采用了在训练后端基础上轻量级抽象，并实现了统一的图数据接口和图模型训练接口。Galileo 提供图嵌入(Graph Embedding)学习和图神经网络端到端学习的能力。实现上主要有以下特点：支持复杂异构图、动态图学习，支持工业级图数据，支持自定义模型。架构设计上采用经典的分层设计理念，从下到上主要分为图引擎层、图框架层、图模型层，每一层均可独立扩展，架构设计如图 8-4 所示。下面针对每一层组件做具体介绍。

8.3.2 图引擎层

图引擎层主要负责图数据的存储、管理及计算，支持包括加载、采样、查询、更新、转储(Dump)等常见功能。目前京东商城的活跃用户超 4 亿，活跃商品也达到亿级别，基于用户

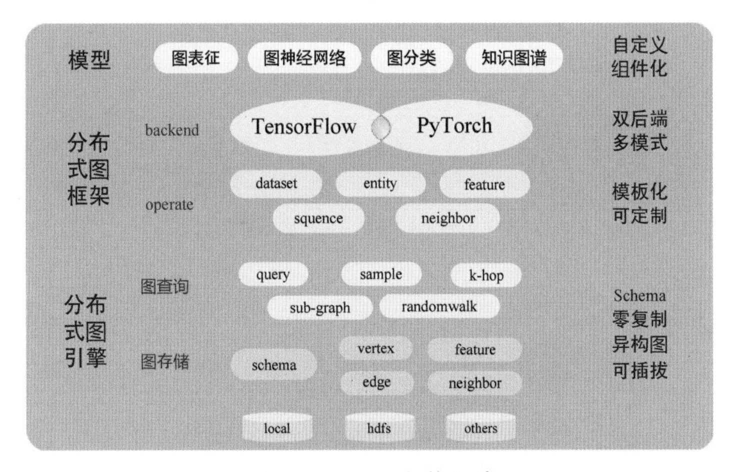

图 8-4　Galileo 架构设计

和商品关系（如浏览、点击、购买、收藏、分享等）构建的图，顶点达十亿，边多达百亿。图结构非常复杂，关系高度异构，而且拥有丰富的点边异构属性，处理一个这样规模的图数据需要消耗大量的硬件资源，并且计算耗时严重。因此，图引擎从设计之初就支持单实例及分布式两种部署模式，分布式模式即多分片（Shard）多副本（Replia）的高可用部署模式，每个分片加载一部分图数据，构成一张子图，所有分片一起构成一张完整的图；单实例模式即单个进程处理全图数据。针对具体场景中图数据规模及模型复杂度等可以灵活选择合适的部署模式。

为了高效、灵活地表达图数据格式，Galileo 设计了统一的 Schema 表达图格式，包括版本号、全局控制选项、顶点类型、边类型等配置功能。用于支持顶点、边、属性、邻居、同构异构、加权无权、有向无向等图概念。Schema 主要用于驱动图数据结构的定义、数据解析、接口表达等。图引擎内置了丰富的数据类型供用户配置 Schema，可配置类型如图 8-5 所示。通过提供细粒度的数据类型，避免了潜在的内存浪费，同时可以直接和后端框架数据类型对接。

简单类型	复杂类型
DT_BOOL	DT_STRING
DT_INT8/16/32/64	DT_BINARY
DT_UINT8/16/32/64	DT_ARRAY
DT_FLOAT	
DT_DOUBLE	

图 8-5　Schema 支持的数据类型

图引擎是强 Schema 设计的，每个字段需要和对应的图数据保持一致，否则容易出现数据无法正常加载、接口表达出错等异常问题。下面的代码是零售场景下典型的 user-item 点击图的 Schema 实例，包括 user、item 两种顶点类型，用户点击一种边类型。这里仅是一个简单的示例，实际中，图结构表达对点、边类型数量、属性个数等是没有具体限制的。

```
1.  {
2.      "vertexes":
3.      [
4.          {
```

```
5.              "vtype": "sku",
6.              "entity": "DT_INT64",
7.              "weight": "DT_FLOAT",
8.              "attrs":
9.              [
10.                 { "name": "cid", "dtype": "DT_UINT16" },
11.                 { "name": "price", "dtype": "DT_FLOAT" }
12.             ]
13.         },
14.         {
15.             "vtype": "user",
16.             "entity": "DT_STRING",
17.             "weight": "DT_FLOAT",
18.             "attrs":
19.             [
20.                 { "name": "age", "dtype": "DT_UINT16" },
21.                 { "name": "addr", "dtype": "DT_STRING","capacity": 256 }
22.             ]
23.         }
24.     ],
25.     edges:
26.     [
27.         {
28.             "etype": "click"
29.             "entity_1": "DT_STRING",
30.             "entity_2": "DT_INT64",
31.             "weight": "DT_FLOAT",
32.             "attrs": []
33.         }
34.     ]
35. }
```

针对工业级大规模图数据，我们设计了统一的图存储格式。同时支持基于分隔符的文本格式和二进制自定义格式。文本格式主要用于小数据级使用；二进制格式主要用于大规模分布式使用。图 8-6 所示为点、边二进制存储格式，数据加载时，图引擎通过 Schema 驱动解释每个类型的点、边格式。另外也提供分布式二进制图数据转换工具，用于预处理生成二

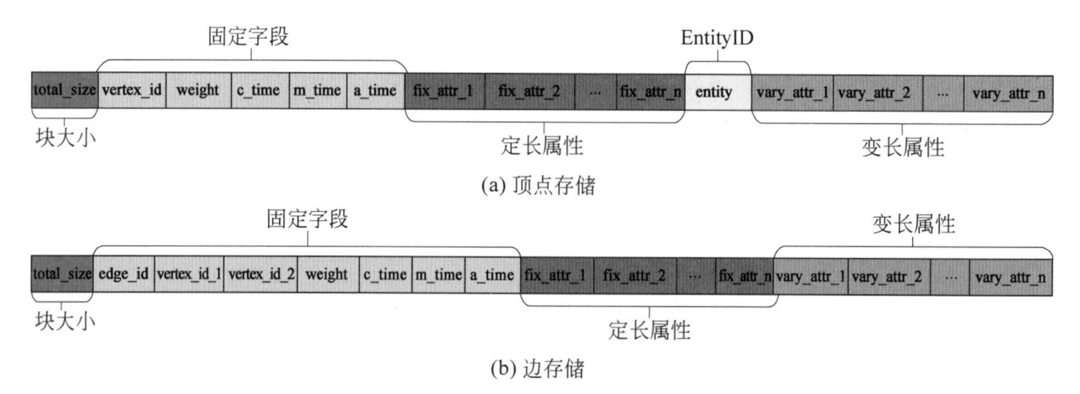

(a) 顶点存储

(b) 边存储

图 8-6　顶点、边二进制存储格式

进制图数据。源文件是点、边分离的，建议生成多个分片，以更好地契合多线程并行流式加载及批量处理。为了便于扩展图存储格式，如公开数据集及开源图数据库等，图存储支持插件化，实现对应的接口即可支持其他格式。可以快速接入第三方图数据，方便业务方使用。

图数据加载到内存时，采用紧凑高效的内存结构表达图结构，具体实现是分配一块连续的内存块以表达点、边对象，另外针对复杂数据类型提供帮助类以包装读写功能，简化内存操作的复杂度。图在内存表达上主要有 Vertex、Edge 两类对象，我们将属性分为定长字段和变长字段，定长字段用于表达简单类型，变长字段用于表达数组、字符串和二进制等数据类型。定长字段在内存块中占用实际的长度，变长字段在 Vertex、Edge 内存中由一个固定长度的指针占位，指针所指向的内容为实际的数据，读写上需要一次跳转。这样处理，相同类型的 Vertex、Edge 内存块占用的内存长度是固定连续的，可以放在内存池中高效处理，变长属性动态分配是基于开源的内存分配器来保证高性能的。实际处理时，在 64 位架构下地址长度是 8B，如果数据长度小于 8B，会将数据直接存在 Vertex、Edge 内存块中，否则存储在指针指向的地址内存中。基于上述的图内存模式，在面对大规模图数据时，最终的磁盘/内存比仅有 1∶3 左右，远优于其他同类开源解决方案，具有极佳的存储性能。图 8-7 是 Galileo 的内存性能测试表现，可以看到，在数据量急剧增长的情况下，相比开源解决方案，Galileo 表现平滑，资源消耗更少。

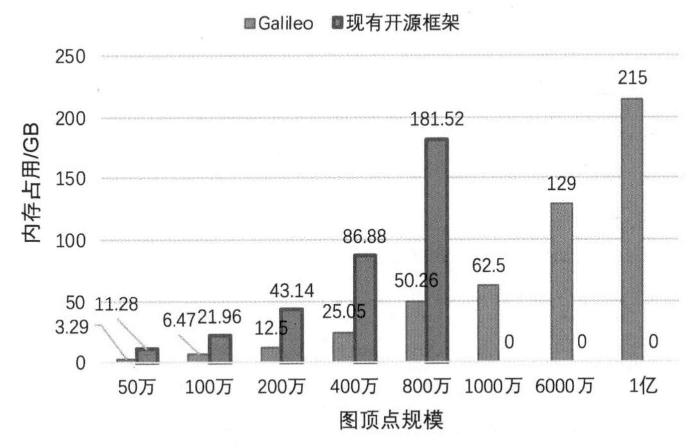

图 8-7　Galileo 与其他开源框架内存性能测试对比

根据使用场景的不同，图结构可能是固定不变的，也有可能是随着时间动态变化的。上述图内存设计能同时支持静态图和动态图。静态图主要应用于离线训练场景，存储和计算性能更高；动态图依赖图数据更新接口，主要应用于动态学习等业务场景，目前已经在京东广告实际场景下成功落地，并且产生了明显的正向收益。

图数据请求包含两个过程：①图引擎 Client、Server 间的网络交互；②后端框架、图引擎 Client 数据交互，如图 8-8 所示。网络交互上，Galileo 采用自解释的二进制协议，用来规避 proto 的序列化/反序列化开销。实际使用中，一个批次的点、边、特征等数据量非常大，如二阶邻居节点规模达到百万级别，如果采用 ProtoBuf 将不可避免地引入变长编码序列化/反序列化开销，而且非常可观。基于 ProtoBuf 3.0 版本提供的 C++ Move 语义接口，上层逻辑可以高效地复用或直写 ProtoBuf 的内存，减少了逻辑操作时内存分配、复制、循环赋值操作。针对数据交互，基于 Zero Copy 实现了高效的 Tensor 创建。有很多方法可以从 C++现有数据中创建张量，包括：将逻辑数据直接写入训练后端 Tensor；包装现逻辑数据适配训练后端；复制逻辑数据到训练后端 Tensor。这些方法在简单性和性能间有不同的权衡，Galileo 采用了直接将逻辑数据写到 Tensor，这将在没有复制的情况下进行，另外也不需要考虑训练后端内存对齐的要求，而内存释放操作交由训练后端处理，同样会降低逻辑层编码的复杂度。图引擎接口在使用训练后端 Tensor 数据时，内置了一个数据代理类 ArraySpec，负责将 Tensor 数据包装成图引擎接口支持的参数类型，同样避免了模块间额外的内存复制。在请求数据时，实现了自适应的点、边去重逻辑，因为在某些场景下，点、边数据重复度极高。如果特征维度也很高，会带来极大的带宽损耗。通过侦测去重在开启和关闭状态下的网络请求耗时，动态决定某次训练是否启用去重逻辑，在数据量小但特征维度大时，训练耗时效率得到了成倍的提升。

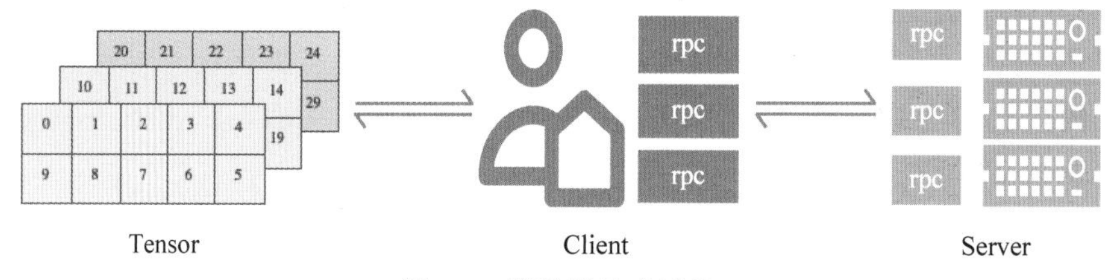

图 8-8 图数据请求过程

8.3.3 图训练框架

图训练框架主要处理后端深度学习框架的差异，提供统一的图学习接口。考虑到 TensorFlow 在工业界的广泛使用及 PyTorch 在学术界的影响力，Galileo 同时支持双训练后端，实践中能够更快地将学术界成果迁移应用到工业界。针对每个训练后端，基于模板化思想封装了统一的图算子，用于将不规则的图数据转化为训练后端支持的 Tensor 数据，具体分为 Entity、Feature、Neighbor、Sequence 等四类算子。在实现某些算子时，也参考了算子融合的思想。当实现一个算子功能时，任务的上下游模块越多，越可以灵活地省去额外的计算及临时内存分配等开销。利用 Python 语言弱类型特点，在 Python 层提供统一的图数据算子 API，具体接口定义如下：

```
1. def collect_entity(types, count, category):
2.     """ collect entity, eg vertex, edge.
3.     Args:
4.         types: list[int] or Tensor(dtype = uint8), entity types
5.         count: int or Tensor, entity count per type
6.         category: str, vertex or edge
7.     return:
8.         list[Tensor]
9.     """
10. def collect_neighbor(vertices, edge_types, count, has_weight, category):
11.     """ collect neighbor
```

```
12.     Args:
13.         vertices: list[int], vertices
14.         edge_types: list[int], edge type
15.         count: int, neighbor per vertices
16.         has_weight: bool, whether output weight
17.         category: str, topk or full
18.     return:
19.         list[tf.Tensor]
20.     """
21. def collect_feature(ids, fnames, dims, ftypes):
22.     """ collect feature
23.     Args:
24.         ids: list[list[int]] or list[Tensor], vertex or edge
25.         fnames: list[string], feature name
26.         dims: list[int], dims
27.         ftypes: list[tf_type], output type
28.     return
29.         list[tf.Tensor]
30.     """
31. def collect_sequence(vertices, metapath, counts, has_weight):
32.     """ collect seq by multi hop
33.     Args:
34.         vertices: list[int] or Tensor(dtype = int64), vertices
35.         metapath: list[list[int]] or list[Tensor(dtype = uint8)], edge types for every hop
36.         counts: list[int], count for every hop
37.         has_weight: bool, whether output weight
38.     return:
39.         list[Tensor]
40.     """
```

实现上遵循数据与模型分离原则，支持 Dataset 机制，通过 Dataset 封装图数据获取逻辑。Galileo 内置提供 VertexDataset、EdgeDataset 以及 TextLineDataset、HdfsDataset 等基础 Dataset。用户可以通过提供 Transform 扩展基础的 Dataset 生成具体的 Dataset，用于生成训练样本。使用 Dataset 有以下好处：①数据处理与模型训练解耦，提升代码的复用性；②Dataset 并行预取，有效提升模型训练速度；③Transform 可以实现灵活的数据转换，扩展性强。在训练模式上，Galileo 既支持单机部署，也支持分布式部署，可以在 CPU 上训练，也可以在 GPU 上训练。支持的训练模式包括 CPU 单机、CPU 多机、GPU 单机单卡、GPU 单机多卡、GPU 多机单卡、GPU 多机多卡。图训练框架对以上训练模式进行了抽象，用户只需进行简单的参数设置，即可使用不同的训练模式，满足了各类用户的使用需求，且极大地降低了使用成本。

对于超大规模的模型，往往需要大量的 GPU 显存，需要使用参数服务（Parameter Service，PS）异步更新策略，如图嵌入算法 Node2Vec，由于顶点的编码没有权重共享，导致模型的参数数量随着点的数量增长而线性增长，Galileo 通过自研的 Parameter Server 服务，实现了对超大模型的训练支持。GNN 实现框架也采用了常见的 Message Passing 范式，通过对 message、aggregate、update 等算子的抽象，可以灵活实现 GNN、GCN 等模型。

同时提供了图神经网络常用的层，包括 Embedding、Aggregator、Attention 及各种变形。基于上述组件，用户可以快速地、积木式地实现具体的 GNN 模型，而不用关心具体的底层细节。

8.3.4 支持算法模型

Galileo 内置了常见的图算法模型，用户开箱即用，降低了图模型的使用门槛。已经实现的图模型包括：

- DeepWalk：经典无偏随机游走的无监督算法；
- Node2Vec：配置 p、q 参数，实现偏向 BFS 或 DFS 游走的无监督算法；
- Line：灵活利用一阶、二阶邻居信息的无监督算法；
- Metapath2Vec：应用于异构图的 Node2Vec 算法；
- GraphSage：基于邻居采样汇聚的 GCN 算法；
- GAT：采用 Attention 机制进行邻居汇聚。

这些模型的实现，均经过了仔细的测试及对比，效果均已与模型论文对齐。随着业界图算法的发展，支持的模型也在持续更新中。考虑到学术界不断有新成果涌现，算法人员有进行算法创新及改造的需求，Galileo 提供了自定义模型接口。用户可以通过自定义模型的方式实现新算法模型或者对已有模型进行改造。基于 TensorFlow 自定义模型示例如下：

```
1. import galileo as g
2. import galileo.tf as gt
3. import tensorflow as tf
4. # 定义模型实现
5. class MyModel(tf.keras.Model):
6.     def __init__(self, **kwargs):
7.         super().__init__()
8.     # 定义模型的核心实现
9.     def call(self, inputs):
10.         pass
11.
12. # 定义模型输入
13. class Inputs(g.BaseInputs):
14.     def __init__(self, **kwargs):
15.         super().__init__(config = kwargs)
16.     # 使用图引擎提供的采样和查询接口,可以获取模型需要的输入数据
17.     # 定义训练数据
18.     def train_data(self):
19.         pass
20.     # 定义评估数据
21.     def evaluate_data(self):
22.         pass
23.     # 定义预测数据
24.     def predict_data(self):
25.         pass
26.
27. # 启动图引擎服务
```

```
28. g.start_service()
29. # 创建一个 tf 的 trainer
30. trainer = gt.EstimatorTrainer(MyModel, Inputs())
31. # 训练模型
32. trainer.train(batch_size = 32, num_epochs = 5)
```

当前，Galileo 图深度学习框架已应用于京东零售多个业务场景，包括搜索、推荐、知识图谱、风控反作弊等。业务效果上已经取得了一定的成绩，推荐业务效果增长显著，风控反刷单业务识别率成倍增长。未来计划在图引擎底层算子、模型训练等方面，针对图域计算做特定加速优化；探索图模型的离线、在线一体化方案；推动图学习算法创新；继续追踪和探索学术界的最新研究成果。需要做的工作依然还很多，但相信未来可期。

8.3.5　图模型实践

这部分介绍使用 Galileo 框架实践几个经典的图模型。以 Node2Vec、GCN 和 GraphSAGE 模型为例。Node2Vec 模型是比较经典的图嵌入模型，其原理参见 3.4.2 节。GCN 和 GraphSAGE 是两个比较经典的图神经网络模型，其原理参见 4.3.3 节和 4.4.2 节。

1. 图数据集

首先挑选了两个公开图数据集 Cora 和 PPI 进行实验，验证 Galileo 框架模型训练的准确性，然后在自建图数据集上进行实验，验证 Galileo 框架在超大模型图数据上模型训练的高效性和资源利用效果。Cora 是一个描述科技论文引用关系的图数据集，共有 2708 个顶点和 5429 条边。论文分 7 个类别，有 1433 维的特征。PPI 是一个蛋白质相互作用网络，其规模比 Cora 大，图中的顶点数共计 56 944，边数量共计 818 716，每个顶点的特征维度为 50，共计 121 个类别。自建图数据集是在京东电商场景中构建的超大规模用户商品图。具体来说，是使用某一天某个广告位的用户点击商品的交互数据构建的，图中共有 60 939 171 个顶点和 969 402 538 条边。根据用户和商品的属性生成的 8 维向量表示顶点特征，顶点上没有标签，具体数据参见表 8-1。

表 8-1　图数据集

项　目	Cora	PPI	自建图数据集
顶点数量	2708	56 944	60 939 171
边数量	5429	818 716	969 402 538
类别	7	121	—
特征维度	1433	50	8

2. 模型训练超参数

Node2Vec 模型的训练超参数配置如下：随机游走长度为 20，每个顶点游走次数为 10，窗口大小为 10，p 值为 4，q 值为 1，负采样个数为 5，embedding 维度为 128。优化器使用 Adam，学习率为 0.01。

GCN 模型使用两层图卷积层，隐藏层维度为 64，隐藏层参数使用 Glorot 方法初始化，L2

正则化参数为 5×10^{-4}，特征随机失活(dropout)率为 0.5，优化器使用 Adam，学习率为 0.01。

GraphSAGE 模型也使用两层图卷积层，隐藏层维度为 128，隐藏层参数使用 Glorot 方法初始化，L2 正则化参数为 5×10^{-4}，特征随机失活率为 0.5，第一阶邻居采样个数为 25，第二阶邻居采样个数为 10，聚合方法使用 MEAN。

3. 实验效果分析

如表 8-2 所示，Node2Vec 模型在 Cora 数据集上实验，首先在训练集上无监督训练，得到顶点的向量表示，再使用逻辑回归模型在测试集上得到模型的准确率，Galileo 为 0.725，PyG 框架为 0.729。GCN 模型也在 Cora 数据集上进行有监督训练，计算准确率，Galileo 为 0.820，提出 GCN 的论文为 0.815，PyG 框架为 0.805。从结果看，GCN 的实验效果比 Node2Vec 增加约 12%。这是由于：①GCN 模型使用了顶点的特征，而 Node2Vec 模型并没有使用特征；②GCN 模型每层卷积计算都使用了顶点的全部邻居的特征，不仅融合了图中的空间信息，也融合了特征信息。GraphSAGE 模型在 Cora 数据集上训练和 GCN 模型差距不大，可能和 GraphSAGE 模型的采样方式有关系，可能会导致丢失部分邻居信息，在大规模图上会有更好效果。提出 GraphSAGE 模型的论文没有使用 Cora 数据集，而是使用了 PPI 数据集，Micro-F1 为 0.598。使用 PyG 框架在 Cora 数据集上的准确率为 0.804，Galileo 框架在 Cora 数据集上的准确率为 0.792，在 PPI 数据集上的 Micro-F1 为 0.678。Galileo 框架中各模型训练的效果与论文和 PyG 中计算的结果基本对齐。

表 8-2　各模型的实验效果对比

模　型	数　据　集	指　标	Galileo 平台	模型论文参考结果	PyG
Node2Vec	Cora	准确率	0.725	/	0.729
GCN	Cora	准确率	0.820	0.815	0.805
GraphSAGE	Cora	准确率	0.792	/	0.804
GraphSAGE	PPI	Micro-F1	0.678	0.598	/

4. 超大规模图数据

为了验证 Galileo 框架的高效性和资源利用效果，我们在自建图数据集上训练了 GraphSAGE 模型。自建超大规模图数据集顶点约 6000 万，边约 8.7 亿。图数据源文本文件顶点 5.9GB，边 23.4GB，使用 Galileo 提供的图数据转换工具转换为二进制图数据 23.7GB。使用了 10 个图引擎加载这些图数据，内存共占用 129GB，包括顶点、边数据、特征数据，以及采样器等数据。训练速度为 115 global step/s，10 个 epochs 训练了 23 小时。相比同类框架，内存占用降低 70%，训练性能提升 5%～13%。

5. 关键代码介绍

Galileo 框架提供了 Node2Vec、GCN、GraphSAGE 等模型的实现，模型实现代码在项目的 examples 目录中(https://github.com/JDGalileo/galileo/tree/main/examples)。图模型的核心层由 Galileo 框架提供。GCN 和 GraphSAGE 模型基于 Message Passing 范式实现。

Node2Vec 模型的训练数据准备如下：首先使用 VertexDataset 在图引擎中随机采样一

批顶点(第6行),然后使用RandomWalkNegTransform在图引擎中随机游走,得到游走序列以及负样本(第4行),最后使用dataset_pipeline返回一个可迭代的Dataset(第6行),代码如下:

```
1. class Inputs(g.BaseInputs):
2.     def __init__(self, **kwargs):
3.         super().__init__(config=kwargs)
4.         self.transform = gt.RandomWalkNegTransform(**self.config).transform
5.     def train_data(self):
6.         return gt.dataset_pipeline(gt.VertexDataset, self.transform, **self.config)
```

Node2Vec模型的实现使用Galileo提供的类VertexEmbedding,主要创建一个嵌入向量表(第11行),用来保存和更新所有顶点的嵌入向量,代码如下:

```
1. class VertexEmbedding(Unsupervised):
2.     def __init__(self, embedding_size,
3.                  embedding_dim,
4.                  shared_embeddings=True,
5.                  **kwargs):
6.         super().__init__(**kwargs)
7.         self.embedding_size = embedding_size
8.         self.embedding_dim = embedding_dim
9.         self.shared_embeddings = shared_embeddings
10.
11.         self._target_encoder = Embedding(embedding_size, embedding_dim)
12.         if shared_embeddings:
13.             self._context_encoder = self._target_encoder
14.         else:
15.             self._context_encoder = Embedding(embedding_size, embedding_dim)
16.
17.     def target_encoder(self, inputs):
18.         return self._target_encoder(inputs)
19.
20.     def context_encoder(self, inputs):
21.         return self._context_encoder(inputs)
```

GCN模型基于Message Passing范式实现如下:首先使用Galileo提供的GCNLayer类构造两层卷积层(第16~18行)。GCNLayer类实现了GCN模型Message Passing范式的三步骤message、aggregate、update,具体实现参见https://github.com/JDGalileo/galileo。然后定义了方法_get_graph_data,从图引擎中获取一批顶点的全部邻居及其特征(第32~42行)。最后使用交叉熵计算loss(第28行),代码如下:

```
1. class GCN(tf.keras.Model):
2.     def __init__(self, edge_types: list, max_id: int, feature_name: str, feature_dim: int,
       hidden_dim: int, num_classes: int, num_layers: int = 2, bias: bool = True, dropout_
3.                  rate: float = 0.0, normalization=None, **kwargs):
4.         super().__init__(name='GCN')
```

```
5.          self.edge_types = edge_types
6.          self.max_id = max_id
7.          self.feature_name = feature_name
8.          self.feature_dim = feature_dim
9.          self.hidden_dim = hidden_dim
10.         self.num_classes = num_classes
11.         self.num_layers = num_layers
12.         self.bias = bias
13.         self.dropout_rate = dropout_rate
14.         self.normalization = normalization
15.
16.         self._layers = [gt.GCNLayer(hidden_dim, bias = bias, dropout_rate = dropout_rate,
            activation = 'relu',
17.         normalization = normalization) for _ in range(self.num_layers - 1)]
18.         self._layers.append(gt.GCNLayer(num_classes, bias = bias, dropout_rate = 0.0,
            normalization = normalization))
19.
20.     def call(self, inputs):
21.         graph = self._get_graph_data(inputs)
22.         targets = inputs['targets']
23.         labels = inputs['labels']
24.         for layer in self._layers:
25.             features = layer(graph)
26.             graph['features'] = features
27.         logits = tf.gather(features, targets)
28.         losses = tf.nn.softmax_cross_entropy_with_logits(logits = logits, labels = labels)
29.         loss = tf.reduce_mean(losses)
30.         return dict(loss = loss, logits = logits)
31.
32.     def _get_graph_data(self, inputs):
33.         vertices = inputs['targets']
34.         full_nbrs = gt.ops.get_full_neighbors(vertices, self.edge_types, has_weight = True)
35.         edge_dsts, edge_weights, idx = full_nbrs
36.         degs = tf.split(idx, 2, axis = 1)[1]
37.         degs = tf.reshape(degs, [-1])
38.         edge_srcs = tf.repeat(vertices, degs)
39.         all_vertices = tf.range(self.max_id + 1, dtype = tf.int64)
40.         features = gt.ops.get_pod_feature([all_vertices], [self.feature_name], [self.
            feature_dim], [tf.float32])[0]
41.         return dict(vertices = vertices, edge_srcs = edge_srcs, edge_dsts = edge_dsts,
42.                 edge_weights = edge_weights, features = features)
```

GraphSAGE 模型基于 Message Passing 范式实现，使用 Galileo 提供的 SAGELayer 类构造两层卷积层(第 6～8 行)。SAGELayer 类实现了 GraphSAGE 模型 Message Passing 范式的三步骤 message、aggregate、update，具体实现可以参见 https://github.com/JDGalileo/galileo。GraphSAGE 模型的训练数据(第 20～26 行)使用 VertexDataset 在图引擎中随机采样的一批顶点(第 26 行)，然后使用 MultiHopFeatureLabelTransform 在图引擎中获取这批顶点的多阶邻居及其特征，以及这批顶点的标签(第 23 行)。最后使用 dataset_pipeline 返回一个可迭代的 Dataset(第 26 行)，代码如下：

```
1. class SupSAGE(gt.Supervised):
2.     def __init__(self, hidden_dim, num_classes, dense_feature_dims, fanouts, aggregator_name =
3.     'mean', dropout_rate = 0.0, ** kwargs):
4.         super().__init__( ** kwargs)
5.         self.feature_combiner = gt.FeatureCombiner(dense_feature_dims = dense_feature_dims)
6.         self.layer0 = gt.SAGELayer(hidden_dim, aggregator_name, activation = 'relu',
7.                                    dropout_rate = dropout_rate)
8.         self.layer1 = gt.SAGELayer(num_classes, aggregator_name, dropout_rate = dropout_rate)
9.         self.to_bipartite = gt.BipartiteTransform(fanouts).transform
10.
11.     def encoder(self, inputs):
12.         feature = self.feature_combiner(inputs)
13.         bipartites = self.to_bipartite(dict(feature = feature))
14.         bipartites = self.layer0(bipartites)
15.         bipartites = self.layer1(bipartites)
16.         output = bipartites[ - 1]['src_feature']
17.         output = tf.squeeze(output)
18.         return output
19.
20.class Inputs(g.BaseInputs):
21.     def __init__(self, ** kwargs):
22.         super().__init__(config = kwargs)
23.         self.transform = gt.MultiHopFeatureLabelTransform( ** self.config).transform
24.
25.     def train_data(self):
26.         return gt.dataset_pipeline(gt.VertexDataset, self.transform, ** self.config)
```

8.4　本章小结

本章内容主要围绕图深度学习框架展开，首先介绍了学术界提出的统一编程实现范式，然后介绍了主流的开源框架，最后介绍了京东自研的 Galileo 图深度学习框架及图模型实践。像深度学习框架一样，图深度学习框架也呈现出百家争鸣的局面，但提供高效的图存储和计算能力依然是一项非常具有挑战性的工作。因此，针对京东零售业务场景我们开发了 Galileo 图深度学习框架，该框架具备超大规模、高效、紧凑存储等优点，旨在解决大规模图算法在工业级场景落地的问题。

第 9 章

图神经网络在推荐场景下的应用

随着信息科技的发展，新闻资讯、音乐、短视频、购物、理财等服务的获取越来越多地依赖于互联网。然而互联网上的信息日益膨胀，人们能接触到的信息远超自己的处理能力，导致信息过载。以用户的个性化需求为中心的推荐技术蕴藏着巨大的商业价值，因此推荐服务的互联网生态应运而生，如亚马逊商城和京东商城等。

在电商推荐系统中，最重要的是对商品和用户的理解，给予不同的用户个性化的推荐内容。具体来说，就是依据平台上已有的商品数据和用户历史行为数据建立数学模型，寻找用户和商品的关联性。用户和商品存在复杂的联系，以商品为例，商品本身的材质、属性、价格本身就存在关联，还包括同品牌、店铺、竞品的关联关系等，又如用户在京东商城上的行为，包括浏览、加购、分享、打赏、点赞、收藏、种草等。图数据是关联关系数据的有效表达方式，电商平台上的商品之间的关系和用户行为等都可以采用多元异构图描述，从图数据中对多重语义空间节点进行建模，从而更准确地学习用户潜在的兴趣。

本章围绕推荐这一主题，首先介绍推荐系统相关的背景，包括推荐系统的目的和挑战，然后介绍传统推荐方法，包括协同过滤和矩阵分解算法，接着介绍图表示学习的推荐算法和图神经网络的推荐算法，最后介绍图推荐在业务上的实践以及 Galileo 在落地图推荐的支撑。

9.1 推荐系统的目的与挑战

在电商领域，用户购买商品的需求可以粗略地分为三类：第一类是用户的需求很明确，直接搜索相关品牌的商品，然后进行购买；第二类是用户的需求比较模糊，满足条件的商品很多，用户需要浏览很多商品，才能挑选到要买的商品；第三类是用户的需求是潜在的，即用户不清楚自己需要什么，或者说不知道某个商品的存在，但是如果浏览到了就可能购买。对于第一类用户需求，使用搜索功能可以很好地满足用户的需求；对于第二类和第三类需求，用户则需要浏览大量的商品，才可能找到需要的那个商品。在京东商城上的商品规模达到数十亿，加上冷门商品及历史商品，甚至能到百亿规模。对于推荐来说，数十亿的候选商品集合实在是太大了。在这个可触达海量商品的平台上，让用户找货显然是低效的，并且会严重损害用户的使用体验，从而导致用户的流失。推荐系统建立在海量用户和商品数据挖掘基础之上，能够为用户提供个性化的商品推荐服务，增强用户对平台的满意度，从而提高用户留存率。

电商业务中做推荐，常常存在用户需求难以识别、用户行为比较稀疏、新商品和新增用户存在冷启动的问题。电商场景，大家的购物需求的产生和具体消费大多发生在线下，如可能洗洁精用完了，需要购买新的洗洁精，或者在某家照相馆拍了照片，需要购买相框等，这种线下产生的需求，推荐平台很难感知。电商平台中用户数量庞大，商品数量也是巨大的，但是因为用户只会对少部分商品产生行为，而对大部分商品的喜好倾向未知，具有"极度长尾效应"，会导致模型预测不准确。电商平台上的产品和用户都是不断增长变化的，特别是在举办大型促销活动时，往往会吸引较多的新用户。推荐系统冷启动问题指的就是对于新的用户或者新增的商品，一方面该怎么给新用户推荐商品，让用户满意，另一方面怎么将新商品分发出去，推荐给喜欢它的用户。用户冷启动主要解决如何给新用户做个性化推荐的问题。当新用户到来时，平台上并没有他的行为数据，所以也无法根据他的历史行为预测其兴趣，从而无法根据历史行为给他做个性化推荐。物品冷启动主要解决如何将新的物品推荐给可能对它感兴趣的用户。尽管目前有大量的学术论文来研究推荐算法，但是这些推荐算法只是在小规模数据量时表现较好，当数据数以亿计时，这些算法不具有数据规模的可扩展性，预测指标很难达到学术模型的预测结果。

9.2 传统推荐方法

说起推荐算法，必须得提到协同过滤(Collaborative Filtering)算法，其原理简单易懂，可解释性强，曾广泛应用于推荐业务场景。协同过滤的思想可以概括为"物以类聚，人以群分"，即协同过滤假设具有相似历史行为的用户具有相似的偏好。常见的协同过滤方法分为两种：基于商品的协同过滤(ItemCF)和基于用户的协同过滤(UserCF)。

在协同过滤中，将用户对商品的浏览、加购、分享、打赏、点赞、收藏、种草等反馈信息换算为用户对商品的评价维度，存在的每一种交互行为都打 1 分，不存在的行为则打 0 分，用户对商品的综合评分为各种行为的权重求和。假设用户个数为 m，商品个数为 n，则可以构建起共现矩阵(Co-occurrence Matrix)$\boldsymbol{R} \in \mathbb{R}^{m \times n}$，矩阵元 R_{ik} 表示用户 i 对商品 k 的打分，如图 9-1 所示。

$\boldsymbol{R}$ 的行向量表示某一个用户对所有商品的评分，是用户的特征表示向量，维度为$\mathbb{R}^n$。$\boldsymbol{R}$ 的列向量代表所有用户对某一个商品的评分，是商品的特征表示向量，维度为$\mathbb{R}^m$。在真实业务场景中有上亿的用户数和商品，而绝大部分用户只会对少数商品有操作行为，所以用户行为矩阵是稀疏矩阵。对于某个特定的用户，根据用户在平台上对商品的行为，可以计算出每个商品与用户产生过交互的商品的相似度，然后将相似度最高的 K 个商品推荐给用户，这种推荐方式被称为基于商品的协同过滤(Item-based-CF)。这里的相似度，可以采用余弦相似度(Cosine Similarity)，即 $\cos(R_{i:} R_j) = (R_{i:} \cdot R_{j:})/(\| R_{i:} \| \cdot \| R_{j:} \|)$。基于用户的协同过滤方法(User-Based CF)则是根据相似用户购买过的商品来预测目标用户对

A		4.5	2.0	
B	4.0		3.5	
C		5.0		2.0
D		3.5	4.0	1.0

图 9-1　用户对商品的评分矩阵

这些商品的评分,然后将评分最高的 K 个商品推荐给用户。然而,推荐场景中用户行为往往比较稀少,导致用户-商品的评分矩阵是一个极为稀疏的矩阵,甚至一些新商品、新用户或者冷门商品并没有用户-商品的交互历史,导致计算的相似度为 0,或者没法计算相似度,极大地影响新用户或者新商品的推荐效果。

由于协同过滤方法泛化性差,倾向于推荐头部商品,于是出现了矩阵分解方法,其思想是将用户与商品评分矩阵 $\boldsymbol{R}\in\mathbb{R}^{m\times n}$ 分解为用户矩阵 $\boldsymbol{U}\in\mathbb{R}^{m\times k}$ 和商品矩阵 $\boldsymbol{S}\in\mathbb{R}^{k\times n}$,其中 k 为隐藏向量的维度,k 越小泛化能力越弱,k 越大泛化能力越强,如图 9-2 所示。

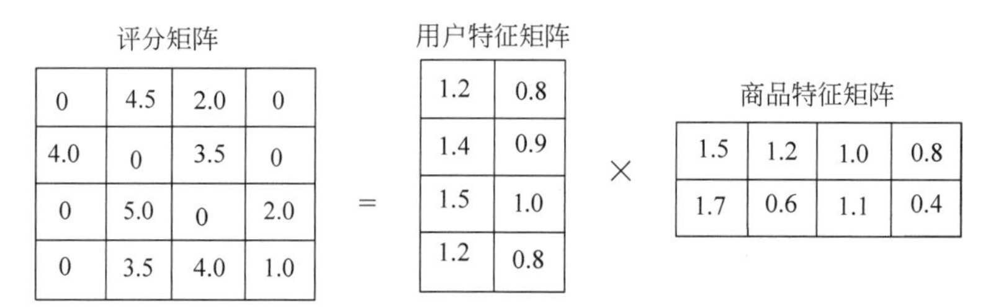

图 9-2 矩阵分解过程

矩阵分解的做法是将高秩矩阵分解为两个低秩矩阵,并使用维度为$\mathbb{R}^k$ 的向量表示每个用户或商品。评分矩阵分解的问题,可以转化为最优化问题来求解:

$$\min_{\boldsymbol{U}\in\mathbf{R}^{m\times k},\boldsymbol{U}\in\mathbf{R}^{m\times k}} \|\boldsymbol{R}-\boldsymbol{US}^{\mathrm{T}}\|_F^2 \tag{9.1}$$

得到用户和商品的向量表示,即可采用用户-用户的相似度或者商品-商品的相似度来做推荐。矩阵分解方法有效填补了缺失数据,提升了模型的泛化能力。

9.3 图推荐算法

基于协同过滤和矩阵分解的方法只考虑用户-商品的共现关系,而未考虑用户点击商品的次序以及用户-用户、商品-商品之间的复杂交互关系,难以准确捕捉用户的喜好。从图数据的视角来看,用户与点击或购买过的商品会有一条边,因此用户与商品的交互矩阵是可以直接转换为一个用户-商品二部图。在图中,可以表示更丰富的用户-商品之间的关系,如图 9-3 所示,用户与用户之间可能有相同的收货地址、代付好友关系等,商品与商品之间可能属于相同品牌、相同店铺以及属于同一个类目等。

那么如何通过深度学习来得到如此繁杂的图关系中的用户和商品信息,以服务于推荐呢?首先想到的图深度学习算法是图表示学习(见第 3 章),图表示学习算法本质上是将低阶特征进行向量化,常用的有 DeepWalk、Node2Vec、LINE。这些算法的思路大致相同,先将用户的行为序列按某种标准拆分,将拆分后的商品构建一张图,然后在图上随机游走,生成不同的游走序列,最后输入到 Skip-Gram 的结构中来做无监督学习。图表示学习方法是通过学习图中近邻节点的共现关系来训练节点向量表示,然后根据商品-商品相似性做召回。

9.3.1 基于图表示学习的推荐方法

根据用户在平台上的行为日志,可以得到用户行为序列。图 9-4(a)表示用户的浏览会

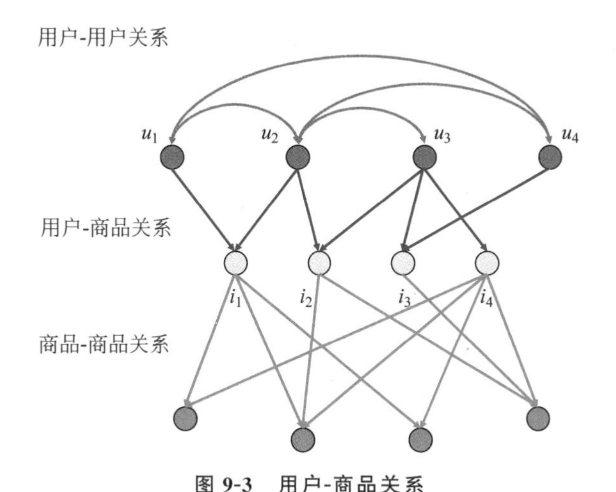

图 9-3　用户-商品关系

话。现有的基于序列的推荐方法主要集中在循环神经网络和马尔可夫链,但是存在一些缺点,例如,当序列中用户的行为数据有限时,RNN 很难产生好的用户表征;马尔可夫链非常依赖独立性假设;商品之间的转移模式在会话推荐中是非常重要的,但是 RNN 和马尔可夫链仅对相连的两个商品的单向转移关系建模,从而忽略一些上下文信息。而采用图来建模商品序列则会更灵活,也可以引入一些辅助信息,如社交网络或知识图谱,来增强模型的表达能力。图表示学习方法,本节只介绍如何采用 DeepWalk 算法来做推荐模型。DeepWalk 是最基本的图表示学习方法,本节将此方法应用到图推荐中,然后进一步介绍 DeepWalk 加入附加信息(Side Information)的 EGES(Enhanced Graph Embedding with Side Information)模型。

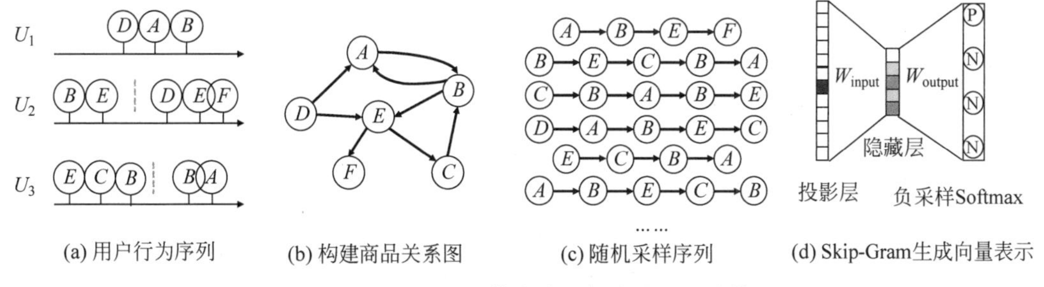

图 9-4　DeepWalk 算法对用户-商品行为建模

在用户浏览序列中,用户-商品之间的交互关系是由有向边确定的。如图 9-4(a)所示,用户 U_1 浏览了商品 $D \to A \to B$,对应的有向边为(D,A)、(A,B);用户 U_2 浏览了 $B \to E$,间隔一段时间后,浏览了 $D \to E \to F$,对应有向边为(B,E)、(D,E)、(E,F);用户 U_3 浏览了 $E \to C \to B$ 一段时间后又浏览了 $B \to A$,对应有向边(E,C)、(C,B)、(B,A)。依据序列,可以组合构建起商品之间的有向概率图,如图 9-4(b)所示。以 $G(V,E)$来表示图中的信息,其中 V 为商品对应的顶点集合,E 为商品之间边对应的有向边集合。

DeepWalk 算法的输入信息为用户-商品的交互序列图,且通过图中节点间的共现关系来学习商品向量。商品的初始表征为独热类型的表征,对应着商品的编号。相比于第 3 章介绍的 DeepWalk 随机游走采样过程,此处考虑了用户可能多次访问同一商品。假设用户偏好只体现在访问频率上,则可以用带权重的随机游走来建模用户商品模型,商品节点 v_i

跳转到商品节点 v_j 的概率为 $P(v_i, | v_j)$，计算公式如下：

$$P(v_j \mid v_i)=\begin{cases}\dfrac{M_{ij}}{\sum\limits_{j\in N_+(v_i)} M_{ij}}, & v_j \in N_+(v_i) \\ 0, & e_{ij} \notin E\end{cases} \tag{9.2}$$

其中，M_{ij} 是从节点 v_i 跳到 v_j 的边的权重，对应访问商品 i 后再访问商品 j 的频率，而 $N_+(v_i)$是节点 v_i 的出边的节点集合。E 是图中所有边的集合。在概率图中用随机游走采样多个商品序列，然后采用 Skip-Gram 算法来最大化序列数据中两个节点共现的概率，得到节点表征向量，然后根据节点向量的相似性可以做排序召回。

DeepWalk 算法用于商品推荐依然存在很多问题。DeepWalk 算法依赖用户-商品的交互序列图中节点间的共现关系，若平台新加入商品或户较少关注的商品（也称为“长尾”商品），则共现关系很弱，会导致严重的冷启动问题。DeepWalk 算法学习的是节点所处的网络局域结构，而商品自身特性并未有太多的突出，如一个商品的所属类目、所属品牌、所属商铺、价格等。这些特性描述被称为附加信息。通常拥有相似的附加信息的商品之间一般会认为具有向量相似性，例如华为旗舰店（相同店铺）里的两款华为手机（相同类目），在表示向量上应该是相似的。因此，电商平台上的最新款的华为手机，依据其附加信息可以极大地缓解冷启动问题。

将商品附加信息考虑在内的模型称为 EGES 模型。在 DeepWalk 中，商品的初始表征为独热类型的表征。这里借鉴商品的自身表征，也将附加信息的初始表征设计为独热类型。SI_0 表示商品本身的独热表征，SI_k 表示第 k 个附加信息的独热表征，其中 SI 是 Side Information 的缩写。假设存在 n 个附加信息，EGES 模型结构如图 9-5 所示。

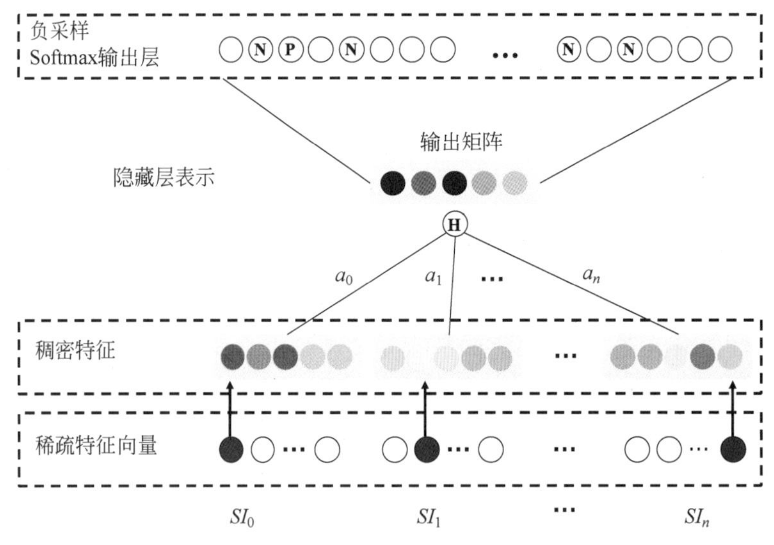

图 9-5　融合 n 种附加信息的 EGES 模型

稀疏特征层为商品与其附加信息的独热类型特征表示。稠密特征则为商品 v 和其附加信息映射到低维度的向量表示，采用 $W_v^{(k)} \in \mathbb{R}^d$ 表示第 k 个附加信息的低维表征，其中 $W_v^{(0)} \in \mathbb{R}^d$ 表示商品 v 的低维表征。隐藏层则是 $n+1$ 种低维特征的融合特征 $H_v \in \mathbb{R}^d$。

一种最简单的融合方法是直接加和平均进行信息融合：

$$H_v = \frac{1}{n+1}\sum_{s=0}^{n} W_v^s \tag{9.3}$$

这种融合方法假设商品的每个 SI_k 的重要程度是无差别的。但每个用户对同一个商品的喜欢的理由是有倾向性的，例如，一个用户喜欢一件毛衣是因为它有某个动漫的主题图案，另一个用户喜欢一件毛衣是因为它便宜。所以用户对不同附加信息的倾向性也应该反映到对嵌入向量的计算上，如对每个附加信息设计不同的权重，式(9.3)可以调整为以下形式：

$$H_v = \frac{\sum_{j=0}^{n} e^{a_v^j} W_v^j}{\sum_{j=0}^{n} e^{a_v^j}} \tag{9.4}$$

其中，a_v^j 是第 v 个商品的第 j 个嵌入向量的权重系数，采用指数形式是为了保证权重为正值。对于平台新加入商品或者"长尾商品"，则直接采用其附加信息的平均值来得到向量表示，在一定程度上可以缓解冷启动问题。

9.3.2　基于图深度学习的推荐方法

图表示学习的做法通常适用于无监督学习，其监督信号是基于邻域相似性，而与最终的点击预测并非一致。本节介绍一种基于序列的图神经网络推荐的算法 SR-GNN(Session-based Recommendation with Graph Neural Networks)，该算法假设用户的兴趣在短期内是动态变化的，其核心思想是通过捕获用户点击序列的转换模式。SR-GNN 将商品序列转换为序列图，然后利用图神经网络去捕获商品之间复杂的转移模式，预测用户的下一步点击。

基于会话的构图逻辑为，给定一个有向图 $G_s=(V_s,E_s)$，其中顶点集合 V_s 由所有序列中出现的商品构成。对于边 $(v_{s,i-1},v_{s,i})\in E_s$，即在序列 s 中先点击 $v_{s,i-1}$，后点击 $v_{s,i}$，形成一条有向边，边的权重的计算方式为边出现的次数除以边的起始点的出度。其中每条边信息的第一项为起始点，第二项为终止点，第三项为边权重。若会话中存在的商品个数为 n，可以构建出带权重的连接矩阵 $\mathbf{A}_s\in\mathbb{R}^{n\times 2n}$。如图 9-6(a)所示，如某一用户先后点击了 5 次商品：i_1、i_2、i_3、i_2、i_4，可以构成一个点击序列：$i_1\to i_2\to i_3\to i_2\to i_4$，则图顶点集合为 $V_s=\{i_1,i_2,i_3,i_4\}$，边集合 $E_s=\{(i_1,i_2,1),(i_2,i_3,0.5),(i_3,i_2,1),(i_2,i_4,0.5)\}$，可构建的带权重连接矩阵如图 9-6(b)所示。算法整体如图 9-7 所示，共有四部分：构建会话序列图、学习图中顶点的表示、生成序列节点的表示、进行预测打分。

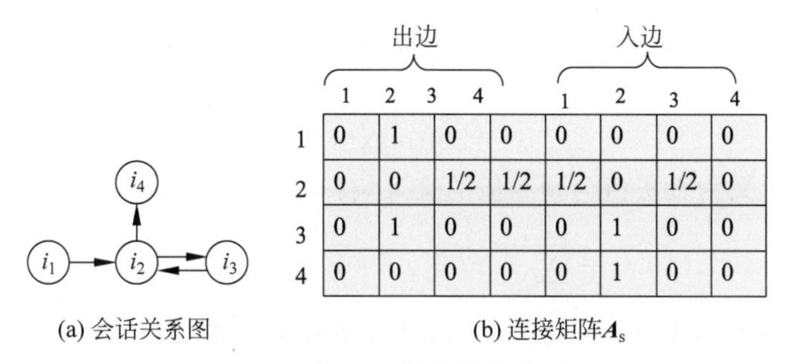

(a) 会话关系图　　(b) 连接矩阵$\boldsymbol{A}_s$

图 9-6　SR-GNN 模型构建有向图

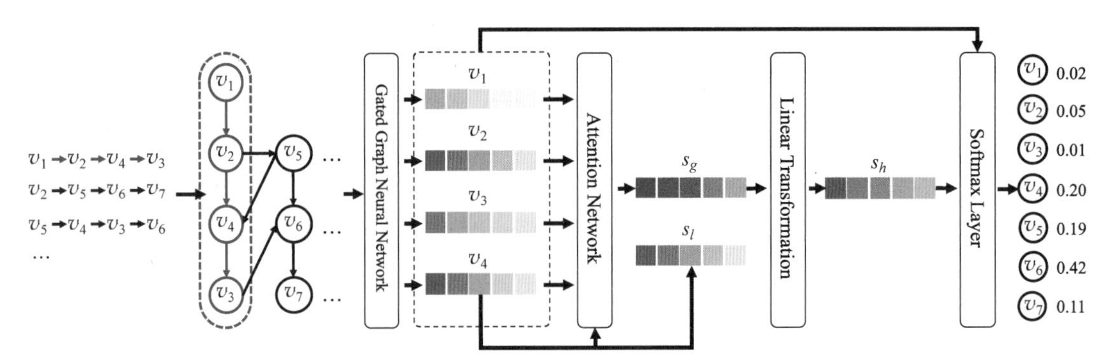

图 9-7　基于会话推荐的 SR-GNN 算法流程图

SR-GNN 中采用 GGNN 来学习会话图 G_s 中所有节点的统一表示，$v_i \in \mathbb{R}^d$，GGNN 迭代关系如下：

$$a_{s,t}^{(t)} = \boldsymbol{A}_{s,i:}[v_1^{t-1}, \cdots, v_n^{(t-1)}]^{\mathrm{T}}\boldsymbol{H} + b \tag{9.5}$$

$$v_i^t = \mathrm{GRU}(v_i^{(t-1)}, a_{s,t}^{(t)}) \tag{9.6}$$

此处与第 6 章中的 GGNN 模型略有差异，$\boldsymbol{A}_s$ 只是连接矩阵，而非边的隐藏向量，此处的可学习权重矩阵为 $\boldsymbol{H} \in \mathbb{R}^{d \times 2d}$。式(9.5)表示节点通过连接矩阵聚合邻居信息。

由于用户对商品的感兴趣程度有差异，因而在计算全局表示向量的过程中引入了软注意力机制。序列中第 i 个商品 v_i 的注意力权重用 α_i 表示，全局偏好用向量 $\boldsymbol{s}_g$ 表示：

$$\alpha_i = \boldsymbol{q}^{\mathrm{T}}\sigma(W_1 v_n + W_2 v_i + c) \tag{9.7}$$

$$\boldsymbol{s}_g = \sum_{n=1}^{n} \alpha_i v_i \tag{9.8}$$

其中，$W_1 \in \mathbb{R}^{d \times d}$，$W_2 \in \mathbb{R}^{d \times d}$，$q \in \mathbb{R}^d$ 是可学习参数，v_n 是最后一次点击商品的 GGNN 向量表示。用户最后点击的商品最能反映用户最近的兴趣偏好，称为局域表示向量(Local Embedding)，该表示向量表达了最后点击的商品的影响力，记为 $s_l = v_n$。将局域表示向量和全局表示向量组合起来，经过一个简单的线性变换，得到一个混合向量作为会话(Session)的表示：

$$\boldsymbol{s}_h = W_3(s_l; s_g) \tag{9.9}$$

其中，$W_3 \in \mathbb{R}^{d \times 2d}$。

SR-GNN 的任务目标是给用户推荐下一个最有可能点击的商品，为了达到这个目标，需要给所有候选商品打分，这个分数表示候选商品与用户兴趣的相关度，计算分数的方法是使用会话的表示与每个候选商品的表示相乘，然后经过一个 Softmax 神经网络层，得到候选商品出现的概率：

$$\hat{y} = \mathrm{Softmax}(\boldsymbol{s}_h^{\mathrm{T}} v_i) \tag{9.10}$$

任务的损失函数定义为真实值与预测值的交叉熵：

$$L(\hat{y}) = -\sum_{i=1}^{m} y_i \ln(\hat{y}_l) + (1 - y_i)\ln((1 - \hat{y}_l)) \tag{9.11}$$

该任务中真实值与预测值的取值为{0,1}，0 表示商品没有被用户点击，1 表示商品被用户点击了。

9.4　电商业务推荐实践

以上算法都集中在同质图网络的节点表征上，只能学习单一的节点类型和单一的节点关系。然而，真实业务中的图数据往往具有多种节点类型和多种关系类型。专门为同质图设计的算法没法很好地学习异质图中的节点表征。而推荐场景中用户和商品是不可或缺的角色，用户与商品在本质上是不同的实体类型，如用户特征常常包含年龄、性别、兴趣偏好等，而商品常常包含价格、类目、好评度等。在实际生活中，打开一款电商软件(如京东App)，常常有图文、视频、商品等信息，其中的交互、联系错综复杂。为了更好地表征各类实例间的深层次关联，采用异质图进行建模是最合适的方法，而且异质图神经网络可以对不同语义空间进行节点信息聚合，以捕捉用户的潜在行为意图。

业务构图中包含三种节点，分别是用户节点(User)、商品节点(Item)、内容素材节点(Material)，其中内容素材包含与商品相关的图文和视频，如图 9-8 所示。这三种类型的节点之间存在着多种类型的边，包括用户-商品的浏览、点击、分享、购买、收藏等行为边，用户-内容素材之间也存在浏览、点击、分享等行为边；商品-商品或者商品-内容素材、内容素材-内容素材之间存在共有属性边，如同属于一个类目 Category，同属于一个品牌 Brand 等。

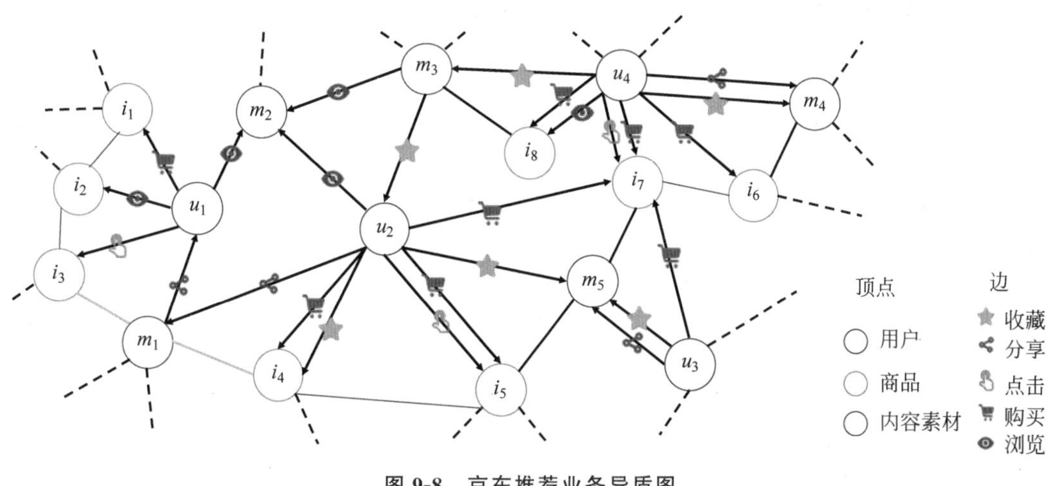

图 9-8　京东推荐业务异质图

行为边，可以从用户一段时间内的全站曝光、点击的历史数据中统计每种商品、素材的曝光、点击情况，将曝光过于稀疏的商品和素材进行一定的过滤，构成一张多元异质图。图 9-8 中，用户 u_1 购买了商品 i_1，浏览了商品 i_2，点击了商品 i_3，浏览了素材 m_2，分享了 m_1。商品 i_1 与商品 i_2 属于同一类目，商品 i_4 与商品 i_5 属于同一个品牌。考虑到计算的空间和时间复杂度巨大，以及用户的兴趣点会随时间偏移，一般不采用全部的用户历史行为记录。在实际中，通常会设置一个时间窗口，只使用用户在时间窗口内的行为历史，经验值为一个小时的会话数据。

这里节点的信息聚合是通过类似 GraphSAGE 进行信息传递和更新的。图 9-9 中，给定元路径 Item-User-Material，对于商品 i_1 而言，一阶邻居集合 $N_{\mathrm{IUM}}^{1}(i_1)=\{u_1\}$，二阶邻居

集合 $N_{\mathrm{IUM}}^{2}(i_1)=\{m_1,m_2\}$，所有邻居集合为二者的并集 $N_{\mathrm{IUM}}(i_1)=N_{\mathrm{IUM}}^{1}(i_1)\cup N_{\mathrm{IUM}}^{2}(i_1)$。首先聚合二阶邻居，聚合 m_1、m_2 到 u_1 的向量表示，然后聚合一阶邻居 u_1，得到 i_1 的向量表示及 i_1 在元路径 Item-User-Material 的向量表示。换到另一条元路径 Item-Material-User 下，也可以得到 i_1 的一个向量表示。类似地，可以设计更为复杂的元路径来聚合节点。

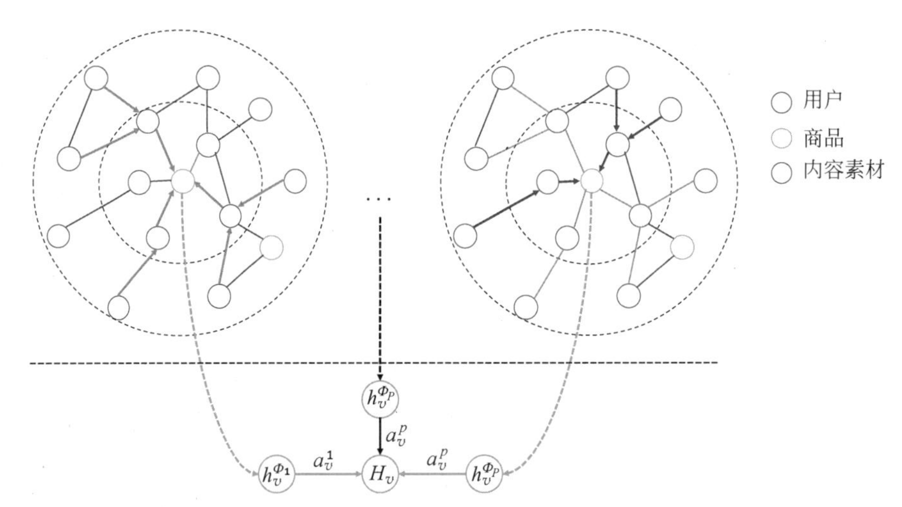

图 9-9　异质图元路径采样二阶邻居采样聚合与多路元路径节点向量权重求和

图 9-9 中节点的特征是增强模型效果的重要因素。电商平台上的节点数以亿计，节点特征一般不采用独热形式的编码，而是依据节点的类型来设计特征。用户节点特征 $u_k\in\mathbb{R}^{d_u}$ 包含用户编号、年龄、性别、偏好领域，商品节点 $i_k\in\mathbb{R}^{d_i}$ 特征包含商品编号、类目、好评率、价格、点击率等，内容素材节点 $m_k\in\mathbb{R}^{d_m}$，包含主要商品类目、主要商品产品词、是否运营推荐等。不同类型节点的维度会有差异，因此需要将不同节点转换到统一的维度空间中，以方便神经网络的计算，这里采用投影矩阵转换到同一维度空间 $\mathbb{R}^d$。转换过程可以表示为 $u_k'=\boldsymbol{M}^u u_k$，$i_k'=\boldsymbol{M}^i i_k$，$m_k'=\boldsymbol{M}^m m_k$，其中 $\boldsymbol{M}^u$、$\boldsymbol{M}^i$、$\boldsymbol{M}^m$ 为转换矩阵。将转换后的节点特征作为 GraphSAGE 算法的初始输入特征 $h_v^{\Phi_p}$，GraphSAGE 算法见第 4 章。

$$h_v^{\Phi_p}(k)\leftarrow\sigma(W^{(k)}\cdot\mathrm{CONCAT}(h_v^{\Phi_p}(k),\mathrm{MEAN}(h_u^{\Phi_p}(k-1),u\in N^{\Phi_p}(v))))\tag{9.12}$$

其中，$h_v^{\Phi_p}(k)$ 表示节点 v 在元路径 Φ_p 下的第 k 阶聚合表征，$N^{\Phi_p}(v)$ 表示节点 v 在元路径 Φ_p 下的采样邻居集合。GraphSAGE 生成的输出节点表示为 K 阶聚合 $h_v^{\Phi_p}(K)$。考虑到每条元路径只是反映了节点的某个侧面，而节点特征应该是各种元路径的综合：

$$H_v=\frac{\sum_{p=1}^{P}\mathrm{e}^{a_v^{\Phi_p}}h_v^{\Phi_p}(K)}{\sum_{p=1}^{P}\mathrm{e}^{a_v^{\Phi_p}}}\tag{9.13}$$

其中，P 为元路径的个数，$a_v^{\Phi_p}$ 为元路径 p 的权重系数。生成的节点表示是为了预测用户和商品是否会产生点击行为。预测用户 j 和商品 k 之间产生边的概率 $P(j,k)=\sigma(\boldsymbol{H}_j^{\mathrm{T}},\boldsymbol{H}_k)$。

这里采用负采样来训练神经网络参数，其损失函数如下：

$$L=\sum_{(j,k)\in E}-\ln(\sigma(\boldsymbol{H}_j^{\mathrm{T}}\cdot\boldsymbol{H}_k))+Q\cdot\mathbb{E}_{v_n\sim P_n(v)}\ln(\sigma(\boldsymbol{H}_j^{\mathrm{T}}\cdot\boldsymbol{H}_{v_n}))\tag{9.14}$$

其中，E 是用户对商品点击行为的边的集合，作为正样本。曝光未点击的商品作为负样本，P_n 是负采样的随机采样分布，Q 是负采样样本数量。依据召回和排序的不同会有一定调整。对于召回，负样本还要考虑曝光未被点击的频率来避免负样本丰度不足。对于每一个用户，计算所有没有链接的项目，然后按照最高排序进行推荐。

通过模型训练，得到每个节点的向量。当用做召回时，可通过线上向量化召回实现多种类型的图召回，如用户到商品、商品到商品、素材到商品等。当用做排序时，图建模产出的节点向量作为包含图结构信息的重要特征，融入现有的模型可提升模型准确度。在用户种草、增强用户感知、提升推荐系统可逛性方面有重要价值。

图推荐在工程实现上的挑战首先在存储，既要存储海量商品，同时也要存储海量商品的关系数据，既包括静态图文关系，也包括复杂的基于用户行为交互而形成的动态商品关系。图的节点和边的规模即便经过过滤，也有数千万，训练样本进行负采样之后可能会接近 50 亿，所以图模型在训练时，内存占用是比较大的，计算速度也会受限。Galileo 为此设计了高效的内存模型，用以支持图数据的快速查询和采样操作。其次，大规模图神经网络需要进行高性能的训练和推理，Galileo 同时支持 CPU 和 GPU 分布式训练和推理模型，大大缩短了模型迭代周期。Galileo 保障了从用户历史行为数据和平台自身商品数据生成和存储大规模图样本以及图在线计算的高效服务，实现图推荐的端到端建模，算法实现可访问 https://github.com/JDGalileo/galileo。

9.5　本章小结

电商推荐的目的是通过挖掘和学习用户在电商平台上与商品信息的交互和商品信息的属性之间的关系，以捕捉用户的兴趣偏好，实现精准推荐。推荐模型算法的重点是利用可用信息学习用户和商品的表示，从而进行用户行为预测。基于用户的行为计算商品间的相似度，有了相似度之后，就可以基于相似度生成候选集。协同过滤和矩阵分解算法，采用用户与商品的直接关联关系构建共现矩阵，从而得到用户和商品的特征向量。然而，用户作用于商品相较于整个平台是稀少的。采用图来建模用户-商品关系，则可以捕捉更多的用户-商品、用户-用户、商品-商品等的多重有序交互关系，且在一定程度上规避稀疏矩阵的问题。图表示学习方法则将用户-商品行为建模成图，可以学习用户-商品之间的多重行为，通过图表示学习的方法得到用户或者商品的表征。从表征向量的角度来说，协同过滤采用评分矩阵的行或列来表示用户或商品的表征向量，矩阵分解法则采用低秩分解用户商品评分矩阵，得到用户或者商品的表征向量。图表示学习的做法通常适用于无监督学习，其监督信号与最终的点击预测并非一致，还介绍了以点击为监督信号的图神经网络 SR-GNN 模型来预测用户的下一步点击。在具体业务中，构建起了商品-用户-内容素材之间的多重异质图，采用高效率 Galileo 平台，实现端到端的学习和推荐。

第10章 图神经网络在流量风控场景中的应用

互联网广告推广已成为主流的网络营销推广方式，不良媒体渠道或部分广告主会存在通过刷虚假欺诈广告流量来提升收益的情况，损害电商平台的信誉和其他广告主的利益。虽然欺诈手法多样，但多表现出群体性和团伙属性。在电商平台上，存在数以亿计规模的访问数据，其中存在部分作弊团伙，为此，如何检测出这种群体团伙性欺诈流量已成为流量风控场景中面临的一个重要问题。图作为关系型数据的强大工具，非常适合流量风控场景问题的建模。本章主要介绍典型的传统图算法，包括 Louvain、Fraudar、D-cube 等无监督算法，以及 GraphSAGE 等图神经网算法，来实现流量风控建模。

10.1 背景介绍

早在 2016 年，AdMaster 在《广告反欺诈白皮书》中指出：互联网环境正在被作弊行为污染，反欺诈监测系统检测出的虚假流量高达 28%。流量作弊在互联网广告行业已经成为公开的秘密。大型电商网络也正是网络攻击的重要对象之一。京东广告风控业务主要包含找出恶意流量点击、恶意流量曝光、恶意订单检测与识别。京东通过购买媒体渠道的广告流量来帮助商家提升营销效果，而不良媒体可能利用批量的资源设备来刷广告流量，以提升收益，这种刷流量行为会损害广告主的利益和平台的声誉。一年两度的电商大促活动（“6·18”和“双 11”），是电商和剁手党在仲夏和金秋的两场盛宴，也是刷单党的两场狂欢。在竞争与压力之下，刷单成为了新入商户和低信用商户在官方选择之外速度最快的店铺成长方式，滋生出刷单群体，干扰商家的正常竞争。发掘作弊团伙，是提升广告质量的重要手段，是保证健康的电商运营环境的重要环节。

市场上存在黑产，可以为客户提供点击指定的竞争商家的竞品的搜索广告，从而达到消耗竞争商家的广告预算，提升竞争对手的营销推广费用的服务，如图 10-1 所示，恶意流量存在三种形式：第一种是在线的爬虫程序带来的无效点击；第二种是媒体作为重要的流量入口，也可能参与制造虚假流量；第三种是广告主之间互为竞争关系，某些广告主也是重要的恶意点击团伙的金主。

黑产的作弊形态大致上是控制一批设备（账号、IP），这些设备在一定的时间段完成指定的点击任务，这种作弊形式往往具有单个点击量较少，且在设备（IP、账号等）维度上并不存在明显的聚集，现有的频次策略或规则无法识别出来，这种恶意竞争严重有损广告主在京东

图 10-1　恶意流量示意图

平台上的营销推广体验，为此我们从团伙作弊行为的同步性、聚集性、分散性等特点出发，对设备的点击行为进行建模，识别出可疑的作弊团伙。

10.2　广告流量计费模式

广告计费模式种类比较繁多，有的根据广告的曝光、点击和转化等环节进行定量计费，有的则采取包时长的形式支付广告费用。主流的广告计费模式分为以下五种。

(1) CPM(Cost Per Thousand Impression)。广告每展现 1000 次广告主需要支付的费用，这种形式不关心是否发生转化。

(2) CPC(Cost Per Click)。根据广告点击的次数计算广告费用。例如，广告展现了 10 000 次，但是只有 10 次真正发生了点击行为，那么只计算这 10 次的点击费用。该计费方式在某种程度上可以增加作弊的难度。然而对于广告平台而言，尽管没有发生点击，但是广告已经被浏览，却不能获益。当然，该计费方式也可能存在着作弊行为，如机器人虚假点击等。

(3) CPA(Cost Per Action)。根据广告投放后的实际效果进行计费，如账号注册、微信公众号关注、物品加入购物车或者收藏等行为效果进行计费。

(4) CPT(Cost Per Time)。一种以时间来计费的广告，如以"包月"这种固定收费模式来收费，形式很粗糙，但是是一种很省心的广告方式。阿里妈妈的按周计费广告和门户网站的包月广告都属于此类。

(5) CPS(Cost Per Sales)。根据实际售卖的产品数量计算广告费用的广告模式。广告主在完成一个订单后支付相应的广告费用，这种方式容易得到广告主的认同。该方法适合购物类、导购类、网站导航类的网络平台，需要做到精准的流量投放，才能更大化平台收益。但这种方式会导致广告资源的浪费。例如，一个网站投放了 CPS 广告，10 000 个访客中只有 10 个人真正完成了购买，但另外 9990 个访客流量其实就浪费了。

10.3 广告作弊动机

整个参与广告生命周期的角色大致可以分为五种：广告主、广告代理、广告交易平台、媒体、用户等。广告作为互联网的主要盈利模式之一，参与广告的某些角色，可能会在利益驱使下制造作弊流量。其中，作弊动机可能来源于广告主、广告代理以及媒体。广告主作为广告费用的承担者，其诉求是让自己的服务更有效地送达用户，由于市面上存在着提供类似服务的其他广告主，出于竞争目的，部分广告主可能采用流量作弊手段攻击对手。广告代理作为广告主与广告平台之间的这一环节，其收益方式来自于广告主的账号管理费用以及从广告平台收取的销售雇佣金，可能还有广告的转化提成，因此也存在作弊的驱动力。媒体作为提供广告流量的一个重要窗口，会从广告平台方收取广告推广费用，若按照分成收取费用，则也存在一定的作弊动机来实现收益提升。根据计费方式的不同，作弊手段也有所差异，具体情况如表 10-1 所示。

表 10-1 计费方式与对应的作弊手段

计费方式	CPM	CPC	CPA	CPS
作弊方式	刷广告指标，如曝光、点击	刷广告指标，如曝光、点击	刷下载、激活	刷订单

10.4 广告反作弊中的传统图算法

网络广告作弊是由某些团伙和个人借由计算机和手机等智能设备在一定的网络环境下实施的。考虑到作弊成本，作弊团伙的人力资源和设备资源相对有限和固定，一般来说，在网络行径中会呈现孤立性和集聚性等特点。同时，设备、账户、网络 IP 地址等信息可以很好地用图数据刻画，是图算法应用的合适场景，图算法在反作弊的团伙挖掘领域有广泛应用。

欺诈用户往往把自己的欺诈行为伪装成正常的用户行为，以防止被风险监控平台识别出来。为了尽量贴近真实用户的购买习惯，作弊平台会对刷手提出一系列要求，如要求货比三家，保证最低浏览时长和浏览停留时间，以及要求对于正常热销商品做一定购买等，这些行为都会导致已有风控经验的部分指标失效。

典型的传统图算法包括 Louvain、Fraudar、D-cube 等无监督算法，这类算法的共同点是通过定义稠密度量指标，采用搜索策略进行度量指标优化，从而检测大图中的稠密子图结构，最终达到找出欺诈用户群体的目的。这些算法主要适用于检测是否存在团伙、群体欺诈的风控场景(例如，群控设备攻击、群控模拟器欺诈、人工分布式群体欺诈等)。下面对这三种图算法进行简单介绍。

1. Louvain 算法

2008 年，Vincent 等提出的 Louvain 算法，是基于模块度(Modularity)的社区发现算法，采用模块的度来计算社区的稠密程度，其优化目标是最大化整个社区网络模块的度。该算法的计算模式是，当一个节点被添加到一个社区中，若使该社区的模块度增加，则认为该节点属于该社区，否则留在原属社区内。模块度的定义如下：

$$Q=\frac{1}{2m}\sum_{i,j}\left[A_{ij}-\frac{k_i k_j}{2m}\right]\delta(c_i,c_j) \tag{10.1}$$

其中，m 为图中边的总数，A_{ij} 表示节点对 i、j 之间的权重，k_i、k_j 分别表示指向节点 i 和节点 j 的边的权重之和，c_i 表示节点 i 当前所在社区。具体来说，模块度的优化目标是让社区内部点之间的连接相对稠密，而不同社区的点之间的连接相对稀疏，所以模块度也可以理解为社区内部边的权重减去所有与社区节点相连的边的权重和，在无向图上更容易理解，就是社区内部的度数减去社区内节点的总度数。

如图 10-2 所示，开始每个节点均被视作独立社区，边的权重均被初始化为 0，后续迭代更新可分为以下两个步骤：

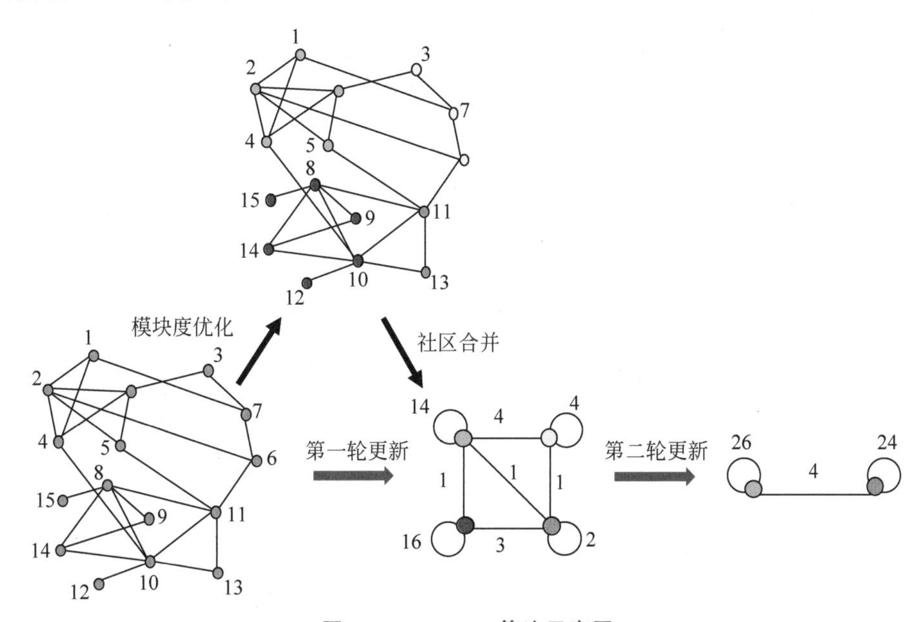

图 10-2　Louvain 算法示意图

(1) 模块度优化。每个节点将自己作为自己的社区标签，对每个节点遍历自己的所有邻居节点，尝试将自己的社区标签更新成邻居节点的社区标签，选择模块度增量最大的社区标签，直到所有节点都不能通过改变社区标签来增加模块度。

(2) 社区合并。每个社区合并为一个独立的新的胖节点，胖节点的边权重为原始社区内所有节点的边权重之和，形成一个新的网络。

上述两步重复执行，直到社区归属不再发生变化。

图 10-2 很好地描述了这两步。第一次迭代在模块度优化阶段，算法将原来的 16 个节点划分成 4 个社区；在社区合并阶段，4 个社区被凝聚成 4 个超级节点，并重新更新了边权重，之后就进入第二次迭代中。

2. Fraudar 算法

Fraudar 算法来自 2016 年度 KDD 会议最佳论文，是一种针对二部图中的稠密子图检测算法，旨在找出平台上的伪装虚假团体。虚假账户通过构建与正常用户的联系进行伪装，而这些伪装往往会形成一个稠密的子图。图 10-3 为构建用户与目标的二部图。

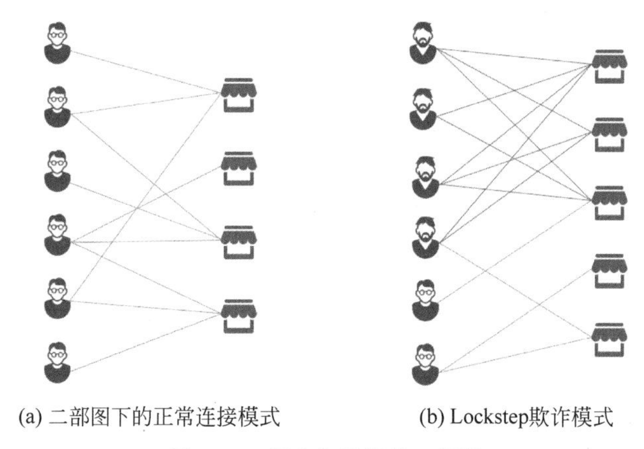

图 10-3 用户与目标的二部图

这里定义三种可疑度，边的可疑度定义为目标入度的衰减函数$\frac{1}{\ln(x+c)}$，x 表示边的数目，c 为常数，原文中取 $c=5$，即当目标节点的入度越大，与之相关联的边权重值越小；节点可疑度定义为该节点关联的所有边的可疑度之和；子图平均可疑度定义为该子图边的可疑度之和除以子图所包含的节点总数。

Fraudar 对边可疑度的含义是，与目标类节点连接的边越多，其可疑程度越小，即根据连接数降权，即交易量越大的店铺，其交易可疑程度越小，因为大概率是真热门店铺。图 10-4 展示了客户与热门店铺和刷单店铺的交易网络中，初始各边及节点的可疑度计算，计算过程为：

(1) 确定目标与 B_j 相连的边数 x_j。

(2) 计算边的可疑度$\frac{1}{\ln(x_j+5)}$，节点 B_1 有 3 条边连接，则其边可疑度为 $1/\ln(3+5)=0.48$，节点 B_2 有 2 条边连接，则其边可疑度为 $1/\ln(2+5)=0.51$。

(3) 节点 A_i、B_j 可疑度计算，节点可疑度定义为 $F()=\Sigma$(边可疑度)，即 $F(B_1)=0.48\times3=1.44$，$F(B_2)=0.51\times2=1.02$，$F(A_1)=0.48+0.51=0.99$，$F(A_2)=0.0.48+0.51=0.99$，$F(A_3)=0.48$。

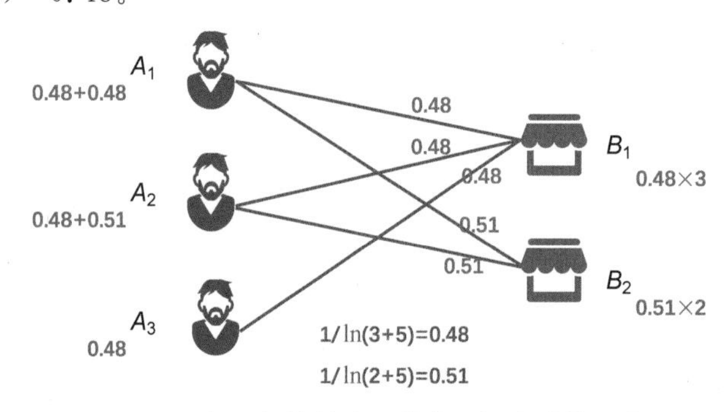

图 10-4 二部图初始的边和节点可疑度计算示意图

(4) 全体节点可疑度。

$F(S)=F(A)+F(B)=F(B_1)+F(B_2)+F(A_1)+F(A_2)+F(A_3)=4.92$。

(5) 全局可疑度。

$G(s)=F(s)/|s|=4.92/5=0.98$。

初始可疑度确定完毕后，在模型迭代过程中，Fraudar 贪心地逐步移除图中所有二类节点中可疑度最低的节点。因为网络规模通常较大，所有节点构建了用于快速搜索的二叉树，以二部图中的节点作为叶节点，并让父节点记录其子节点中的最小值，用以快速定位到该最小值所对应的叶节点，然后将其从二部图中删除，并更新网络可疑度和优先树。如此往复，低可疑度的节点逐步减少，网络剩余节点的全局平均可疑度 $G(\cdot)$ 逐步增大，直到最后一个节点被移除而归为 0。回溯此过程中使 $G(\cdot)$ 达到最大的迭代，此时对应的留存节点即为目标节点，它们之间的关系网络是整个网络的最可疑致密子图。

3. D-cube 算法

Kijung Shin 等人在 2017 年提出了 D-cube 算法，它是一种稠密子张量检测算法，以一个高阶张量的视角来考查图的关系数据。该方法可以看作是一种针对 k 维超图的稠密子图挖掘算法，相较于仅适用挖掘二部图中的稠密子图的 Fraudar 算法，D-cube 算法能够从 k 维均匀超图中挖掘稠密的高阶子图，支持从更高的数据维度进行问题建模。例如在店铺欺诈评论检测场景中，欺诈者出于任务约束以及资源约束，会尽可能多地用他们控制的用户账号对目标店铺进行虚假评论，当然同时也会存在大量的正常用户账号在一组热门店铺有过评论，这时除了欺诈用户节点与他们的目标店铺节点会形成稠密子张量外，在建模时可以采用时间维度的信息，如采用用户-店铺-时间三个维度构成三阶张量建模来捕捉欺诈用户群体在时间维度的聚集性，这样能够从更高的信息维度辨别出真实的欺诈用户群体，如图 10-5 所示。

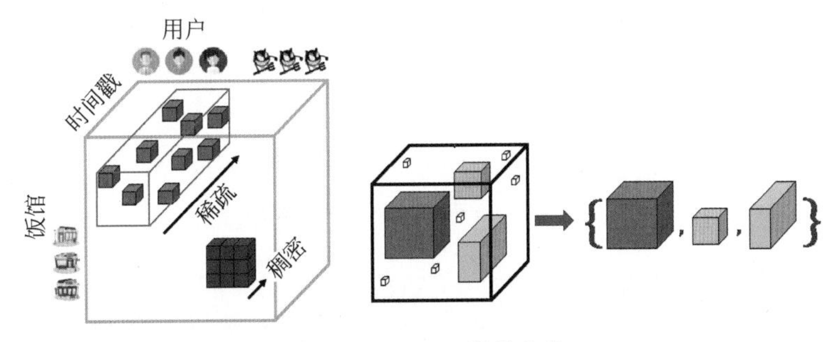

图 10-5　D-cube 张量方法

该算法将寻找欺诈团伙的问题，转化为寻找高阶张量矩阵中的前 K 个密度块的问题。一个块的密度按照平均进行计算为：

$$\rho_{\text{ari}}(B,R)=\frac{M_B}{\frac{1}{N}\sum_{n=1}^{N}|B_n|} \tag{10.2}$$

选择某一个维度进行切片，如图 10-6 所示，以 z 轴为法向量进行切片，按照块的密度，先删去密度小于平均密度的块，再随机挑选其他维度执行相同的操作。D-cube 算法与

Fraudar 算法的寻优过程类似，不同之处在迭代删除阶段，D-cube 算法采用了剪枝加速技巧，使得算法相较于 Fraudar 更快，同时 D-cube 算法有对应的 Map-Reduce 实现版本，扩展性较好。

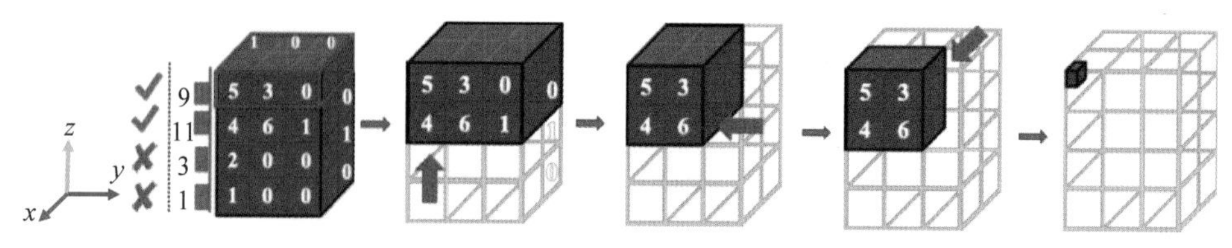

图 10-6　D-cube 算法演化示意图

10.5　广告反作弊图深度学习方法

近些年，随着图深度学习的迅猛发展，图神经网络在风控领域有了广泛的应用。图深度学习算法可以刻画图中的结构信息和节点自身的特征信息，并且有强大的泛化能力，能大幅提升识别效果。如图 10-7 所示，根据节点的上下文特征，我们希望采用图神经网络的方法构建设备的二分类问题，预测用户群体是否属于作弊群体，以达到检测目的。

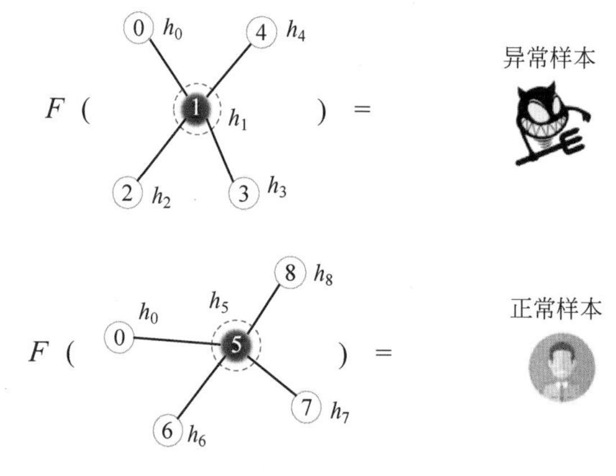

图 10-7　图神经网络预测示意图

2018 年，Liu 等人提出了欺诈行为的图嵌入模型（Graph Embedding for Malicious Accounts，GEM），认为同时存在设备聚集（Device Aggregation）和行为聚集（Activity Aggregation），并结合两者构建异质图挖掘支付宝上的欺诈行为。其中设备聚集可解释为，受购买设备花销考量，欺诈者一般不会拥有大量的计算机设备，通常会在相同设备群上采用多个账号的方式实施欺诈行为，称为设备聚集；欺诈者往往需要在某个时期内完成相应的欺诈任务，受时间的限制，会在设备上执行类似或者重复性的任务，称为行为聚集。

建图是应用图算法的基础，良好的构图依赖对业务的理解。在现实生活中，相同的 IP 地址段内，可能同时存在着正常的用户与欺诈者，因此要综合考虑设备积聚和行为积聚。具体来讲，设备聚集表现为，一个账户注册或登录同一个设备或一组公共设备，若这一个（一组）设备上有大量其他账户登录，那么此类账户是可疑的；行为聚集具体表现为，如果共享设备的账户行为是批量进行的，那么此类账户是可疑的。实践中图模型包括构建关系图、图上特征、图算法三方面。本案例中采用的图算法模型为 GraphSAGE 模型，构图关系和图上的特征需要精细设计。

1. 图关系

风控中一般将图构建为二部异质图，使用用户的行为数据作为数据源，其中一类节点表示用户（设备），另一类节点则表示为特征节点。如果在同一个时间窗口，多个用户使用了同一个 IP，就可以将多个用户和 IP 关联到一起，构建一个由用户和节点形成的二部图，就是二者之间的关系。

2. 风控场景图特征工程

针对图算法，特征工程和图的构建方式是非常重要的。如果图的结构不合理，算法模型再强大，特征工程处理得再好，算法训练出的结果也不是最终的理想效果。一些团伙攻击广告主，特征表现为 cookie、IP、utdid（设备唯一标识符）的排列组合，同时，为了绕开基于简单统计的反作弊系统，作弊团伙会让每个设备介质有较少的点击次数。作弊团伙虽然会不断切换 IP 和账户 ID，但是受成本限制，使用过的账户和 IP 会不可避免地产生一些关联。相较于正常用户，欺诈用户之间具有较强的关联性，可以认为这个簇是一个高可疑作弊团伙。图 10-8 是抽取的其中一个簇的行为示例，同颜色的表示使用同一资源，簇中的用户在不断点击京东的广告页面，并且在短时间内不断切换 IP、cookie、useragent 等资源，以绕过反作弊系统。

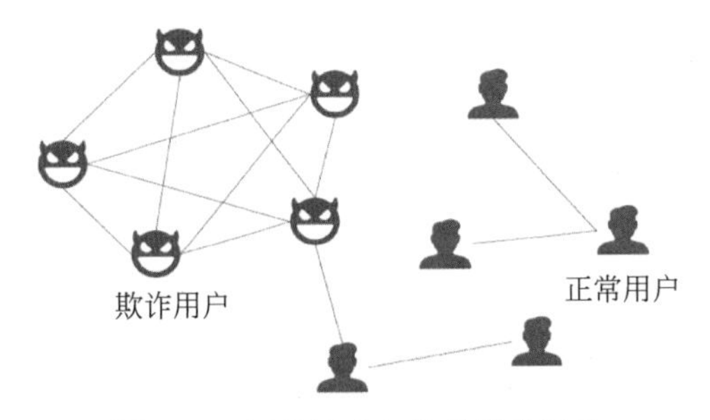

图 10-8　正常用户与欺诈用户对比

GraphSAGE 是图神经网络模型中的优秀模型。它是一种归纳框架，可以利用节点特征信息来高效地为未出现过的节点生成节点向量，模型不是为每个节点专门训练节点向量，而是训练得到一个函数，这个函数功能是从节点的局部邻居节点采样并聚合特征信息，这使得 GraphSAGE 可以适应大规模图动态变化的场景。聚合函数也有平均聚合、LSTM、最大池化等选项进行调优。同时，GraphSAGE 可采用小批量的训练方式，通过采样邻居节点，以有效减少内存开销以及训练时间。

在流量风控中，为检测出作弊设备，需要将网络关系图构建为包括设备统计节点和设备信息节点的二部图。设备统计节点的特征包括时序特征（一段时间内的点击量分布）、统计特征（点击量、IP 个数、操作系统个数）和节点度等相关特征。设备信息节点则包括设备端口、时间区段和用户代理（User Agent）。GraphSAGE 一般适用于同质图中，为了能让该异

质网络适用于 GraphSAGE,我们采用相同长度 N 的向量表示两种节点的特征:

$$\boldsymbol{h}=(f_1,f_2,\cdots,f_m,f_{m+1},f_{m+2},\cdots,f_N) \tag{10.3}$$

前 m 维表示设备统计特征,后 $N-m$ 维表示设备信息特征,即采用一种扩展的特征向量,将异质图信息融合成同质图。

在设备节点上并无信息节点特征,在信息节点占有的向量分量上按零填充,信息节点也按类似处理进行初始化,以满足向量有意义的加减。图 10-9 中两种颜色分别表示设备统计特征数据占位和设备信息特征数据占位。设备信息节点作为关系纽带,将具有同一设备信息节点的设备统计特征节点关联在一起,如图 10-10 所示。

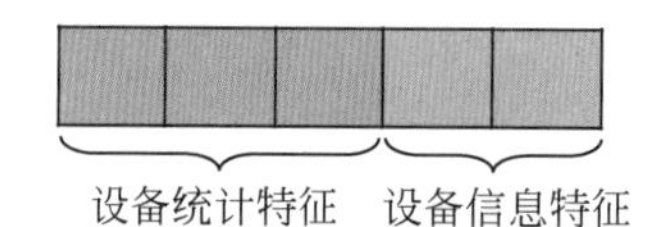

图 10-9　节点特征向量分段含义

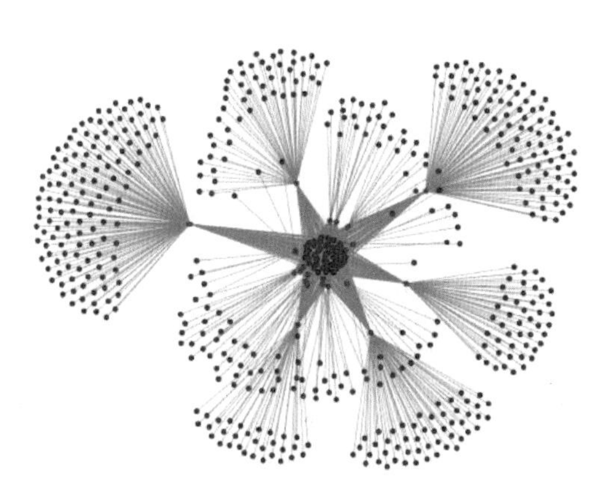

● 设备信息特征节点 ● 设备统计特征节点

图 10-10　黑产设备(恶意点击)点击示意图

如图 10-11 所示,假设以计算节点 v_0 为研究对象,采用两轮的邻域与信息聚合,用 $\Psi(\cdot)$ 表示聚合函数。第一轮时,计算一阶邻居节点$\{v_0,v_1,v_5\}$。以 v_1 节点为例,采用特征更新方式 $h_1^{(l+1)}=\Psi(h_0^{(l)},h_1^{(l)},h_2^{(l)},h_3^{(l)},h_4^{(l)})$。同样地,$h_5^{(l+1)}=\Psi(h_0^{(l)},h_5^{(l)},h_6^{(l)},h_7^{(l)},h_8^{(l)})$,$h_0^{(l+1)}=\Psi(h_0^{(l)},h_1^{(l)},h_5^{(l)})$。第二轮,计算 $h_0^{(l+2)}$ 节点时,采用融合后的 $h_1^{(l+1)}$、$h_5^{(l+1)}$ 节点信息,$h_0^{(l+2)}=\Psi(h_0^{(l+1)},h_1^{(l+1)},h_5^{(l+1)})$,综合第一轮迭代可知,此时节点 $h_0^{(l+2)}$ 包含设备统计节点 $h_2^{(l)}$、$h_3^{(l)}$、$h_4^{(l)}$、$h_6^{(l)}$、$h_7^{(l)}$、$h_8^{(l)}$ 和设备信息节点 $h_1^{(l)}$、$h_5^{(l)}$,以及本身的初始特征输入,即经历两轮迭代后,可以融合一阶和二阶邻居的信息。若以平均聚合为例,则迭代过程依然可以概括为

$$h_v^k \leftarrow \sigma(W^k \cdot \mathrm{CONCAT}(h_v^{k-1},\mathrm{MEAN}(h_u^{k-1},u\in N(v))))$$

在实际业务中,通过无监督算法如 Fraudar 等,再由强规则得到的校验的黑白标签数据作为 GraphSAGE 算法的有监督学习样本部分进行更大规模的召回。采用图模型后,召回率得到提升,可检出更多作弊设备和账号。

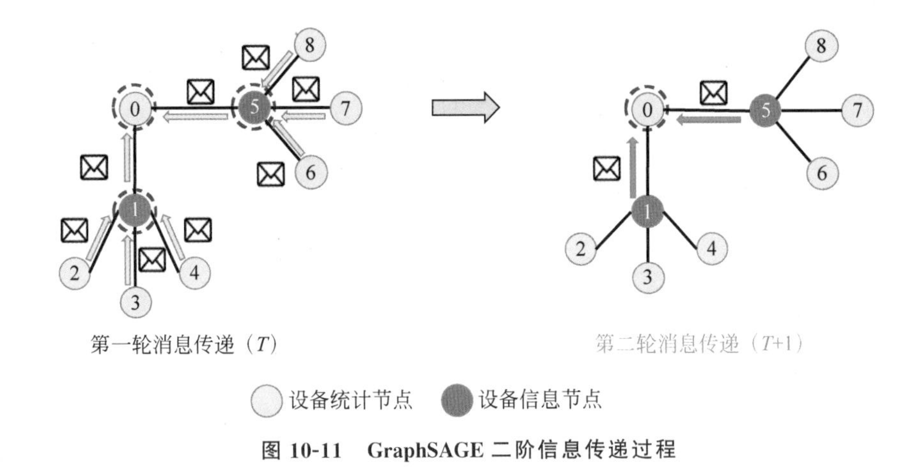

图 10-11　GraphSAGE 二阶信息传递过程

10.6　本章小结

广告流量作为互联网变现的重要方式，虚假流量作为广告产业的灰色领域，是广告流量风控的重灾区，广告反作弊应运而生，成为广告系统的一部分。本章首先介绍了流量计费方式。然后介绍了基于稠密子图寻找作弊团伙的无监督算法，如 Louvain、Fraudar 和 D-cube 算法等。然而，无监督学习方法需要对于作弊的手段有较为清晰的认知，道高一尺，魔高一丈，借助深度学习的泛化能力大幅提高作弊设备的召回能力是具有极大应用价值的。在实际应用中，我们采用 Fraudar 无监督学习方法得到的作弊设备作为 GraphSAGE 图神经网络的标签样本，然后做深度学习训练，召回更多的作弊设备。

参考文献